Carol Greene

Der Fall Charles Manson
Mörder aus der Retorte

Dr. Böttiger Verlags-GmbH

Englischer Titel: Test-tube Murders, the Case of Charles Manson

Titelbild: Porträt von Charles Manson aus dem Jahr 1971 und Ratte in der Skinnerbox.

Fotos: dpa-Bildarchiv Frankfurt/M.,
Okapia Bildarchiv Frankfurt/M.

Satz: Dinges & Frick, Wiesbaden
Druck: Ebner Ulm
Printed in Germany
ISBN 3-925725-13-X

In seinen Taten malt sich der Mensch — und was für ein Bild ist das, das sich im Spiegel der jetzigen Zeit uns darstellt? Hier die empörendste Verwilderung, dort das entgegengesetzte Extrem der Erschlaffung: Die zwei traurigsten Verirrungen, in die der Menschencharakter versinken kann, in *einer* Epoche vereint! ...
Auf der anderen Seite geben uns die zivilisierten Klassen den noch widrigeren Anblick der Erschlaffung, der Geistesschwäche und einer Versunkenheit des Charakters, die um so empörender ist, je mehr die Kultur selbstdaran teilhat. Ich erinnere mich nicht mehr, welcher alte oder neue Philosoph die Bemerkung machte, daß das Edlere in seiner Verderbnis das Abscheulichere sei, aber die Erfahrung bestätigt sie auch hier. Wenn die Kultur ausartet, so geht sie in eine weit bösartigere Verderbnis über, als die Barbarei je erfahren kann. Der sinnliche Mensch kann nicht tiefer als zum Tier herabstürzen; fällt aber der aufgeklärte, so fällt der bis zum Teuflischen herab und treibt ein ruchloses Spiel mit dem Heiligsten der Menschheit.

Friedrich Schiller, 13. Juli 1793
(Aus Schillers Briefe, herausgegeben von Erwin Streitfeld, Viktor Zmegac, Athenäum, 1983)

Ich widme dieses Buch meinem lieben Freund
Alan Salisbury (1949-1992), dessen Kenntnisse,
Verständnis und Schriften über den amerikanischen
Schriftsteller Edgar Alan Poe (1809-1849) und
besonders über die Figur Dupin bei Poe mich bei
dieser Arbeit immer wieder inspiriert haben.

Inhalt

Inhalt

[illegible]

1. [illegible]

2. [illegible]

3. [illegible]

[illegible]

Einleitung

Am 9. August 1969 wurde die Filmschauspielerin Sharon Tate Polanski zusammen mit vier Bekannten aus dem amerikanischen Millionärsmilieu in ihrer Villa in Kalifornien ermordet. Die jährliche Mordrate lag damals in den USA bei etwa 10 000, doch gibt es mehrere Aspekte, die diesen Mordfall über alle anderen hinausheben. Zunächst die Prominenz der Opfer. Sharon Tates Ehemann war Roman Polanski, ein bekannter Filmregisseur, der allerdings während der Mordnacht selbst nicht zu Hause war. Weiterhin war keinerlei Motiv für die Morde erkennbar. Es wurde nichts geraubt, die Mörder hatten keine nähere Beziehungen zu den Opfern und sie zeigten nicht die leiseste Regung der Reue oder des Bedauerns. Aufsehen erregte schließlich auch die höchst perverse, bestialische Art, wie diese Morde ausgeführt wurden.

Dementsprechend fällte Oberrichter Charles Older vom Gerichtshof in Los Angeles am 19. April 1971 folgendes Urteil über Charles Milles Manson: „Nach reiflicher Überlegung komme ich zu dem Urteil, daß in diesem Fall nicht nur die Todesstrafe angemessen ist, sie ist nach Lage der Dinge sogar zwingend. Ich stimme der Staatsanwaltschaft zu: Wenn dies kein Fall für die Todesstrafe sein soll, welchen anderen könnte es geben?“

Mit Manson standen drei Mitangeklagte vor Gericht: Susan Atkins, Leslie van Houten und Patricia Krenwinkel. Am 29. März 1971 waren sie des Mordes an Sharon Tate Polanski, Abi gail Folger, Voytek Frykowski, Jay Sebring, Steven Parent sowie Leno und Rosemary LaBianca für schuldig befunden worden. Das Ehepaar LaBianca war in der Nacht nach dem Mord an Sharon Tate auf ähnlich bestialische Weise von der Manson-Familie umgebracht worden.

Manson hatte in beiden Fällen den Mordbefehl erteilt. Persönlich und handgreiflich war er nur am zweiten Mord beteiligt.[1] Später wurde Manson noch in zwei weiteren Mordfällen verurteilt. Seine Mittäter waren Robert Beausoleil, Charles Watson, Bruce Davis und Steve Grogan. Beausoleil ermordete Gary Hinman, Davis und Grogan brachten Donald Shorty Shea um, und Watson konnte außerdem noch die Beteiligung am Mord von Tate und den LaBiancas nachgewiesen werden. Die Opfer Hinman und Shea hatten zuvor mit der Manson-Familie in näherer Beziehung gestanden.

Als ein Jahr nach dem Urteil gegen den Manson-Familie in Kalifornien die Todesstrafe abgeschafft wurde, wurde Mansons Todesurteil in eine lebenslange Haftstrafe umgewandelt.

Die Öffentlichkeit war über diese Morde auch deswegen besonders entsetzt, weil sie von einer sogenannten Hippie-Kommune kollektiv begangen wurden. Die Medien hatten die Hippies bislang verharmlosend „Blumenkinder“ genannt, die sich unter dem Motto „Mach Liebe statt Krieg“ für eine besondere Art von Pazifismus einsetzten. Nach verbreiteter Vorstellung sollte gerade die von den Hippies gelebte sexuelle Befreiung die Aggressivität auf natürlichem Weg abbauen und die Menschen friedfertig machen.

Das Merkwürdigste an dem Fall aber war wohl, daß Charles Manson und seine mörderische Familie von einem beachtlichen Teil der amerikanischen Jugend als eine Art Held gefeiert wurde. Obwohl der Mordfall nun schon über zwanzig Jahre zurückliegt, erhält Manson in der Sicherheitszelle des Gefängnisses Corcoran in Kalifornien noch immer täglich Wäschekörbe voll Fanpost. Er hat zahlreiche Jünger und Verehrer, und er wird noch immer von Journalisten und Rechtsanwälten gerne interviewt.[2] Manson selbst glaubt, er stünde an einer Zeitenwende und sei Vorreiter und Prophet einer neuen Zeit und einer „neuen Gesellschaft“.

Die allgemeine Aufregung über seine Morde ist längst verflogen. Andere Verbrechen haben den Bedarf der Öffentlichkeit nach Entrüstung befriedigt. Darunter mehren sich Fälle von Serienmorden, die denen von Charles Manson in auffälliger Weise ähneln. Das — jedenfalls in den Vereinigten Staaten — epidemieartige Auftreten gleichartigen Massenmordverhaltens war Anlaß des vorliegenden Buches. Es möchte das Interesse aber nicht auf Einzelheiten des Mordgeschehens an sich lenken und es hat auch kein besonderes kriminologisches Interesse an besonderen Eigenarten des Verbrechens oder an der abartigen Psychologie der Verbrecher. Es beleuchtet vielmehr einige ungewöhnliche Aspekte des Mordfalles, die darauf hindeuten, daß diese Art Mordverhalten künstlich anerzogen war und nicht zufällig auftrat. Daraus ergaben sich für die Verfasserin interessante Fährten.

In Europa kennt man den Manson-Mord weitgehend nur als besonders scheußliches Verbrechen. Kaum beachtet wurde die Tatsache, daß sich die Mörder einer neuen „geistigen Bewegung“ zurechneten, die eindeutig zu dem gehört, was man heute *New Age* nennt. Zwar denkt man bei diesem Stichwort eher an harmlosere, eher etwas spinöse Dinge, etwa an fernöstliche Spiritualität, an Meditation, an neue Eßgewohnheiten und dergleichen, doch eigentlich steht hinter New Age die Propaganda für ein neues Denken, eine neue Moral, einen religiösen Synkretismus, ein neues ökologisches Bewußtsein, neues Verhalten und anderes. Inzwischen hat sich hierfür die Bezeichnung „Wertewandel“ oder „Paradigmawechsel“ eingebürgert, wozu sich immer mehr Politiker nicht nur bei den Grünen und in SPD und FDP, sondern auch in den CDU-Kreisen um Rita Süßmuth ganz offen bekennen. Daß aber auch die scheußlichen Massenmorde Mansons und die dahinterstehende Geisteshaltung mit dem Wertewandel etwas zu tun haben, scheint dem öffentlichen Bewußtsein bisher entgangen zu sein.

Und dorthin will das Buch die Fährte auch verfolgen. Dabei ist der Umstand, daß Manson und seine Familie sich dieser Bewegung zugehörig fühlten, allein noch nicht beweiskräftig. Viel interessanter und aussagekräftiger ist die Vorgeschichte der Morde, das, was Manson und seine Familie dazu gebracht hat, ihre Taten in dieser Form zu planen und kalt berechnend durchzuführen.

Die Verfasserin entdeckt in der Vorgeschichte des Massenmords, daß Manson über lange Jahre intensiv psychologisch betreut und geführt wurde (Kapitel 2 und 7). Sie schaut sich die Betreuer und die Institutionen, für die sie arbeiteten, näher an und entdeckt, daß diese „Betreuung“ Teil eines umfassenden psychologischen Experiments war, das große Teile der amerikanischen und später auch der europäischen Jugend einbezog (Kapitel 3 und 9). Dieses breit angelegte Forschungsvorhaben geht auf Aldous Huxley und seine Freunde zurück, die mit Instituten der psychologischen Forschung des Militärs und der Geheimdienste eng verbunden sind (Kapitel 4). Rauschgift, exzessive Sexualität und ekstatisches Tanzen spielen in diesem Experiment eine wichtige Rolle. Die all diese Aspekte vereinigende Antikultur, die sogenannte Sex-Rock-Rauschgift-Kultur, tritt erst als Wirkung der Aktivitäten dieses staatlich finanzierten Forschungsprojektes in Erscheinung.

Insbesondere ist das „Psychedelische Forschungsvorhaben" (Harvard's Psychedelic Research Project) wiederum mit verschiedenen Bereichen verbunden, die diese „moderne Anti-Kultur-Bewegung" prägen (Kapitel 5). Dazu gehören die Initiatoren der Science-fiction-Literatur (Kapitel 6), die Scientology-Bewegung des R. Hubbard, aus der verschiedene, synthetische Jugendkulte hervorgegangen sind (Kapitel 7), und schließlich jenes neuartige Interesse am Okkulten in Verbindung mit sexuellem Sichausleben, das sich in zahlreichen satanischen Gruppen organisiert, zu denen Manson und seine Kommune in enger Beziehung standen (Kapitel 8).

Alle diese verschiedenen Aspekte gehörten zu einem großen staatlichen Forschungsvorhaben, das zwischen 1953 und 1972 unter dem Kodenamen MK-Ultra abgewickelt wurde (Kapitel 9). Dieses Forschungsprojekt ist nicht nur eine zentrale Quelle für unterschiedliche Erscheinungsweisen des „New Age"; auch der Fall Manson, seine Initiatoren und psychologischen Betreuer waren alle mehr oder weniger direkt in dieses Projekt verwickelt.

Die Hippie-Bewegung ist sowenig jenes „soziologische Phänomen", als das sie immer ausgegeben worden ist, wie es die Abartigkeiten der Manson-Familie waren. Sie ist keineswegs naturwüchsig aus den Verhältnissen erwachsen, in denen sich die Mittelstandsjugend der USA in den sechziger Jahren befand. Die Hippie-Bewegung, einschließlich der Manson-Morde, ist das Ergebnis eines großangelegten soziologischen Versuchs. Die scheußlichen Manson-Morde waren nur ein besonderer Aspekt in einer Reihe wohlgeplanter Experimente. Das Ziel dieser Versuche war der Paradigmawandel der westlichen Gesellschaft, jene absichtsvoll betriebene Umwertung der Grundwerte der Gesellschaft, der wir heute auf Schritt und Tritt begegnen.

Friedrich Nietzsche hat vor fast hundert Jahren zum ersten Mal direkt die „Umwertung aller Werte" gefordert. Er stützte sich auf die Bewegung von Baudelaire bis Oscar Wilde und brachte deren Lebensphilosophie in einen philosophischen Zusammenhang. Die eigentliche Absicht der damit verbundenen kulturellen Bewegung, die sich gern als künstlerische Avantgarde feiern ließ, stellte Baudelaire heraus, als er schrieb:

> „In der Wirrnis dieser Zeit können einige aus der Bahn geworfene, angewiderte, unbeschäftigte, aber an ursprünglicher Kraft reiche Menschen sich vornehmen, eine neue Art Aristokratie zu gründen, die um so schwieriger zu zerbrechen ist, als sie sich auf die kostbarsten, unzerstörbarsten Fähigkeiten stützt, auf die Himmelsgaben, die für Arbeit und Geld nicht zu haben sind".[3]

Baudelaire täuschte sich aber, als er annahm, daß ein solches Vorhaben nicht auch seinen Preis hätte. Die Intelligenz und die Vorkämpfer ihrer Machtübernahme sind sogar recht wohlfeil zu kaufen, buhlen sie doch um Anerkennung und Geld bei allen, die ihnen das gewähren können, seien es zahlungskräftige und einflußreiche öffentliche oder private Einrichtungen. Inzwischen ist ja auch Nietzsche ganz offiziell in Dienst genommen worden. Er unterhält als eine Art moderner Modephilosoph all jene Kreise, die für einflußreich und richtungsweisend gelten. Das beschriebene Forschungsvorhaben reiht sich nahtlos in die bei Baudelaire und Nietzsche sich bereits andeutende Katilinarische Verschwörung ein.[4]

Den zuletzt genannten Aspekt deutet das Buch allerdings nur noch an. Es hält sich strikt an den vorgegebenen Fall Manson und das, was ihn hervorgebracht hat. Er gewährt allein schon einen weitreichenden Einblick in gesellschaftspolitische Absichten.

Anmerkungen

1. Der Staatsanwalt im Fall Manson, Vincent Bugliosi, behauptete: „Charles Milles Manson, auch bekannt als Jesus Christus und Gott, rühmte sich, auch wenn das niemals im Gericht zur Sprache kam, 35 Morde begangen zu haben.“ Vincent Bugliosi und Curt Gentry, *Helter Skelter: The True Story of the Manson Murders*, New York, Bantam Books, 1975. Aus einer Bildunterschrift im Bildteil des Buches, in dem die Mörder, Opfer und Beweismittel abgebildet sind.
2. 1989 berichtete der *Hudson Dispatch* von einem Plattenalbum, das sich in New Jersey besonders gut verkaufte. Unter dem Titel „Lie“ (Lüge) wurden gesammelte Songs von Charles Manson herausgebracht, die von politischen Themen, von freier Liebe und der Unterstützung für die Armen handelten. Die Plattenfirma *Awareness Records* konnte in den letzten beiden Jahren davon 20 000 Platten absetzen. Einige Titel des Albums lauten „People Say I'm No Good“, „I'll Never Say Never to Always“, „Don't Do Anything Illegal“ und „Cease to Exist“. Ein Sprecher der Firma teilte dem *Dispatch* mit, er habe zahlreiche Briefe bekommen, in denen Fans behaupteten, die Platte hätte ihr Leben verändert.
3. Gesammelte Werke, Paris, 1954, S. 908. Zitiert nach Ernesto Grassi, *Die Theorie des Schönen in der Antike*, Köln, DuMont Schauberg, 1962, Seite 23f.
4. In Paris gab es einen Haschisch-Club, dem Baudelaire als wichtigster Ideengeber angehörte. Von Baudelaire ließ sich rund hundert Jahre später der britische Schriftsteller Aldous Huxley zu seinen Rauschgiftplänen anregen. Huxley verbreitete ähnlich wie vor ihm Baudelaire unter den Intellektuellen und Künstlern Amerikas die Faszination für Rauschgift und damit verbundene Rituale und Zeremonien. Von dort importierten es mitteleuropäische „Kulturschaffende“ mit der für sie üblichen Folgsamkeit zurück (siehe auch 4. Kapitel).

1. KAPITEL

Was geschah am 9. August 1969?

Der 9. August 1969 war ein ganz normaler Sonnabend, so strahlend sonnig wie fast alle Sommertage in Los Angeles. Gegen 8 Uhr morgens traf Frau Winifred Chapman im Cielo Drive Nr. 10050 ein. Sie besorgte in dem gepflegten Anwesen des wohlhabenden Vorortes westlich von Los Angeles den Haushalt. Das Haus gehörte Roman Polanski, einem der bekannteren Filmregisseure Hollywoods, der gerade mit einigen erfolgreichen Filmen von sich reden machte. Zu seinen bekanntesten Streifen gehörte „Rosemarys Baby", der die eigenartige Geschichte einer jungen Frau erzählt, die Satan ein Kind gebären sollte.

Eben sperrte Frau Chapman die Haustür auf, um sich an ihre tägliche Reinigungsarbeit zu machen, da entfuhr ihr ein gellender Schrei. Sie stürzte wie von Furien gejagt aus dem Haus. Völlig entsetzt und außer Atem schellte sie an der Haustür des Nachbarn. Mit weit aufgerissenen Augen konnte sie nur mühsam hervorkeuchen: „Mörder, Leichen, Tod, überall Blut!".

Ihr bot sich ein Bild des Schreckens. „Es war wie in einem Schlachthaus, nur eben eines für Menschen!", berichtete ein anderer Augenzeuge. In den Zimmern, im Flur und auf dem Gartenvorplatz lagen insgesamt fünf furchtbar zugerichtete Leichen. Auf dem Fußboden hatten sich breite Blutlachen gebildet.[1] Als Opfer identifizierte man die 26jährige Schauspielerin Sharon Tate, die Frau des Filmemachers Polanski. Ein Jahr jünger als Sharon Tate war Abigail Folger, die Erbin des millionenschweren Kaffeehändlers Folger. Der Friseur oder „Haarkünstler", wie er sich nennen ließ, Jay Sebring war 36 Jahre alt. Er lag neben dem Freund Abigail Folgers, Voytek Frykowski, 32 Jahre, der angeblich als Drogenhändler tätig gewesen war. Der letzte

Tote war der siebzehnjährige Steven Earl Parent, der nicht zu dem Kreis der vorigen gehörte. Er hatte nur zufällig vorbeigeschaut, um den Gärtner, der im rückwärtigen Teil des Hauses wohnte, zu besuchen.

Sharon Tate war im achten Monat schwanger. Ihre Leiche und die von Sebring lagen im Wohnzimmer. Lampenkabel waren um ihre Hälse geschnürt und ihre Kleider von Blut durchtränkt. Siebzehnmal hatten die Mörder auf sie eingestochen. Auf Sebring war einmal geschossen und siebenmal eingestochen worden. Folger und Frykowski lagen im Flur. Frykowski hatte um sein Leben zu kämpfen versucht. Ihm wurde dreizehnmal mit einem harten Gegenstand auf den Kopf geschlagen, zweimal hatte man auf ihn geschossen und nicht weniger als 51mal auf ihn eingestochen. Parent war in einen Wagen geschleift worden. Sein Arm, mit dem er einen Schlag abwehren wollte, war zerschmettert. Er wurde mit einem Pistolenschuß niedergestreckt.

Sharon Tate hatte noch um das Leben ihres ungeborenen Kindes gefleht. Susan Atkins, ihre Mörderin, soll sie angeschrien haben: „Hör mal, du Hure! Was kümmert es mich, daß du ein Kind kriegst. Mach dich lieber fertig. Du wirst sterben..." An die Haustür schmierten die Mörder mit dem Blut Sharon Tates ganz groß das Wort „Pig", also „Schwein".

Die Nachbarn wollen — trotz der Schüsse — so gut wie nichts gehört haben. Etwa um 0.40 Uhr, als sich die Mordszenen ereigneten, haben Leute, die gut einen Kilometer entfernt zelteten, eine einzelne Männerstimme gehört, die zehn- bis fünfzehn Sekunden lang gerufen hat: „O Gott! Nein bitte nicht! O Gott, nein, tut es nicht, nein..." Dann war es ruhig gewesen, und man habe sich nichts weiter dabei gedacht.

Die Anweisungen für das Blutbad waren einen Tag zuvor auf einer Farm im Wüstengebiet außerhalb von Los Angeles erteilt worden. Dort lebten etwa 20 Mädchen im Alter von 17 bis 24 Jahren und einige gleichaltrige Jungen mit dem 32jährigen Charles Manson zusammen. Der vorbestrafte Manson war der unumstrittene Patriarch dieser Kommune. An diesem Abend hatte er „seine Familie", wie er die Kommunarden gerne nannte, um einen Tisch versammelt.

Manson wählte die Familienmitglieder Charles „Tex" Watson (23 Jahre), Susan Atkins (21 Jahre), Leslie van Houten (20 Jahre) und Patricia Krenwinkel (21 Jahre) aus und sagte ihnen: „Die Zeit für Helter Skelter ist gekommen.“[2] Dieser Begriff, der so viel wie „Holterdiepolter“ heißen könnte, bezieht sich auf einen Song der Beatles aus dem sogenannten „Weißen Album“, welches im Dezember 1968, knapp ein halbes Jahr vor dem Mord, erschienen war. Dort wird der Begriff „Helter Skelter“ auch in Verbindung mit einem angedeuteten Mord, einem beliebigen, planlosen und völlig willkürlichen Morden gebraucht.[3]

Schon in der Nacht nach dem Mord an Tate schritt die Kommune erneut zur Tat. Diesmal war Manson selbst dabei. Man suchte die Besitzer einer Supermarktkette auf und brachte das Ehepaar ebenso grausam um: Leno LaBianca war 44 Jahre alt, seine Frau Rosemary 38 Jahre. Als die Mordkommission die Leichen fand, steckte eine Gabel in Leno LaBiancas Unterleib, ein Messer in seiner Kehle, und in seine Bauchdecke hatten die Mörder das Wort „War“, also „Krieg“, geschnitten. Auf den Kühlschrank war mit dem Blut der Opfer und mit Schreibfehlern „Helter Skelter“ geschmiert. Bevor die „Familie“ sich nach dem Mord davonmachte, hatte sie in der Küche gemeinsam eine Wassermelone verzehrt.

Manson verkehrte in den gehobeneren Hollywood-Kreisen, die sich für Okkultismus und Satanisches interessierten. Er kann dort Sharon Tate begegnet und einmal sogar in ihrem Haus gewesen sein.[4] Eine weitergehende Bekanntschaft zu den Opfern ließ sich nicht ermitteln. Allerdings könnte es noch ein anderes Motiv gegeben haben. Manson und seine Familie waren in den Handel mit den verschiedensten Rauschgiften verstrickt.[5] Das Opfer Frykowski handelte im Raum Los Angeles schwungvoll mit LSD, nachdem er sich gegen die Konkurrenz des bisherigen, etablierten Handelsnetzes durchgesetzt hatte. Darüber hinaus war ihm angeboten worden, den Großvertrieb für das Amphetamin MDA zu übernehmen. Im Blut des ermordeten Frykowski und seiner Freundin Abigail Folger fand man Spuren von MDA.

Trotzdem gibt es keine konkreten Hinweise dafür, daß es sich um einen Bandenkrieg der Rauschgiftszene gehandelt hat.

Manson nannte sich selbst gerne Christus oder Satan oder eine Synthese von beidem. Er predigte seinen Jüngern, es werde einen Rassenkrieg zwischen Schwarzen und Weißen geben, und er scheint fest davon überzeugt gewesen zu sein, seine Familie und er könnten einen blutigen Rassenkonflikt auslösen, indem sie irgendwelche „reichen weißen Schweine" töteten. Die Morde würden dann den Schwarzen in die Schuhe geschoben werden, wodurch sich Weiße zur Lynchjustiz gegen Schwarze hinreißen ließen, was diese wieder gegen die Weißen aufwiegelte. Am Ende stünden schließlich ausgedehnte Rassenunruhen, die in immer gewalttätigere, blutige Auseinandersetzungen übergingen. Daraus würde sich nach der Vorstellung Mansons ein regelrechter blutiger Rassenkrieg entwickeln.[6]

In einem solchen Rassenkrieg, so hoffte Manson, würden die Schwarzen schließlich obsiegen. Doch weil die Schwarzen sich selbst nicht führen könnten, würden sie ihn, Charles Manson, zu ihrem „Messias" machen. Das auf solche Weise zwischen Schwarzen und Weißen eingefädelte „Armageddon" wäre das eigentliche „Helter Skelter", um das es Manson und seinen Jüngern ging und das sie in jenem Beatles-Song des Weißen Albums wiederfanden.

Zu Beginn der Polizeiverhöre bekannten sich die Mitglieder der Manson-Familie mit einem eigenartigen, fast märtyrerhaften Stolz zu den Verbrechen. Erst später versuchten sich einige Mitglieder aus der Verantwortung für die Morde herauszuwinden, indem sie behaupteten, der Genuß von LSD und anderer Rauschmittel habe sie zu den Verbrechen getrieben. Aus dieser Art Darstellung klangen aber die Argumente der Rechtsanwälte so stark heraus, daß die Richter ihnen nicht folgten. Nach Auffassung des Gerichts erbrachte keines der zahlreichen Gutachten den glaubhaften Nachweis, daß die Mitglieder der Manson-Familie unzurechnungsfähig und verrückt gewesen wären. Das Gericht fand sie schuldig und verurteilte sie im April 1971 zum Tode.

Die Todesstrafe wurde allerdings im Jahr darauf in eine lebenslängliche Freiheitsstrafe umgewandelt, nachdem in Kalifornien inzwischen die Todesstrafe abgeschafft worden war. Alle Anträge Mansons, ihm die Reststrafe auf Bewährung zu erlassen — der letzten Antrag stammt von 1991 —, wurden von den Gerichten abgewiesen.

Über Manson, seine Familie und die Morde ist viel geschrieben worden. Die sensationslüsterne Presse wollte sich den ans

Absurde grenzenden Schrecken der Vorkommnisse nicht entgehen lassen. Im folgenden geht es nicht darum, die Literaturflut über Manson um ein weiteres Stück zu bereichern. Deswegen beschränken wir uns bei der Beschreibung des Falles und der Person Manson auf das Allernotwendigste.

Uns geht es nicht um Manson und seine Morde an sich. Uns interessiert das, was diesen Fall hervorgebracht hat. Die Taten der Manson-Familie sind kein „soziologisches Phänomen", das angeblich im Zuge der Zeit von selbst in Erscheinung getreten ist. Dahinter steht eine Agentur, stehen Menschen, die das, was mit dem Fall zusammenhängt, gewollt, geplant und in Szene gesetzt haben. Das Ergebnis deckt sich wahrscheinlich nicht in allen Aspekten mit ihren ursprünglichen Zielen, aber der Fall weist in die von ihnen beabsichtigte Richtung.

Für uns ist der Fall deshalb hilfreich, weil sich an ihm der Charakter der angestrebten gesellschaftspolitischen Veränderung exemplarisch aufzeigen läßt. Um Hintergründe und Initiatoren herauszuarbeiten, müssen wir manchmal scheinbar weiter abschweifen, als es in einer wissenschaftlichen Behandlung üblich ist. Insgesamt werden wir uns aber sehr eng an den exemplarisch gewählten Fall halten, um unsere Aussage möglichst eindeutig zu machen. Zunächst muß aber die ganze Dimension des Falles noch weiter erläutert werden.

Soziopathologie und Massenmord

Insgesamt soll die Manson-Familie etwa dreißig ähnliche Morde begangen haben. Wichtiger als die hohe Zahl ist der neue Charakter dieser Verbrechen, denn die Manson-Familie schlug ein neues Kapitel in der Kriminalgeschichte Amerikas auf. Der Bezirksstaatsanwalt von Los Angeles, Vincent Bugliosi, dem die Verhaftung und Überführung der Manson-Familie gelang, bemerkte treffend, es habe zwar in der Geschichte Amerikas mehrere Fälle von Massenmord gegeben, es habe sich dabei aber immer um Einzeltäter gehandelt. Er schreibt:

> „Der Fall Manson ist bis jetzt jedenfalls noch einzigartig. Wenn die Familie, wie das frühere Mitglied Sandra Good behauptet, zwischen 35 und 40 Menschen umgebracht hat, ist das allein schon ein amerikanischer Rekord.

Aber nicht die Anzahl der Morde macht den Fall so bemerkenswert und verleiht ihm eine Faszination, die bis heute anhält. Der Fall weist eine Reihe von Aspekten auf, für die es keine Parallele in den Annalen amerikanischer Verbrechen gibt. Dazu gehören:

- Die Prominenz der Opfer;
- die sich über Monate hinziehenden Spekulationen, Hypothesen und der nackte Schrecken, den die Verbrechen, ehe die Mörder gefaßt werden konnten, auslösten;
- die unglaublich abwegigen Motive der Mörder, einen blutigen Rassenendkampf auslösen zu wollen;
- die motivierende Verbindung zwischen den Texten der bekanntesten Beatgruppe, den Beatles, und den Verbrechen;
- und schließlich die Tatsache, daß hinter allem ein mephistophelischer Guru die Fäden zog.

Er (Charles Manson) schien nämlich die einzigartige Macht zu besitzen, andere zu überreden, für ihn zu morden. Schwer zu fassen, warum die meist jungen Mädchen ohne Widerstand auszogen und auf seinen Befehl ihnen völlig unbekannte Personen auf die wüsteste Art ermordeten. Ebenso schwer zu begreifen ist auch, daß diese Mädchen nicht das leiseste Zeichen von Reue erkennen ließen. Nimmt man all diese Aspekte zusammen, so erscheint Manson als der vielleicht grauenerregendste Serienmörder und diese Morde selbst als die bizarrsten der amerikanischen Geschichte."[7]

Noch vor Ende des Prozesses fand Manson bereits Nachahmer. Im Juni 1970 wurde Steve Hurd (20 Jahre und tablettensüchtig) festgenommen, der sich selbst als Satanist bezeichnete. Er hatte in Orange County südlich von Los Angeles zusammen mit vier Freunden eine Lehrerin kannibalistisch geschlachtet. Die Hurd-Gruppe verstand sich, ähnlich wie Mansons Gruppe, als „Familie". Als Kommune von Vagabunden schliefen sie, wenn ihnen das Geld für eine Unterkunft fehlte, unter Brücken oder auf dem Feld.

Die Gruppe drang aus unerfindlichen Gründen plötzlich in den Wagen der ihnen unbekannten Lehrerin ein, erstachen sie, nahmen den Körper mit und verzehrten ihn nach rituellen Satansanrufungen. Eine Nacht zuvor hatte die Gruppe schon eine Tankstelle überfallen und den Tankwart wegen zwanzig Dollar ermordet. Die Gutachter erkannten im Fall Hurd auf „paranoide Schizophrenie" und das Gericht schickte die Mörder in eine geschlossene psychiatrische Anstalt. Dort verkündete Hurd, er werde regelmäßig von „Vater Satan" besucht.

Heute, nach 23 Jahren, steht der Fall Manson nicht mehr ganz so bizarr und einzigartig da wie damals. Er war der Auslöser einer rasch wachsender Zahl ähnlicher Morde. Inzwischen unterscheiden die Fachleute bereits drei charakteristische Typen solcher Verbrechen: Gruppenmorde, Massenmord auf Bestellung und schließlich Mord, um damit sadistische Sexualbedürfnisse zu befriedigen.

Die Unterschiede dieser drei Kategorien von Serienmord liegen in der subjektiven Motivation der Mörder, in dem, was sie mit ihrer Tat erreichen wollen und wie sie diese rechtfertigen. Inzwischen treten aber auch Fälle auf, die sich nicht so leicht eine der genannten Kategorien zuordnen lassen. Es ereigneten sich Massenmorde, die auf einen künstlich entfachten Rassenhaß zurückgehen. In einigen Fällen, zu denen der Fall Manson auch gehört, findet man alle drei Motive nebeneinander und dazu noch weitere Motivelemente. Es kam vor, daß eine Gruppe ihre Opfer in erster Linie für einen Auftraggeber gegen Bezahlung umbrachte. Trotzdem wurden die Opfer zuvor noch sadistisch gequält. Im großen und ganzen aber treffen die drei genannten Kategorien auf die größte Zahl der bekannten Fälle von Serienmord der jüngsten Zeit zu.[8]

Nach der in den Kreisen der Neuen Linken verbreiteten Milieutheorie müßten die Ursachen dieser gesellschaftlich auftretenden Phänomene des Massenmords in neuen, die Menschen prägenden Verhältnissen zu suchen sein. Danach müßte jeder von uns, je nach Grad der Bewußtheit über die eigenen Empfindungen, Anmutungen und Triebe, in sich einen Drang zum Serienmord entdecken, da wir doch alle den gleichen „neuen" Verhältnissen ausgesetzt sind.

Tatsächlich behaupten das auch einige Autoren.[9] Sie führen dazu zahlreiche Aspekte der amerikanischen Gesellschaft auf, die einen solchen Schluß nahelegen könnten. Sie verweisen zum Beispiel auf die wachsende Anzahl satanischer Kulte und deren Verbreitung in der Bevölkerung. Auch der sich ausweitende Verbrauch von Rauschgift, die überall erhältliche Pornographie und die Tatsache, daß man sich jederzeit und überall Waffen aller Gattungen beschaffen kann, wird dafür verantwortlich gemacht. Der vereinzelte Mensch sehe sich in der Industriegesellschaft einem zunehmenden Erfolgsdruck ausgesetzt, gleichzeitig gebe es aber immer weniger Möglichkeiten, tatsächlich erfolgreich sein zu können. Weitere Indizien, die in diesem Zusammenhang gerne genannt werden, sind die hohe Scheidungsrate und die zahlreichen Probleme, die die hohe Arbeitslosigkeit mit sich bringen. Schließlich wird auch den Medien vorgeworfen, aus Sensationslust Gewalt und Verbrechen zu verherrlichen.

Okkultismus und Satanismus sind wahrscheinlich ein wichtiger, motivierender Anstoß zu dieser Art Mordbereitschaft, wie sich nicht nur am Fall Manson gezeigt hat. Auch in dem Mordfall von Matamoros an der Grenze zwischen Texas und Mexiko vor einigen Jahren spielten satanische Rituale eine wichtige Rolle. Trotzdem sollte man sich hüten, die Rolle satanischer Kirchen und Gemeinden im Zusammenhang mit den Massenmorden zu überschätzen. Die Verbreitung satanischer Ideologien und die satanisch beeinflußte Denkungsart ist gefährlicher als ihre organisierte, kultische Form. Vor allem die Denkungsart bereitet die sogenannte Soziopathologie vor.[10]

Unter diesem Begriff werden eher charakterliche als geistige Defekte erfaßt. Wenn soziopathologisch Erkrankte sich auch krankhaft verhalten, so muß ihr Denken, ihr geistig-intellektueller Zustand nicht unbedingt beeinträchtigt sein. Andererseits kann der soziopathologisch Kranke einen guten und gesunden Eindruck hinterlassen, sich zum Beispiel völlig sachgemäß verhalten, sich aber doch weit vom Normalzustand entfernt haben. Charakteristisch für den soziopathologischen Menschen ist das Fehlen eines Gewissens, von Schuldgefühle oder Reue, weil er nicht weiß, wem gegenüber er sie entwickeln soll. Er kümmert sich ausschließlich um den Genuß, den er sich selbst verschaffen kann. Im Grunde ist in ihm das abstrakte Individuum des „freien Marktes“, das sich von allen sentimentalen Beziehungen gelöst hat, verwirklicht.

Diese Einstellung zeugt von einer besonderen Art der Bindungsarmut, die nicht allein aus widrigen familiären Verhältnissen entsteht, sondern typisch ist für das wachsende Desinteresse aneinander, das die moderne Familie kennzeichnet. Aber auch hier, wie bei den meisten „soziologischen Phänomenen“, sollte man sich vor naturwüchsigen Erklärungsmustern hüten. Die Zerstörung der Familie ist kein sich naturwüchsig einstellendes Phänomen und nicht die zwangsläufige Folge widriger gesellschaftlicher Verhältnisse. Sie ergibt sich nicht einfach aus dem Zeitgeist oder den Lebensbedingungen in der modernen Industriegesellschaft.

Die Bedeutung der Familie ist im Zusammenhang des Falles Manson offensichtlich.

Ohne Schuldempfinden — zur Person Charles Mansons

Manson wuchs buchstäblich in der Gosse auf. Als uneheliches Kind eines sechzehnjährigen Mädchens wurde er im November 1934 geboren. Seine Mutter, Kathleen Maddox, saß von 1939 bis 1942 wegen bewaffneter Raubüberfälle im Gefängnis von West Virginia ein. In dieser Zeit lebte Manson bei seiner Tante. 1947 — Charles war 13 Jahre alt — überfiel er zwei Lebensmittelgeschäfte und ein Spielkasino. Er wurde gefaßt und in eine Besserungsanstalt eingewiesen. Während der drei Jahre, die er dort verbrachte, versuchte er achtzehnmal auszubrechen.

Kaum entlassen, begann er Autos zu knacken und über die Staatsgrenzen hinweg zu verschieben. Das brachte ihn wieder in eine, diesmal nationale Besserungsanstalt. Weil er im National Bridge Camp einen Mitgefangenen mit dem Rasiermesser bedrohte, wurde er in ein strengeres Gefängnis nach Petersburg in Virginia und von dort nach Chillicothe gebracht. Manson galt als gemeingefährlich und ständiger Überwachung bedürftig. Ab 1953 bessern sich seine Beurteilungen, vor allem werden Fortschritte seiner schulischen Leistungen erwähnt. So wurde er 1954 auf Bewährung entlassen. Er heiratet eine Kellnerin und hat mit ihr ein Kind. Er arbeitet als Parkplatzwächter und in anderen Gelegenheitsjobs. 1955 beginnt er wieder Autos zu stehlen und wird erneut eingesperrt. Seine Frau läßt sich von ihm scheiden und zieht den Sohn, Charles Manson jr. allein auf.

1958 wird er auf Bewährung entlassen. Aber schon 1961 ist er wegen Scheck- und Kreditkartenbetrügereien wieder im Gefängnis, wo er bis zur Entlassung 1967 blieb.[11]

Für die Beurteilung des Falles Manson ist folgende Beobachtung wichtig. Unter den vielen Vergehen und Verbrechen, die

Charles Manson bis dahin beging, waren nur drei gewalttätiger Natur. Mit dreizehn hatte er bewaffnete Überfälle verübt, mit siebzehn wurde er wegen homosexueller Vergewaltigung notorisch, und mit zwanzig hatte er eine Frau geschlagen. Alle übrigen Straftaten waren betrügerische Eigentumsdelikte.

Außerdem fällt auf, daß Charles Manson die meiste Zeit seines Lebens in Gefängnissen verbrachte, zuerst in Jugendbesserungsanstalten, dann in Staatsgefängnissen. Was er dort erlebte, klingt schrecklich, und leider gibt es wenig Grund, an seinen Berichten zu zweifeln. Er wurde selbst in einer Weise erniedrigt, gequält und sexuell mißbraucht, wie man es nur aus der übelsten KZ-Literatur kennt.[12] Daß sich daraus ein tiefer Haß auf die Gesellschaft bildete, ist verständlich. Daß dieser Haß noch brennender und bitterer wurde, als sich Manson, um zu überleben, an das Zwangssystem anzupassen und weniger Widerstand zu zeigen begann, ergibt sich gesetzmäßig. So plausibel solche Erlebnisse seine Mordbereitschaft erscheinen lassen, sie sind kein hinreichender Grund, um die Bluttaten zu erklären. Sein persönlicher Hintergrund machte ihn allerdings in den Augen von Fachleuten, die Kandidaten für bestimmte Experimente auswählten, zu einem „psychologisch und soziologisch interessanten Fall".

Was Manson, möglicherweise abgesehen von der Zeit, die er bei seiner Tante verbrachte, über die wir wenig wissen, nie erlebt hat, war die Geborgenheit einer Familie. Daß er so etwas vermißte, daß er einen unbewußten Nachklang davon in sich vernommen hat, zeigt sich an dem erbärmlichen Versuch, in und mit der Kommune eine eigene „Familie" zu gründen. Das in dieser „Familie" gepflegte Zusammenleben zeigt aber auch, daß die Gemeinschaft als Antifamilie haßvoll organisiert war. Liebe war strikt auf Sexualität reduziert, und diese diente weit mehr dazu, Haß, Verachtung und ähnliche Gefühle auszudrücken als Zuneigung, Zärtlichkeit oder gar Liebe im eigentlichen, menschlichen Sinn.

Ohne Hemmschwelle — Rahmenbedingungen des Massenmords

Die meisten Menschen müssen in eine unmittelbar lebensbedrohliche Situation gebracht werden, um überhaupt töten zu können. Und manche sind selbst dann nicht dazu in der Lage. Es scheint im Menschen so etwas wie eine „natürliche" Hemmschwelle gegen das unmittelbare, handgreifliche Töten von Artgenossen zu geben. Der Gerichtspsychiater Ronald Markman, der unzählige Mörder verhört und betreut hat, untersuchte, welche äußeren Einflüsse dafür verantwortlich sind, daß Menschen die Hemmschwelle vor dem Töten mit eigener Hand verlieren.

Er fand heraus, daß hierfür nicht immer eine Art geistige Erkrankung verantwortlich sein muß.

> „Es ist nicht notwendigerweise eine Sache der Funktionsweise oder auch der Qualität der geistigen Fähigkeiten eines Menschen (seiner Intelligenz), die ihn befähigt (zu töten), sondern einer Reihe von Kräften, die aus seinem Inneren und von außen her auf ihn einstürmen".[13]

Genau an diesem Punkt stellen sich mehrere Fragen, die uns im weiteren beschäftigen werden: Läßt sich Soziopathologie als eine Form, die Tötungshemmschwelle abzuwerfen und zuzusagen aus freien Stücken zu morden, in einzelnen Menschen oder gar in Personengruppen oder sogar Nationen durch besondere Stimulantien und Ereignisse erzeugen? Und wenn so etwas möglich sein sollte, wer könnte ein Interesse daran haben, daß dies auch tatsächlich geschieht? Es läßt sich weiter fragen: Was geschieht mit der die Hemmschwelle erhaltenden Stabilität einer Nation und ihrer Bevölkerung, wenn diese ständig mit Berichten über Rauschgift, pervertiertem Sex und der Verherrlichung von Gewalt und Okkultismus überschüttet wird?

Bei der Untersuchung des Falles Manson und vieler ähnlich gelagerter Fälle seitdem stößt man immer wieder auf das Zusammenwirken dreier starker Faktoren. Immer wieder spielen Rauschgift, Sex und Okkultismus eine Rolle. Seit dem Wertewandel, der in den sechziger Jahren einsetzte, ist die Bevölkerung in immer stärkeren Dosen diesen drei Phänomenen ausgesetzt. Psychologische Experimente haben gezeigt, daß das exzessive Schwelgen in Rauschgift, Sex und Okkultem das höhere Nervensystem angreift und allmählich irreparabel schädigt.

Rauschgift, Sex und Okkultismus waren auch in früheren Gesellschaften nicht unbekannt, doch die Erscheinungsweisen, unter denen sie ausgelebt wurden, spielten sich nicht vor den

Augen der Öffentlichkeit ab. In der abendländischen Antike zum Beispiel wurde der Umgang mit Rauschgift, reinem Sex und Okkultismus in eigene, hochtabuisierte Mysterienbereiche ausgegliedert. Im christlichen Abendland war der Umgang damit strikt verboten und mit Todesstrafe bedroht, er erfolgte also entsprechend geheim.

Im Mittelalter traten erst vereinzelt Gruppen und Bewegungen in Erscheinung, die auf eine Umkehr und Beseitigung des Christentums hinarbeiteten. Ihr Einfluß erstarkte mit dem Beginn der sogenannten Moderne. Sie erkannten mit oder ohne Rückgriff auf altheidnische Mysterienerfahrungen die Sprengkraft von Rauschgiften, Sex und Okkultismus und begannen sie gezielt und systematisch in ihrer Propaganda einzusetzen.

So drang der Konsum von Rauschgift, Sex und Okkultismus in einzelne Kreise und kleine Zirkel am Rande der gehobeneren Gesellschaft wieder ein, und die aus diesen Kreisen ständig und in wachsender Zahl ausbrechenden Personen wurden Gegenstand literarischer und psychologischer Untersuchungen. Daraus ergab sich bereits ein recht beträchtliches, wissenschaftlich geklärtes Wissen um die Auswirkungen solcher Praktiken.

Interessant wurden die dabei gesammelten Erkenntnisse im Zusammenhang mit der Kriegspsychologie, die seit dem Ersten Weltkrieg immer größeres Gewicht bei den Militärs gewann. Die dort gesammelten Erfahrungen wurden später wieder auf die gesamte Gesellschaft übertragen. Besonders während des Koreakrieges tauchten immer wieder Berichte über die sogenannte Gehirnwäsche auf, womit die Koreaner das Denken und Wollen ihrer Kriegsgefangenen tiefgreifend und nachhaltig umgeprägt haben. In diesem Zusammenhang begannen sich Dienste wie die Central Intelligence Agency (CIA) verstärkt für solche „bewußtseinsverändernden Prozesse“ zu interessieren. Damals führte die CIA, um der angeblich so erfolgreichen koreanischen Gehirnwäsche begegnen zu können, verschiedene Experimente mit Rauschgiften durch. Eine Quelle für theoretische und praktische Erkenntnisse auf dem Gebiet der langfristigen Auswirkungen des Rauschgiftgenusses bildeten okkulte und satanische Zirkel, wie sie sich besonders in Großbritannien entwickelt hatten, wobei eine der schillerndsten Figuren im Dienste der britischen Geheimdienste der 1947 verstorbene Satanist Aleister Crowley war.

Seit den sechziger Jahren wurden immer mehr Menschen in solche Experimente und die ihnen entsprechende Lebensweise einbezogen. Unter den im großen Stil betriebenen Experimenten, die selbst breite Bevölkerungsschichten als Versuchsobjekte benutzten, ragt jenes hervor, das in den USA seit Mitte der fünfziger Jahren unter dem Kodenamen MK-Ultra durchgeführt wurde. Verschiedene Jünger Aleister Crowleys, besonders aber Dr. Timothy Leary, gewannen auf den Verlauf dieser Experimente beträchtlichen Einfluß.

Über den Umweg solcher Experimente erfaßte der sogenannte Satanismus Aleister Crowleys gehobene Kreise der gesellschaftlichen Elite und konnte sogar in öffentliche Positionen vordringen. Auf diese Weise gelang es, satanische Verhaltensweisen in eine breitere Öffentlichkeit einzuführen. Das war diesen sogenannten „Satanisten" wichtiger, als unmittelbar Nachwuchs für diese oder jene satanische Kirche zu rekrutieren. Auf die Art der Experimente und die damit bezweckten Auswirkungen werden wir im Zusammenhang mit dem Fall Manson noch im einzelnen eingehen.

Auch die Manson-Familie gab sich intensiv dem Rauschgiftkonsum, perversen Sexpraktiken und okkulten Ritualen hin. Und hier liegt wohl auch der Zugang zu der Frage, die Staatsanwalt Bugliosi stellte: Wie konnte Manson die Kontrolle über die anderen Gruppenmitglieder gewinnen?

Wir glauben, daß hier der Schlüssel für das Verständnis zahlreicher anderer Serienmorde liegt. Die meisten Täter waren Weiße. Sie verübten ihre Verbrechen im Alter zwischen 20 und 40 Jahren. Sie wuchsen im Milieu der Gegenkultur auf oder hatten sich Ende der sechziger und zu Beginn der siebziger Jahre diesem Milieu hingegeben. Die Gegenkultur bildete somit den Nährboden für die meisten dieser Massen- und Serienmörder. Aber ganz so „spontan", wie es oft den Anschein hat, bekam die Gegenkultur nicht den Zugriff auf breite Bevölkerungsschichten.

Anmerkungen

1. Vgl. Vincent Bugliosi (mit Curt Gentry), *Helter Skelter, The True Story of the Manson Murders*, New York, Bantam Books, 1975, S. 3-96. Dort sind die Mordfälle in allen Einzelheiten beschrieben.
2. ebenda, S. 349.

3. ebenda, S. 324-330. Die Hinweise gab das Mitglied der Manson-Familie Paul Watkins, der dem Staatsanwalt Bugliosi berichtete: „Als ich Charlie (im Juni 1968) zum ersten Mal traf, hatte er noch nichts von diesen Helter-Skelter-Sachen drauf ... Dann brachte Capitol im Dezember das Weiße Album der Beatles heraus. Einer der Songs heißt ‚Helter Skelter'. Die letzte Strophe ging so: ‚Paß auf Helter Skelter, Helter Skelter, Helter Skelter / Achte auf (im Hintergrund Schreie) Helter Skelter / Sie stürzt schnell zu Boden / Ja sie stürzt / Ja sie stürzt.' Damals begann Manson über dieses Beatles-Album und Helter Skelter zu reden. Was das alles zu bedeuten hatte, konnte ich damals nicht aus ihm herausbekommen ... Dann bestärkte er diesen Eindruck immer mehr und nannte die Sache Helter Skelter. Was er meinte, war folgendes: Die Schwarzen würden über die Städte herfallen und sie völlig auseinandernehmen." Siehe dazu auch Ed Sanders, *The Family: The Story of Charles Manson's Dune Buggy Attack Battalion,* New York, E. P. Dutton, 1971, S. 147-150.
4. Sanders, *The Family*, a.a.O., S. 173f.
5. ebenda, S. 330-337. Vgl. auch Maury Terry, *The Ultimate Evil,* New York, Bantam Bo989, S. 594-600.
6. In diesem Zusammenhang fällt eine erstaunliche Parallele zum Deutschland der dreißiger Jahre auf. Van Emsen (alias Carl Strünkmann aus der anthroposophischen Sekte „Die Kommenden" in Stuttgart) entwickelte damals folgende Vorstellung: Eine Zeitenwende stünde an. Das „Zeitalter des Wassermannes" (heute New Age) könne sich aber erst durchsetzen, wenn die Menschheit durch „Ströme von Blut" von ihren alten Vorstellungen gereinigt würde. Diese blutige Reinigung würde die Machtergreifung Hitlers besorgen. Das Buch erschien erstmals bereits 1932 in Leipzig. Van Emsen, *Hitler und die Kommenden*, Reprint 1983, Bremen, Faksimile Verlag.
7. Bugliosi, *Helter Skelter*, a.a.O., S. 652f.
8. Die Einteilung entnahm ich dem ausgezeichneten Buch von Jack Levin und James Alan Fox, *Mass Murder: America's Growing Menace,* New York, Berkeley Books, 1991, S. 89ff.
9. Ronald Markman und Dominick Bosco, *Alone With the Devil: Famous Cases of a Courtroom Psychiatrist*, New York, Bantam Books, 1990, S. 201-238; vgl. auch Terry, *The Ultimate Evil*, a.a.O., S. 590-611. Terrys Buch liefert zusätzliche Informationen über die Beziehungen zwischen Rauschgift, Pornographie und satanischen Kulten aus seinen Erfahrungen in Kalifornien. Er findet auch enge Beziehungen zwischen diesen satanischen Zirkeln Kaliforniens und Charlie Manson.
10. Levin and Fox, *Mass Murder,* a.a.O., S. xxiv-xxvv.
11. Bugliosi, *Helter Skelter,* a.a.O., S. 184-199. Hier finden sich nähere Angaben zur Biographie Mansons.
12. Joel Norris, *Serial Killers,* New York, Doubleday, 1988, S. 165-199.
13. Markman und Bosco, *Alone With the Devil,* a.a.O., S. 43.

2. KAPITEL

Der philosophische Psychopath[1]

Nie mehr Mama, nie mehr Papa!
Haben wir nicht Glück?
Sind wir nicht glücklich? Ach so glücklich,
alle sind jetzt glücklich!
Sex in Mengen, ohne Hochzeit;
und kein Kinderwagenschieben;
Keiner muß mehr Windeln wechseln.—
Sind wir nicht glücklich, ja so glücklich?
Alle sind jetzt glücklich!
Drogen zum Tee und Drogen zum Dinner,
Spaß die ganze Nacht, Liebe und Lachen;
keine *Reue*, kein Morgen danach.
Wo ist Sünde, wo der Sünder?
Alle sind jetzt glücklich!
Bewegliche Mädchen und exotische,
Ekstatische Mädchen und erotische,
umarme mich, Baby; mach es flott.
Alle sind ja, ach, so glücklich,
Alle sind jetzt glücklich.
Mengen zu essen und Stunden lang trinken
Soma-Cocktails — nie mehr denken.
Nie mehr denken, nie mehr denken!
Alle sind jetzt glücklich.

(*aus: Aldous Huxley,* Brave New World [Hervorhebungen im Original])

Als Gründer einer besonderen Form von Kommune fand Manson bereits vor der Mordserie öffentliches Interesse. Er und seine „Familie" waren Gegenstand intensiver Beobachtung, Erforschung und Betreuung, und die Art des Kommunelebens wie die Art der Erforschung und Betreuung der Manson-Familie blieben nicht ohne Einfluß auf die späteren Verbrechen.

Hieraus ergibt sich der Verdacht, daß auch das Verbrechen eine Art soziologisches Experiment gewesen sei. Zumindestens scheint bei dem Experiment, das die Manson-Familie darstellte, das Verbrechen mehr oder weniger bewußt in Kauf genommen worden zu sein.

In diesem Kapitel wollen wir aufzeigen, was den Serienmorden der Manson-Familie vorausging, ohne dabei auf die romanhaften Details im Leben der Gruppe einzugehen, wie sie in zahlreichen Biographien Mansons, die nach der Mordserie erschienen sind, ausführlich dargestellt sind.[2] Wir skizzieren die Prägung, die Manson durch sein Leben in der Kommune erfuhr, und den Einfluß, den sowohl das Forschungsprogramm, dem er als Objekt diente, als auch das Forscherteam auf ihn und die Mordserie ausübte.

Mansons „Familie", Teil der Kommunebewegung

Zu Beginn der sechziger Jahre kam unter weißen Teenagern die Idee auf, ihre „spießigen" Familien zu verlassen und statt dessen in Wohngemeinschaften zu ziehen, die nicht nur dazu dienten, die Dinge des täglichen Lebens gemeinsam und daher auch für jeden einfacher zu organisieren. Die Jugendlichen wollten auch das psychisch-emotionale Leben anders und natürlich „besser" organisieren. Vertrat eine Wohngemeinschaft ein soziopsychologisches Konzept, sprach man auch von einer „Kommune".

Die ersten Kommunen entstanden als besondere Lebens- und Wohngemeinschaften der Jugendprotestbewegung Mitte der sechziger Jahre. Die Jugendlichen pflegten dort ein intimes, familienartiges Zusammenleben. Sie lehnten die Eigentumsverhältnisse, das Leistungs- und Konkurrenzdenken und vor allem die moralischen Vorstellungen der bürgerlichen Gesellschaft ab. Sie suchten nach neuen Formen der Sozialisation, aus denen ein neuer, innerlich und äußerlich freierer Mensch hervorgehen sollte.

Die Bewegung, die zur Gründung dieser neuartigen Wohngemeinschaften führte und sie mit ideologischem Eifer forderte, entstand in den Vereinigten Staaten. Sie griff auf Aspekte des Gruppenlebens religiöser Orden und Sekten, aber auch auf Vorstellungen, die sich im Anarchismus und Anarchosyndikalismus gebildet hatten, zurück. Weitere Elemente stammten aus der Lebenserneuererbewegung der zwanziger Jahre. Trotzdem handelte es sich um ein ganz neues, in dieser Form noch nicht dagewesenes Phänomen. Es läßt sich sogar der Ort ausmachen, wo sich die ersten Kommunen der modernen Jugendsubkultur bildeten und von dort aus in praktisch alle Länder der westlichen Industriegesellschaft vordrang. Der Ort heißt Haight-Ashbury, ein Stadtteil San Franziskos im US-Staat Kalifornien.[3]

Hier bildeten sich die ersten Jugendwohngemeinschaften mit dem für diese Alternativfamilien typischen kulturellen Flair. Hier lag auch das Zentrum der sogenannten „Hippiebewegung". Von hier nahmen Begriffe wie „flower power" und „peace and love" ihren Ausgang.[4] Die großen Medien sorgten dafür, daß Haight-Ashbury und die Hippiebewegung überall in der Welt bekannt wurden und ihre Anhänger und Nachahmer fand. Nur wenige Jahre nach ihrem Entstehen kam die Bewegung auch nach Deutschland. Die sogenannte Kommune I des SDS Berlin importierte das amerikanische Muster. Eine Medienkampagne sorgte dafür, daß man ihre Stars — Kunzelmann, Teufel, Langhans, Dutschke und andere — bald in jedem deutschen Haushalt kannte.[5]

Zwar hatten die Jugendkommunen kein direktes Vorbild, aber eine Art Vorlage dafür findet sich doch. Sie steht in Aldous Huxleys bekanntem Science-fiction-Roman von 1931 *Schöne Neue Welt*. Huxley beschreibt dort erstaunlich treffend die sogenannten Kommunen oder Alternativfamilien, die sich erst Jahrzehnte später in der sogenannten Jugendsubkultur Amerikas bildeten.[6]

Aldous Huxley entwickelte sein Konzept zu Beginn der dreißiger Jahre während der Weltwirtschaftskrise, als in den Industrienationen neue gesellschaftliche Modelle gesucht wurden.

Die Frage ist, welcher Zusammenhang zwischen dem Konzept Aldous Huxleys und den Jugendkommunen von Haight-Ashbury besteht, denn die ganze rauschgiftschwangere Jugendsubkultur der sechziger Jahre ist sicherlich gar nicht so „spontan" entstanden, wie gemeinhin angenommen. Es läßt sich behaupten, daß die Szene der Jugendkommunen nur deshalb so intensiv beobachtet und erforscht wurde, weil es sich dabei um ein von langer Hand geplantes gesellschaftspolitisches Experiment handelte. Schließlich könnte es sein, daß die Morde der Manson-Familie selbst ein Teil dieses soziologischen Experiments waren.

Eine solche Hypothese wird natürlich zunächst auf starken emotionalen Widerstand stoßen und als ungeheuerlich und „völlig ausgeschlossen“ abgelehnt werden. Aber bereits die folgenden Aspekte sollten zu denken geben.

Die Blumenkinder der Kommunen haben sich angeblich den Frieden aufs Panier geschrieben. „Make Love not War!“, war eine ihrer bekanntesten Parolen. Trotzdem ging es in dieser pazifistischen Bewegung nicht sonderlich friedlich zu. Hinter der Fassade von „flower power“ brodelte ein irrationaler Haß auf die Kultur mit ihrem noch vorhandenen Leistungsbegriff, ihrem Aufbauwillen und ihrer Lebenseinstellung.[7]

Äußerlich war die Jugendsubkultur gegen den Kapitalismus, das Gewinnstreben und die Eigentumsverhältnisse, aber hinter diesen ideologischen Marken stellte man die Grundeinstellungen der bürgerlichen Gesellschaft in Frage. Der eigentliche Gegner war das aus der Renaissance des 15. Jahrhunderts stammende bürgerliche Ideal der Vervollkommnung, das den Menschen danach streben ließ, die vorgefundenen Grenzen des Wachstums produktiv zu überwinden, die Ursachen materieller Not zu beseitigen und Unzulänglichkeiten zu verbessern.

Mit viel Geschwätzigkeit protestierte „flower power“ zwar gegen die „Ausbeutung der Dritten Welt“, doch wie glaubwürdig das war, zeigte sich daran, daß nie ein Konzept entwickelt wurde, wie die Versorgung der Menschen in der Dritten Welt bewerkstelligt werden könnte. Ihre Antwort war immer nur: Die Industriestaaten sollten sich zurückziehen und die Menschen dort ihren naturgegebenen Verhältnissen überlassen. Auch mit dem ebenso lauten Protest gegen den Krieg in Vietnam wollte man weniger den geschundenen Vietnamesen beistehen, als an diesem Krieg die Verworfenheit der eigenen Zivilisation entlarven: „Was geht mich Vietnam an, ich habe Orgasmusprobleme“, war das geflügelte Wort des Kommunarden Kunzelmann auf dem Höhepunkt dieses Protests. Sie wollten nicht die Ursachen äußerer Not verändern, sondern den subjektiven Wunsch und das Verlangen nach einer besseren Versorgung abbauen und überwinden. Die Anhänger der Kommunebewegung wollten die eigene Mittellosigkeit als Ausdruck der Freiheit der Persönlichkeit genießen. „Flower power“ war damit nicht nur der Beginn von „New Age“, sondern vor allem auch der ideologische Wegbereiter für die spätere wirtschaftspolitische „Austerität“.

Die Kommunebewegung stellte auch das typisch „Neue“ in der breiteren Bewegung der „Neuen Linken“ heraus und legte auf diese Weise mehr und mehr von den sozialistischen Verkleidungen der Protestbewegung ab. Das „Neue“ dieser nur noch scheinbar sozialistischen Gegenkulturbewegung geht auf die sogenannte Frankfurter Schule der Soziologie zurück, auf die sogenannte F-Skala, die Theodor W. Adorno im Zusammenhang einer Studie des American Jewish Committee mit dem Titel „The Authoritarian Personality“ (Die autoritäre Persönlichkeit) entwickelt hatte.[8] In den USA war sie bereits zwischen 1949 und 1950 erschienen.[9]

Die F-Skala stellt diejenigen Charakterzüge als „faschistoid“ oder „protofaschistisch“ hin, die die Neue Linke glaubte angreifen zu müssen. Dazu zählten Eigenschaften und Einstellungen wie Pünktlichkeit, Ordentlichkeit, Reinlichkeit, Pflichtbewußtsein u.ä. Solche Eigenschaften seien dem Individuum in der bürgerlichen Familie unter dem Zwang des dominierenden Vaters aufgenötigt worden, wofür es mit dem Verlust seiner Lustbefähigung bezahlt habe. Als Gegenreaktion staue sich Aggression auf, die sich teils gegen das Individuum selbst, teils nach außen richte. Daraus entwickele sich ein sadomasochistischer Charakter, der den Nährboden für die autoritäre Persönlichkeit darstelle. In Zeiten des Wohlstandes beherrsche sich das Individuum, und der masochistische Charakterteil dominiere. In Zeiten allgemeiner Not trete der sadistische Charakterteil hervor. Dieser hielte sich dann an schwächeren Menschen der Umgebung schadlos. Der faschistoide Charakter wandele sich in einer solchen Umgebung zur offen faschistischen Gesinnung. So etwa läßt sich die Theorie der autoritären Persönlichkeit knapp zusammenfassen.

Bereits 1936 veröffentlichte die Frankfurter Schule eine Vorläuferstudie. In ihr wurden die Grundideen für die Entstehung des faschistoiden Charakters entwickelt und erklärt. Sie soll beweisen, warum vor allem die bürgerliche Familie für das Aufkommen des Faschismus verantwortlich sei. Die Studie legt den Grund für den zu Beginn der sechziger Jahren mit Absicht entfachten Generationenkonflikt, der Jugendliche dazu veranlaßte, ihre Familien zu verlassen und sich in Wohngemeinschaften und Kommunen zusammenzuschließen. Die Studie zeigt auch Ansätze für eine gesellschaftliche Umerziehung, eine „antifaschistische" Strategie. Nach Auffassung der Studie gelinge es dem Vater deshalb, seine Kinder zu Pünktlichkeit usw. zu erziehen, weil er ihnen verwehre, sich sexuell auszuleben. Erlaube man nun im Gegenzug der Jugend, sich sexuell auszutoben, verlöre sie zwar viele nützliche Eigenschaften des faschistoiden Zwangscharakters, es würden sich dafür aber auch weniger Aggressionen aufstauen. Man sieht, der Slogan „Mach Liebe statt Krieg!" ging unmittelbar aus dieser strategischen Studie der Frankfurter Schule hervor.[10]

Die Wohngemeinschaften und Kommunen verstanden sich als der kulturrevolutionäre Stoßtrupps der Neuen Linken. Ihnen oblag es, vor allem die bürgerliche Familie als Sozialisierungsinstitution zu zerschlagen und durch neue Sozialisationsformen zu ersetzen. Die Verfechter der Kommunen benutzten dafür besonders gern die Greuel des Faschismus und Nationalsozialismus, wofür sie sie die bürgerliche Familie verantwortlich machten und damit ihre eigenen radikalen Ziele und Vorgehensweisen rechtfertigten. Das Gerede von der unbewältigten Vergangenheit und ein Großteil der Holocaust-Literatur hatte dafür die Hintergrundgeräusche zu liefern.[11]

Das Ergebnis war, daß die Familie diesen Theorieversatzstücken entsprechend noch vor Kapitalismus und Faschismus bekämpft werden müßte, denn sie sollte ja den Grund für beides gelegt haben. Die scheinbare Friedfertigkeit von „flower power" war nur Bestandteil ihrer Ideologie. Sie entsprach keineswegs der Wirklichkeit, wie auch die sexuell enthemmte moderne Jugendbewegung keineswegs die von der Frankfurter Schule versprochene Aggressionslosigkeit einlöst.[12]

Die Person Herbert Marcuses mag eine wichtige Rolle dabei gespielt haben, daß sich die ersten Gegenfamilien und Kommunen Mitte der sechziger Jahre in Haight-Ashbury bildeten. Marcuse hatte nicht nur den sozialpsychologischen Teil der Studie „Autorität und Familie" geschrieben, er war im Krieg hoher Beamter der Vorgängerorganisation der CIA gewesen und wurde dafür nach dem Krieg mit einer Professur an der Universität Kalifornien in Berkeley wenige Autominuten von Haight-Ashbury entfernt bedacht.[13]

Die wissenschaftliche Begleitung der Kommunebewegung in Haight-Ashbury unterscheidet sechs verschiedene Typen des kommuneartigen Zusammenlebens und untersucht die verschiedenen Auswirkungen, die jeder Typ auf die beteiligten Kommunarden hatte. Dr. David Smith und A. J. Rose, über die noch ausführlich zu sprechen sein wird, nennen den Crash Pad Typ (Draufgänger-Kommune), den rauschgiftkonsumierenden und rauschgiftfreien Familien-Typ und den rauschgiftkonsumierenden und rauschgiftfreien Gruppensex-Typ und schließlich noch die sich selbst versorgende Landkommune. Die Manson-Familie gehörte zu dem rauschgiftkonsumierenden Gruppensex-Typ. Smith und Rose schreiben dazu:

> „Die Tatsache, daß weiße Jugendliche aus der amerikanischen Mittelklasse sich in einer Gruppensex-Kommune zusammenfinden, ist ein relativ neues Phänomen. Aber gerade hierin repräsentiert sie (dieser Typ) einen besonders ausgerichteten Angriff auf den Moralkodex der noch vorherrschenden Kultur".[14]

Der Kommuneszene von Haight-Ashbury wollte die bürgerliche Familie als „Brutstätte des autoritären Charakters" beseitigen und durch alternative Formen des Zusammenlebens und der Sozialisation ersetzen. Sie experimentierte hierzu mit einem breiten Spektrum recht unterschiedlicher Lebensformen.

Manson war nicht nur „Guru" und unumschränkter Patriarch in einer der vielen alternativen Familien des Distrikts. Er vertrat den Typ, der den „besonders ausgerichteten Angriff auf den Moralkodex der noch vorherrschenden Kultur" anführte. Das gab ihm Gewicht. Dementsprechend kannte man ihn überall in den neu entstandenen Kommunen und hörte auf ihn, soweit den Kommunarden dies der Wunsch nach Selbstverwirklichung erlaubte. Darüber hinaus verkehrte Manson in zahlreichen esoterischen Zirkeln führender und bekannter Leute der Film- und Schallplattenindustrie Hollywoods. Er wurde mindestens zwei Jahre vor dem Mord an der Schauspielerin Tate bevorzugt in diese exklusiven Kreise eingeladen, zelebrierte pseudoreligiöse Riten und faszinierte durch sein magisch-finsteres Wesen.[15]

Charles Manson und seine „Familie" als Forschungsobjekt

Einzelheiten aus dem Leben Charles Mansons in der Szene von Haight-Ashbury werden in den gängigen Biographien breit ausgemalt. Weniger bekannt ist aber ein wesentlicher Aspekt seines Lebens, worauf nur Ed Sanders hingewiesen hat. Wie die neu entstandenen Wohngemeinschaften und Kommunen insgesamt war auch die „Familie" Charles Mansons und besonders er selbst Objekt einer „soziologischen Studie".[16] Die Medizinische Klinik von Haight-Ashbury wandte bei der Manson-Studie vor allem die Technik der „teilnehmenden Beobachtung" an. Über ihre Ergebnisse berichtete laufend das *Journal Of Psychedelic Drugs*, ein Bulletin, das die Klinik zusammen mit der Medizinischen Fakultät der Universität Kalifornien unter Federführung einer „Studiengruppe Psychopharmakologie" herausbrachte.

Der Untertitel der Zeitschrift „LSD, Psychedelic Experience and Beyond" (LSD, psychedelische Erfahrungen und mehr) zeigt das Interessenumfeld der Studien.[17] Im Grunde ging es um die Auswirkungen von LSD und anderer psychedelischer Rauschgifte auf die Mitglieder von Wohngemeinschaften Haight-Ashburys. Es begann mit Marihuana, ihm folgte LSD, später stieg man auf Amphetamine und Barbiturate um. Schließlich wechselte die Szene zu den sogenannten harten Drogen, Heroin und Kokain und deren Ersatzmitteln wie Crack, Methadon und dergleichen. Es ist nicht ausgeschlossen, daß die sogenannte Kommunebewegung ursprünglich erst für und um diese Rauschgiftexperimente herum konzipiert worden war.

Die Haight-Ashbury-Klinik wurde 1967 gegründet, als sich die ersten Kommunen längst gebildet hatten und mit ihrer Erforschung begonnen werden konnte. Getragen wurde sie zum Teil aus Spenden der Bothin Foundation und des Merrill Trust. Zu den Spendern gehörte z.B. auch die Mutter des Manson-Opfers Folger. Auch zahlreiche erfolgreiche Rockgruppen ließen der Klinik Geld zufließen. Öffentliche Gelder erhielt sie vor allem für Forschungsaufgaben aus dem Etat des National Institute for Mental Health. Die Klinik war steuerlich als gemeinnützig anerkannt und erhielt auf Vermittlung von Dr. W. Nesbitt aus dem Fonds der Gesellschaft Jugendprojekte öffentliche Gelder.[18]

Nach außen hin kümmerte sich die Klinik um die vielfältigen

medizinischen Belange der Jugendlichen, die durch die neue Rauschgift-Gegenkultur-Bewegung in den Stadtteil Haight-Ashbury gelockt worden waren und deren Zahl rasch zunahm. 1968 hat das Krankenhaus, das auch über eine psychiatrische Ambulanz verfügte, nach eigenen Angaben 20 000 Jugendliche aus der Szene behandelt.

In der Frage des Rauschgiftkonsums nahm die Klinik eine sehr „liberale" Haltung ein, und ihre eigentliche Aufgabe bestand darin, das erste Getto weißer süchtiger Teenager, das sich in den USA gebildet hatte, wissenschaftlich zu beobachten. Dafür überwies die US-Regierung dem Leiter der Klinik David E. Smith bei einer Gelegenheit nach eigenen Angaben unter anderem 37 000 Dollar.[19]

Dr. David E. Smith, der persönlich dem Team angehörte, das Charles Manson studieren sollte, war zugleich Professor am Fachbereich Pharmakologie der Medizinischen Fakultät der Universität Kalifornien, wo er besonders über Toxikologie und gelegentlich auch über Kriminologie Vorlesungen hielt. Er referierte auf den Mitarbeiterkonferenzen des Fachbereichs Medizin der Universität Kaliforniens in San Franzisko regelmäßig über Toxikologie und führte an seiner Klinik entsprechende Forschungsarbeiten durch. Smith war auch Herausgeber des erwähnten *Journal of Psychedelic Drugs* und machte später als Mitglied der für eine liberale Drogenpolitik kämpfenden Gruppe NORML von sich Reden. Er trat leidenschaftlich für die Freigabe von Marihuana und anderer Rauschgifte ein.[20]

Charles Manson war im März 1967 aus dem Gefängnis entlassen worden und kam im Spätsommer des gleichen Jahres nach Haight-Ashbury. Spätestens seit dieser Zeit war er „Forschungsobjekt" dieses Programms.

Nach den Gesetzen der Vereinigten Staaten wird jedem Strafgefangenen, wenn er auf Bewährung freigelassen wird, ähnlich wie auch in Deutschland, ein Bewährungshelfer zugeteilt, bei dem er sich regelmäßig melden muß. Häufig stellen sich Psychologiestudenten als Bewährungshelfer zur Verfügung, wenn sie nach Versuchspersonen für ihre Seminar- oder Examensarbeiten suchen.[21]

Das traf auch auf den vorbestraften Charles Manson zu. Doch gibt es hier beachtliche Besonderheiten. Sein Bewährungshelfer war weder ein Student noch ein Beamter, wie sonst üblich. Manson wurde ein gewisser Roger Smith zugeteilt, als er im Herbst 1967 in Nordkalifornien auftauchte. Smith war Experte für Kriminologie, der Erfahrungen sowohl mit Straßenbanden als auch in Gefängnissen hatte. Als er die Betreuung Mansons übernahm, wurde er an der Haight-Ashbury-Klinik angestellt. Er betreute Manson als Bewährungshelfer bis Anfang 1968. Im Mai 1968 erhielt er dann ein Stipendium bei Dr. Frederick Meyers, Professor für Pharmakologie an der Universität Kalifornien und zugleich Hauptberater und -betreuer der Haight-Ashbury-Klinik in Sachen Pharmakologie. Da er besonders die Auswirkungen von Amphetaminen und anderen Aufputschmitteln auf die Abhängigen in Haight-Ashbury untersuchte, fand er in Smith einen geeigneten Mitarbeiter und ließ ihn über 200 Amphetamin- und Barbituratabhängige interviewen und untersuchen.

Roger Smiths besonderes Interesse galt dem Einfluß dieser Präparate auf das Gewaltverhalten der Abhängigen des Bezirks. Auch als er Manson schon längst nicht mehr als Bewährungshelfer betreute, blieb er ihm verbunden. Dr. David Smith, der medizinische Leiter der Klinik, schrieb darüber:

> „Roger Smith arbeitete im Frühjahr 1968 freiwillig an der Klinik. Er lernte dort viele Patienten kennen und beriet sie medizinisch. *Zu den Patienten, die er betreute, gehörten auch Charles Manson und seine unrühmliche Familie.*“[22]

Den beiden Smiths arbeitete als Forschungsassistent Alan Rose zu.[23] Der vierte im Team war Dr. Ernest Dernburg[24], ein Psychiater, der sich auf Fragen kriminologischer Pathologie spezialisiert hatte.

Im Sommer 1968 wandte sich Dr. Smith an Dr. Bennet Berger, den Dekan der soziologischen Fakultät der Universität Kalifornien, der ein eigenes Forschungsprogramm über Verhaltensauffälligkeiten bei in Wohngemeinschaften geborenen Kindern betrieb. Auch er erhielt Gelder des National Institute for Mental Health. Es ergab sich eine engere Zusammenarbeit zwischen David Smith und Bennet Berger. So wollte es Berger übernehmen, beim NIMH weitere 5000 Dollar zu beantragen, womit Smith zwei seiner für das Projekt abgestellte Mitarbeiter bezahlen wollte.[25]

Manson spielte in seiner Kommune die Rolle des Vater-Gurus, den eine Gruppe von Teenage-„Kindern" umgab. Er nannte sie in der Regel tatsächlich „Töchter" oder, da ihm auch die männlichen Mitglieder der Kommune in vielfältiger Weise hörig waren, „Kinder". Manson verabreichte ihnen Rauschgifte, vor allem LSD und Amphetamine, er praktizierte mit ihnen regelmäßig perversen, sadomasochistischen Sex oder ließ sie das untereinander tun,[26] und schließlich predigte er dem Kreis als eine Art Priester seine eigene, okkulte Religion, in die auch Teile fernöstlicher Religionen und Kulte, vor allem buddhistischer Sekten, einflossen.

Ein besonderes Gewicht in seiner religiösen Lehre hatte die Anschauung, daß Gut und Böse im Grunde gleichwertige Daseinsbefindlichkeiten seien. Einen breiten Raum nahm dabei der Versuch ein, in sich die Qualen der Gewissensbisse, Reue und Schuldgefühle zu überwinden, die „minderwertige" Sterbliche noch plagten. In diesem Zusammenhang sprach er von Anfang an ausdrücklich auch vom Töten anderer Menschen. Ihm gelang es, seine Jünger davon zu überzeugen, man müßte es fertig bringen, im Bewußtsein des vollständigen Gefühls der Selbstidentität zu töten, d.h. in vollständiger innerer Gleichgültigkeit, ohne ein Gefühl der Anteilnahme oder des Hasses.[27]

Smith und Rose erwähnen im oben genannten Artikel Mansons religiöse Anschauungen sehr wohlwollend und anerkennend und stellen die Kommune trotz der eigenartigen Abhängigkeitsverhältnisse und sexuellen Praktiken als eine durchaus ernst zunehmende Alternative zur bürgerlichen Familie dar. Fast liebevoll nennen sie Manson durchgängig „Charlie" und heben besonders seine Wandlung vom „ehemaligen" Scheckbetrüger zu einem „spirituellen Führer" hervor.[28]

Auch Dr. William McGlothin, Professor an der Universität Südkalifornien in Los Angeles, findet im LSD-Genuß ein breites Spektrum positiver Auswirkungen. Eine dieser Wirkungen sollte die an Manson beobachtete Wandlung vom Verbrecher zum „vergeistigten" Menschen sein. Eine andere bestünde darin, die Umtriebigkeit der Jugend zu mäßigen und zu beruhigen.[29]

Nach den grauenhaften Morden der Manson-Familie veröffentlichten Dr. David E. Smith und sein Mitarbeiter ein zusammenfassendes Buch über das Experiment Manson — *Love Needs*

Care. Es ist der Versuch, sich vor den Augen der Öffentlichkeit von Mansons Aktivitäten zu distanzieren. Aber dem Buch fehlt deutlich die wissenschaftliche Distanz. Die Sympathie für Manson schlägt an vielen Stellen unverhohlen durch. Darüber hinaus enthält das Buch vieles, was zu früheren Berichten der Autoren in Widerspruch steht. An solchen Widersprüchen wird deutlich, daß das Forscherteam der Klinik Mansons Aktivitäten bewußt unterstützte und deckte. Die Widersprüche bekunden zudem, daß die Verfasser keine Illusionen über die Konsequenzen hatten, die sich auf längere Sicht aus den in Mansons Kommune praktizierten Gruppenaktivitäten ergeben mußten. Nach Darstellung Dr. Smiths lautet das so:

> „Roger Smith, Dr. Dernburg, Dr. Smith und Alan Rose, der (kurz nach der Mordserie) nach San Franzisko zurückgekehrt war, stellten sich der Presse und erklärten, *daß Charlie eigentlich kein typischer Hippie gewesen sei*. Sie versuchten öffentliche Rückschlüsse auf die Einwohner von Wohnkommunen zu verhindern.“[30]

Manson und die Betreuer, wer trägt Verantwortung?

Die Experimente in Haight-Ashbury blieben auch sonst nicht ohne Auswirkungen. Dr. Smith berichtet selbst, wie sich die „Rauschgiftgebräuche“ seit 1965 von Haight-Ashbury aus über das ganze Land ausbreiteten. Die Verbreitung sei „in Wellenbewegungen“ erfolgt und zwar „in dem Maße, wie jene, die in den frühen sechziger Jahren dem Ruf des Haight gefolgt waren, dem Distrikt nun den Rücken kehrten, zurück in ihre Heimat, ihre Schulen und tausend andere Szenen abwanderten, wohin sie ihre Rauschgiftkonsumgewohnheiten mitnahmen.“[31]

Nach 1965 bildeten sich überall in den Vereinigten Staaten Ableger von Haight-Ashbury. Jede größere Stadt hatte bald ihre Hippiezentren und Wohngemeinschaften. Die Medien feierten das als die Revolution der Jugend, die dauernde Liebe und ursprüngliche Spontaneität versprach.[32] In diesem Rahmen war überhaupt erst der ausufernde Rauschgiftmißbrauch unter Jugendlichen möglich. Ihm folgte später als ständige Begleiterscheinung der Drogenkultur eine Welle von Gewalt, Rauschgifthandel, Bandenkriegen, Jugendprostitution, Vergewaltigungen und schließlich auch Mord.[33]

Als medizinische und kriminologische Spezialisten waren die Mitarbeiter des Forscherteams an der Haight-Ashbury-Klinik durchaus in der Lage, jede einzelne Phase ihres „soziologischen Experiments" vorherzusehen. Sie haben diese Entwicklung nicht nur in Kauf genommen, sie bekundeten offene Sympathien mit den kulturrevolutionären Aspekten dieser Entwicklung.

Als Ärzte wußten sie, daß mit nachlassender Rauschwirkung der Drang zu stärkeren Drogen wächst, um wieder in den Genuß der einmal erlebten Rauschintensität zu gelangen. Sie wußten auch, daß die jungen Leute irgendwann Haight-Ashbury wieder verlassen würden, um sich andernorts niederzulassen. Allein die Berichte, die die Medien von der inzwischen berühmten Kolonie in alle Welt trugen, bewirkten, daß sich der Rauschgiftkonsum lawinenartig ausbreitete.

In diesem Zusammenhang ist es nicht unerheblich, wenn in Publikationen wie *Hot Money and the Politics of Debt* enthüllt wird, daß die CIA etwa die Hälfte des LSD, das in den sechziger Jahren an amerikanischen Universitäten von Studenten konsumiert wurde, direkt und indirekt vorfinanziert hat.[34] Mit den enormen finanziellen Gewinnen aus dem so in Gang gebrachten Geschäft wurde die Agentur von Zahlungen für verdeckte Operationen unabhängig, die ihr die Regierung andernfalls hätte bewilligen müssen. Auch wenn das Buch die Rolle der CIA im Rauschgiftgeschäft übertrieben darzustellen scheint, so bestätigen spätere Ereignisse die gemachten prinzipiellen Annahmen.[35] Jedenfalls gewinnen die Experimente von Haight-Ashbury vor diesem Hintergrund eine andere, weitreichende Dimension.

Kehren wir zum Fall Manson zurück. 1967 tauchte Charles Manson in der Rauschgift-Subkultur Haight-Ashburys auf. Er war damals 32 Jahre alt und damit wenigstens zehn bis fünfzehn Jahre älter als die meisten seiner „Mädchen". Manson war vorbestraft und den Behörden nicht unbekannt. Mehr als siebzehn Jahre seines bisherigen Lebens hatte er in Verwahr- und Besserungsanstalten bzw. Gefängnissen verbracht.[36]

Auch während seiner Bewährungszeit, als er bereits intensiv beobachtet wurde, beging Manson — und das war sowohl seinem Bewährungshelfer als auch dem Forscherteam der Klinik bekannt — ein Verbrechen nach dem anderen. Ed Sanders berichtet von Rauschgifthandel, Hehlerei, von Autodiebstählen und Scheckbetrügereien. Im Frühjahr 1969 raubte die „Familie" einen Sendewagen der Fernsehgesellschaft NBC und verkaufte nach und nach die gesamte Filmausrüstung. Zunächst wurden damit wüste Pornofilme gedreht und vermarktet. Schließlich kam es im Juni 1969 zu einem Mordversuch an Bernard Crowe. Manson schoß den 27jährigen schwarzen Rauschgifthändler nieder und ließ den Körper in der Annahme liegen, er sei tot.[37]

Solche Ereignisse konnten nicht unbekannt bleiben, schon gar nicht einem Forscherteam, das sich der Technik der „teilnehmenden Beobachtung"[38] bediente. Es fragt sich also, warum die Behörden Manson nicht wieder inhaftiert haben, nachdem sie über dessen Rückfälligkeit Kenntnis bekommen hatten.

Erst wenn die wirkliche Dimensionen der in Haight-Ashbury durchgeführten Experimente sichtbar sind, lassen sich gewisse Schlüsse ziehen. Zunächst geht es darum, die Rolle herauszufinden, die Manson in diesen Experimenten tatsächlich gespielt hat.

Mansons erster Bewährungshelfer Roger Smith gehörte zum Führungsteam der Haight-Ashbury-Klinik. Er hat uns eine bezeichnende Bemerkung über Manson unmittelbar nach dessen Entlassung aus dem Gefängnis übermittelt: *„Charlie war der feindseligste auf Bewährung Freigelassene, der mir je begegnet ist. Er hielt damit nicht hinter dem Berg. Er sagte mir ins Gesicht, daß er auf keinen Fall die Bewährungsauflagen einhalten werde ... In anderen Zeiten wäre er wohl gleich wieder ins Gefängnis gewandert."* Die Tatsache, daß Manson so lange davon verschont blieb, führt Smith auf die „neue Mobilität" der Bevölkerung zurück, die auch daran schuld sei, daß mehr und mehr Menschen „in derartigen Szenen hängenblieben".[39]

Auch die Manson-Mädchen waren den Behörden schon viele Monate vor den Morden aufgefallen. Sie galten bei der Polizei in der Gegend um San Franzisko als die „Hexen von Mendocino County", weil im gesamten Wohnbereich der Kommune Überreste kultischer Rituale und des Rauschgiftkonsums gefunden wurden.[40]

Roger Smith hatte sich nach Darstellung Dr. Smiths inzwischen eng mit Manson angefreundet. Manson besuchte Roger und dessen Frau häufig zusammen mit seinen „Kindern" in der Klinik. Diese Besuche wurden auch fortgesetzt, als dieser nicht mehr sein Bewährungshelfer war. Dabei hat Manson die Klinik medizinisch für sich nie in Anspruch genommen. Die Besuche galten also ausschließlich Roger Smith, den er in Anlehnung an die Figur des Rechtsanwalts aus dem Science-fiction-Roman *Stranger in a Strange Land* (Ein Mann in einer fremden Welt) „Jubal" nannte.[41]

Das durchaus enge Verhältnis zwischen der Manson-Familie und den beiden Smiths beschränkte sich nicht nur auf den Austausch von Informationen. Die beiden Betreuer sprangen der Manson-Familie in verschiedenen Situationen auch juristisch und finanziell bei. Ein Beispiel hierfür ist, daß Roger Smith Mansons erstes Kind in der Kommune, Michael Valentine Smith, genannt Pooh Bear, bei sich und seiner Frau Carol in Pflege nahm, als die Mädchen wegen Marihuanabesitzes für kurze Zeit in Polizeigewahrsam kamen.[42]

Die enge Beziehung zwischen den beiden Smiths, Manson und seiner „Familie" läßt sich bis ins Jahr 1968 nachweisen. Im April 1968 lebte ein Teil der Kommune zeitweilig in der Clayton Street 532, nur wenige Häuser oberhalb der Klinik.[43]

Die engen persönlichen Beziehungen behinderten nicht die Geschäftsbeziehungen. Die Manson-Familie belieferte Roger Smith mit wichtigen Informationen aus der Rauschgiftszene San Franziskos, besonders aus den Stadtteilen Haight und Tenderloin. Roger Smith verarbeitete diese Informationen in seinen Studien. Auch nachdem die Manson-Familie zur Spahn Movie Ranch, auf der früher Western-Filme gedreht wurden, umgezogen war, hielt Roger Smith durch Briefe und Telefonate den Kontakt mit Manson weiter aufrecht.[44]

Dr. Smith hielt über Alan Rose, der als Verwaltungs- und Forschungsassistent an der Klinik arbeitete, Verbindung zur Manson-Familie. Rose lebte 1968 als „sympathisierender Cousin" und „soziologisch orientierter teilnehmender Beobachter" mit der Manson-Familie auf der Spahnschen Ranch. Dr. Smith zeichnet das folgende Bild von Roses Verhältnis zur Manson-Familie:

> „Obwohl Rose Charlie und die Mädchen schon früher durch Roger Smith kennengelernt hatte, hielt er nur nominellen Kontakt mit ihnen, bis die meisten von ihnen aus der Stadt verzogen waren. Als

aber das Nest in der Cole-Street geschlossen wurde, hielten sich diejenigen männlichen und weiblichen Mitglieder, die in San Franzisko geblieben waren, immer häufiger in der Clayton Street 558 (der Haight-Ashbury-Klinik) auf und fragten schließlich Rose, ob er ihnen nicht dabei helfen könne, eine Unterkunft zu finden. Rose war zu diesem Zeitpunkt alleinstehend und unzufrieden mit seiner Arbeit in der Klinik. So lud er sie in seine Wohnung in Haight-Ashbury ein. Er wollte sich damit offenbar eine Ablenkung von seinen Pflichten in der medizinischen Abteilung verschaffen, sozusagen als eine Art Arbeitstherapie. Die Mädchen hatten ihr eigenes Verständnis von Therapie und hatten offenbar den Auftrag von ihrem Führer, Roses Bewußtsein zu erweitern und ihn zum Eintritt in die Familie zu verleiten. Erfahren in den Künsten des Schlafzimmers, hatten sie innerhalb weniger Tage Erfolg.

Rose schaltete sich von da an zunehmend in die Angelegenheiten der Familie ein, bis er den Mädchen schließlich den größten Teil seines Gehalts gab und ihre männlichen Begleiter mit Kleidung versorgte. Wenige Wochen nachdem Rose sich mit den jungen Leuten eingelassen hatte, entschieden sie, daß das Haight für sie zu gefährlich wurde, und gingen daher nach Mendocino County, um dort neue Rekruten für Charlie auszuheben. Rose wurde aufgefordert mitzukommen. Er kam noch ungefähr eine Woche lang seinen Verpflichtungen in der Klinik nach. Dann brach er plötzlich, ohne seine Mitarbeiter zu benachrichtigen, nach Norden auf. Als er in Mendocino ankam, erfuhr Rose, daß die Mädchen wegen Marihuanabesitzes verhaftet worden waren. Er entdeckte auch, daß eine von ihnen das erste Baby in der Manson-Familie geboren hatte. Das Baby kam in einem Campingwagen zur Welt, nachdem seine Mutter Marihuana als Beruhigungsmittel genommen hatte. Es wurde als Valentine Smith registriert und von den Behörden versorgt, solange die Mädchen im Gefängnis waren.

Rose konnte zwar nicht die Freilassung der Familie erreichen, spielte aber weiter seine Rolle als sympathisierender Cousin der Mädchen. Nachdem er nach San Franzisko zurückgekehrt war, um einzusammeln, was von seinem Besitz noch übrig war, zog er nach Mendocino und übernahm die Vermittlung zwischen der Polizei und seinen verhafteten Kumpanen. Er besuchte die Mädchen täglich, brachte ihnen Zigaretten und Süßigkeiten und versuchte, die Gefängniswärterinnen zu besänftigen, die sich darüber aufregten, daß die Gefangenen nackt herumliefen und an der Brust von Valentine Smiths Mutter saugten, die noch Milch gab. *Er half der Familie auch, einen Verteidiger zu finden, und sorgte dafür, daß das*

Baby, das sich bei der Geburt eine Pilzinfektion zugezogen hatte, bei Roger und Carol Smith untergebracht wurde.“ [45]

Soweit Dr. Smith über das Verhältnis seines Verbindungsmannes Rose zu der Kommune.

Dr. Smiths Beiträge zu der Manson-Studie stammten vor allem aus den Erfahrungen und Beobachtungen, die Rose beim Zusammenleben mit der Familie gesammelt hatte. In dem wenigen, was Smith im Zusammenhang mit seinem Bericht über Roses Verhältnis zur Kommune äußert, fällt besonders seine „wissenschaftliche“ Einschätzung auf, daß „Geburt und Aufzucht von Kindern in der Gemeinschaft recht gut gehandhabt werden, solange die Gruppe zusammenbleibt.“ In demselben Papier urteilt Dr. Smith, die Familie sei ein „faszinierendes“ Beispiel für den alternativen Lebensstil der „Gruppensex-Kommune“. Im gleichen Atemzug verurteilt Smith die bürgerliche Kernfamilie mit ihren traditionellen Werten, weil sie keine positive Antwort auf die Probleme biete, welche sich der Ehe und der Kindererziehung im 20. Jahrhundert stellten.[46]

In seinem Aufsatz betont Dr. Smith unter Bezug auf Roses Bericht weiter, daß „LSD-induzierte psychedelische Philosophie kein großer motivierender Faktor (für die Aktivitäten der Kommune, C.G.) war“.[47] Insgesamt erweckt seine Darstellung den Eindruck, LSD sei in der Manson-Familie nicht sonderlich intensiv konsumiert worden. Staatsanwalt Bugliosi hatte indes nachgewiesen, daß Manson LSD und andere Drogen an seine Anhänger verteilte. Er hatte auch ermittelt, daß Manson selbst weniger Rauschgift nahm als seine Zöglinge, um ihre Zustände besser manipulieren zu können.[48]

Es entsteht der Verdacht, Dr. Smith habe diese spezielle Halbwahrheit nur deshalb in seiner Darstellung verwendet, um von den zerstörerischen Konsequenzen der Psychedelika auf Manson und seine Mädchen abzulenken. Daß Manson seine Mädchen vor allem durch Rauschgift gefügig und von sich abhängig macht, konnte dem Toxikologen Smith nicht entgangen sein. Tatsächlich widerspricht sich Smith selbst, wenn er in seinem Buch über die Auswirkung von LSD auf die Manson-Familie schreibt:

„LSD und die Halluzinogene produzieren eine *emotionale Labilität*, welche nicht notwendigerweise durch Euphorie charakterisiert ist, sondern weit mehr durch *markante Stimmungswechsel*. Mit dieser Labilität geht eine gesteigerte Gereiztheit gegenüber zwischenmenschlichen Beziehungen einher. Personen, welche halluzinogene Wirkstoffe benutzen, können durch fremde Personen verängstigt werden und entwickeln oft eine starke Beziehung zu den Führern, die sie durch ihren Rausch führen können und sollen. Weil die Drogenkonsumenten in einem abhängigen Zustand sind, können sie diese Führer für ihre Eltern halten und zunehmend empfänglich für ihre Anweisungen werden.“ [49]

Dr. Smith verweist in seinem Buch selbst auf die Beobachtungen und Erkenntnisse Dr. Oremlands, der zeigte, wie Menschen mit ähnlich charismatischen Führungstendenzen wie Charles Manson auf LSD reagieren:

„Dr. Jerome Oremland war praktizierender Psychoanalytiker und behandelte Patienten, die unter sorgfältig beobachtender Aufsicht am Mental Research Center in Palo Alto in Kalifornien LSD-Sitzungen beiwohnten. In Gegensatz zu den begeisterten Berichten der frühen sechziger Jahre, nach denen sich LSD bei der Psychotherapie als ein hervorragendes Hilfsmittel und therapeutischer Wirkstoff erwiesen habe, konnte er nachweisen, daß LSD im Ansatz vorhandene Psychosen (der konsumierenden Person) verstärken könne.
Dr. Oremland erkannte auch, daß LSD Psychosen und anhaltende egozentrische Störungen auslösen kann. Wenn dies geschah, hielten die Konsumenten sich (im Gegensatz zur Realität) oft für friedliebende geistige Führer, die dazu berufen seien, andere für die LSD-Gemeinde zu gewinnen. Ein treffendes Beispiel hierfür war das Schicksal eines erfahrenen Forschers, der zum inbrünstigen Prediger des Friedens, der Liebe und des Rauschgiftes wurde, während seine Familie, sein berufliches Ansehen und seine Denkfähigkeit darüber zerfielen.“ [50]

Dr. Smith kannte somit die potentielle Gefährlichkeit des LSD-Genusses durchaus.

In seinen Schriften finden sich ausdrückliche Hinweise darauf, daß Manson unter bestimmten Bedingungen zu Mord fähig wäre und unter bestimmten Bedingungen auch *morden würde*. In *Love Needs Care* schreibt er:

„Charlie erschien, wenn er LSD nahm, nicht besonders gefährlich zu sein oder Wert auf jene Diskorporation (eine Form von Mord durch Telepathie) zu legen, die Valentine Smith[51] schätzte. Man konnte aber keineswegs vorhersagen, was geschehen würde, wenn er aufhörte, Rauschgift zu nehmen, wenn sein Wahn von Omnipotenz verflog oder ihm die Aufmerksamkeit, die ihm andere entgegenbrachten, entzogen würde."[52]

Dr. Smith wußte auch, daß Manson und seine Mädchen damals mehrfach die Beach Boys, eine Rockgruppe, aufsuchten. Eine Zeit lang wohnten sie sogar bei Dennis Wilson von den Beach Boys, der Manson einmal Hoffnungen gemacht hatte, ihn als Rocksänger groß herauszubringen und ihm einen Plattenvertrag zu besorgen. Manson wollte selbst komponierte Songs vortragen und sich auf der Gitarre begleiten. Es war abzusehen, daß es dazu schon wegen der mangelnden Begabung Mansons nicht kommen würde, und Dr. Smith konnte abschätzen, welche Enttäuschung diese Zurückweisung für Manson bedeuten mußte.[53]

Es war ebenfalls klar, welche fatalen Auswirkungen es haben mußte, wenn sich die Mädchen, die sich Manson zu seinen Sexsklavinnen gemacht hatte, ihm plötzlich verweigern sollten. Aus eigener Beobachtung und Roses Berichten wußten beide Smiths, welche Rolle Sex für Manson in der Kommune spielte, und sie wußten, daß die Mädchen vor den Morden in einen extrem labilen Zustand geraten waren. Nach Angaben des Staatsanwalts Bugliosi stellte Dr. Smith fest:

„Sex und nicht Drogen sind der gemeinsame Nenner in der Manson-Familie gewesen. Ein neues Mädchen in Charlies Familie brachte eine gewisse Moral der amerikanischen Mittelklasse mit. Das erste, wofür Charlie sorgte, war, daß diese restlos beseitigt wurde. Dadurch glaubte er, die Hemmungen, die normalerweise unser Leben bestimmen, eliminieren zu können."[54]

Trotz dieser Feststellung unterschrieb Smith ein Gutachten, das Manson als „transient Schizophrenen" eine gewisse Unzurechnungsfähigkeit bescheinigte und ihn decken sollte.[55]

In seinen Schriften ging Dr. Smith des öfteren auf das Lebensideal der Gegenkulturbewegung ein. Er brachte es gern auf den einfachen Begriff „Hipsein". Er schrieb so begeistert vom „Hipsein", daß der Verdacht nahe liegt, Smith hätte es selbst gern geteilt und deshalb die Manson-Kommune gewähren lassen. Er beschreibt das „Hipsein" in seinem Buch so:

> „Norman Mailer, der um 1957 die Beats vergötterte, nannte sie Hipsters und verglich ihr anarchistisches Lebensideal, das keine Verbote kannte, verbunden mit ihrer geistigen Befreiung *Philosophische Psychopathie*. Ihr persönliches und gesellschaftliches Ziel war es, selbst den eigenen Tod in Kauf zu nehmen und stets mit dem Tod vor Augen zu leben, sich selbst von der Gesellschaft auszugrenzen, entwurzelt zu existieren und sich auf die Reise in das unbekannte Selbst zu begeben. Gleichviel ob dieses Leben kriminell verläuft oder nicht, es dient dem Psychopathen nur dazu, sein eigenes Ich zu stärken, ihm jene Bereiche der Erfahrungswelt näher zu bringen, in dem Sicherheit langweilt. — Man ist ‚hip' oder man ist ‚angepaßt'. Vor diese Alternative fühlt sich jede neue Generation, die in das Leben Amerikas eintritt, gestellt. Man ist Rebell oder man geht konform — daher ist es konsequent, wenn sich Menschen von ihren alten Werten trennen und ihr Selbst vom Über-Ich der Gesellschaft befreien. Die einzige Moral, die ein ‚Hip' kennt, ist daher, zu tun, was man fühlt und wann immer man es fühlt."[56]

Das klingt nach Begeisterung, aber reicht es als Erklärung aus, einen potentiellen Massenmörder frei gewähren zu lassen? Noch andere Gründe mögen hierbei eine Rolle gespielt haben. Diese werden verständlicher, wenn wir uns nun die Experimente, die in Haight-Ashbury an Jugendlichen aus der Protestszene durchgeführt wurden, näher ansehen und wir vor allem den Zusammenhang berücksichtigen, in den sich diese Versuche einfügen. Das soll im nächsten Kapitel geschehen.

Anmerkungen

1. Der Begriff stammt von Norman Mailer. „The White Negro", *Dissent*, 1957. Nachdruck, San Francisco, City Lights Books, 1961.
2. In diesen Zusammenhang gehören folgende Bücher, die zum Teil bereits im 1. Kapitel erwähnt wurden:
   John Gilmore und Ron Kenner, *The Garbage People*, Los Angeles, Omega Press, 1971. Das Buch enthält viel Authentisches, auch Interviews aus den frühen Gefängnisjahren Mansons. Es bemüht sich, viele Ideen Mansons zu erklären, dazu gehört auch die Vorstellung einer „unendlichen Seele."

Nuel Emmons, *Manson in His Own Words*, New York, Grove Press, 1986. Emmons, selbst Strafgefangener, kannte Manson seit dessen Gefängnisaufenthalt in den fünfziger Jahren. Emmons' Berichte über Mansons spätere Gefängnisjahre klingen etwas geschönt, so daß der Leser daran zweifeln sollte, hier „Manson in seinen eigenen Worten" zu hören.
Ed Sanders, *The Family, The Story of Charles Manson's Dune Buggy Attack Battalion,* New York, E. P. Dutton, 1971. Sanders wurde erst durch den Mordprozeß auf Manson aufmerksam, verfolgte den Prozeß intensiv und forschte den Fall aus. Besonders genau studierte er Mansons Beziehungen zu okkulten bis satanischen Gesellschaften und zu anderen „modernen" Erscheinungen der amerikanischen Kultur.
Vincent Bugliosi (mit Curt Gentry), *Helter Skelter,* New York und Toronto, Bantam Books, 1975. Das Buch konzentriert sich auf den Mordfall, seine Vorbereitung, seine Durchführung und die Aufdeckung. Es gibt ein recht gutes Bild vom psychiatrischen Zustand der beteiligten Personen.
Umstritten, aber faszinierend ist ein Buch von Maury Terry, *The Ultimate Evil,* New York, Bantam Books, 1989. Terry ging vor allem der Frage nach, inwieweit die Morde der „Sons of Sam", die New York im Jahr 1974 erschreckten, und die Morde Mansons an Tate und den LaBiancas in einem Zusammenhang stehen. Er findet diesen in einem internationalen Netzwerk der sogenannten Process Church (Prozeßkirche), einer satanischen Sekte. Er stützt sich bei seiner Beweisführung allerdings oft auf zweifelhafte Quellen.
Auch ein Mitglied der Manson-Familie schrieb später ein Buch. Paul Watkins, *My Life With Charles Manson,* New York, Bantam Books, 1979. Es gibt Einblick in Mansons Rauschgift- und Sexualphilosophie und die Art und Weise, wie er die Familienmitglieder in Abhängigkeit brachte.
Nikolas Schreck, Hrsg., *The Manson File,* New York, Amok, 1988. Schreck bezeichnet sich selbst als Satanist, Jünger und Anhänger von Charles Manson. Er veröffentlicht hier Gedichte, Songs, Briefe und weitere Texte Mansons, die Rückschlüsse auf dessen Denken und Absichten erlauben.

3. David St. Clair, *The Psychic World of California,* New York, Doubleday, 1972. Das Buch zeigt auf, weshalb sich vor allem in Kalifornien, dem „seltsamsten Staat" der Vereinigten Staaten, okkulte und mystische Kulte ausbreiteten und sich diese Gegend für die radikalsten soziologischen Experimente besonders eignete.
4. Die Bezeichnung „Hippie" stammt aus Norman Mailers sogenannter „Hip-Ethik", die eine die Massen ergreifende Selbstbefreiung und Selbstentkrampfung fordert, d.h. das Ablegen aller Schuld- und Reuegefühle. Im Grunde verherrlicht er damit nur eine Art psychischen Primitivismus. Vgl. Mailer, *The White Negro*, a.a.O. Mailer sagt

dort unter anderem: „Der Nihilismus des Hip verlangt als letzte Konsequenz, daß jede gesellschaftliche Regelung und alles Soziale beseitigt wird... der Mensch könne dann erst beweisen, daß er *mehr kreativ als mörderisch* sei und sich nicht selbst umbringen würde." Mailer kannte also durchaus die „Gefahren" seines ethischen Ideals. Diese Gefahren wurden bewußt verharmlost, als die Medien die Hippies „Blumenkinder" nannten und von ihnen ein völlig unzutreffendes friedlich-harmloses Bild zeichneten.

5. Schreck, Hrsg., *The Manson File,* a.a.O., S. 141, zeigt den Einfluß Mansons auf die deutsche Jugendbewegung der siebziger Jahre. Er zeigt an Einzelheiten, daß „Peter Baumann, der Gründer der gewalttätigen Bewegung 2. Juni in Westdeutschland, Mansons erschreckenden Einfluß bestätigt". In seinem Buch *Terror or Love?,* das in Deutschland nicht erscheinen durfte, aber 1978 auf englisch bei Grove Press herauskam, schrieb Baumann dazu selbst: „Die ganze Aktion war etwas verrückt und alle riefen uns natürlich zu: ‚Manson läßt grüßen!'. Als die Bullen (Polizei) eindrangen, legten wir die Platte ‚Sympathy for the Devil' auf und riefen ihnen ‚Heil Satan!' entgegen. Natürlich hatten wir auch ‚*Charles Manson'* in roter Farbe an die Wand gepinselt. Wir machten oft das Zeichen mit zwei Fingern ‚Heil Satan'; eigentlich war das für uns sogar das Begrüßungszeichen. Unbewußt waren wir damit zu weit gegangen. Wir hielten Charles Manson nicht für so schlecht. Wir hielten ihn eher für lustig ..."
6. Der Roman entstand in Sanary Var in Frankreich.
7. Dazu vor allem Theodore Roszak, *The Making of a Counter Culture*, New York, Doubleday, 1968.
8. Max Horkheimer, Samuel H. Flowerman, Hrgs., *Studies in Prejudice*, Vol. 5, „The Authoritarian Personality", New York, 1949. Hier besonders die Beiträge von Theodor W. Adorno. Sie erschienen gesondert in Theodor W. Adorno, *Studien zum Autoritären Charakter*, Frankfurt, Suhrkamp Verlag, 1973.
9. Einen allgemeineren Eindruck von Art und Umfang, wie zu Beginn der fünfziger Jahre Sozialwissenschaftler, Hirnforscher und Psychologen auf der Grundlage der sogenannten Motivationsanalyse den Charakter der Amerikaner auf breiter Basis manipulierten, ihre Meinungsbildung, ihren Geschmack und ihr Verhalten beinflußten, bietet der Bestseller von Vance Packard, *The Hidden Persuaders*, Pelican Books, 1981. In dieser besonderen Ausgabe des auch in Deutschland unter dem Titel *Die Geheimen Verführer* weit verbreiteten Buches findet sich ein Kapitel über die jüngsten Strategien im Reich der Wünsche. Packard zeigt darin, wie sich die F-Skala und die damit verbundene Methode auf dem Feld des Marketings und der Wirtschaftswerbung hervorragend bewährt habe.
10. Erich Fromm, Max Horkheimer, H. Mayer, Herbert Marcuse, Hrsg., *Studien über Autorität und Familie*, Paris, Felix Alcan, 1936. „Unter

allen gesellschaftlichen Institutionen, welche die Individuen für Autorität empfänglich machen, steht die Familie an erster Stelle," schreibt Horkheimer in seinem Vorwort. „Die Wandlung der Sexualmoral" war ein noch älteres Anliegen der Frankfurter Schule, scheiterte aber bisher an den zu fest gefügten Strukturen der Familie, die es nun als erstes aufzubrechen galt. Einer der wichtigsten Autoren der Studie, der sich vor allem mit den sozialpsychologischen Aspekten befaßte, war Herbert Marcuse. Dazu später auch Herbert Marcuse, *Eros and Civilization*, New York, Random House, 1955.

11. Vgl. Hubert Bacia, „Erziehungs- und Bildungsprozesse zur autoritären Disposition der Gesellschaft", in Gerd Schäfer, Carl Nedelmann, Hrsg., *Der CDU-Staat, Studien zur Verfassungswirklichkeit der Bundesrepublik*, München, Szczesny, 1967, S. 166-181. Dazu entwickelte sich im „linken" Lager rasch eine gewaltige Literaturflut.
12. Dieter Haensch, *Repressive Familienpolitik, Sexualunterdrückung als Mittel der Politik,* Reinbeck, Rowohlt, 1969, und zahllose andere Veröffentlichungen der Art.
13. Herbert Marcuse war langjähriger Senior Analyst des Bureau of Intelligence of the Office of War Information (Nachrichtenabteilung des Amtes für Kriegsinformationen), eines Vorläufers der Central Intelligence Agency. Später erhielt er eine Professur an der Universität Kalifornien in Berkeley. Vgl. dazu Rolf Wiggershaus, *Die Frankfurter Schule,* München, dtv, 1988, S. 337.
14. David E. Smith und A. J. Rose, „The Group Marriage Commune: A Case Study," in *Journal of Psychedelic Drugs*, Vol. III, Nr. 1, September 1970, S. 115-119. Der Artikel stellt Smith als klinischen Assistenzprofessor für Toxikologie im Fachbereich Medizin der Universität Kalifornien in San Franzisko und Medizinischen Leiter der Haight-Ashbury-Klinik vor. Rose wird als Forschungsassistent und Verwaltungsangestellter des gleichen Krankenhauses bezeichnet.
15. Sanders, *The Family,* a.a.O., S. 51 und S. 56-59. Dazu auch Steven Gaines, *Heroes and Villains: The True Story of the Beach Boys,* New York und Ontario, New American Library, 1986, S. 201-220.
16. ebenda, S. 64.
17. Das *Journal of Psychedelic Drugs – LSD, The Psychedelic Experience and Beyond* faßte Aufsätze und Papiere aus Konferenzbeiträgen zusammen. Mitherausgeber war neben dem Fachbereich der Universität Kalifornien eine *Psychopharmacology Study Group* (Studiengruppe für Psychopharmakologie). Die Zeitschrift erschien halbjährlich (im März und September) beim Verlag „Stash Press of the Journal of Psychedelic Drugs". An Stash Press waren die Haight-Ashbury Free Medical Clinic und die Student Association for the Study of Hallucinogens in Beloit, Wisconsin, beteiligt. Als Herausgeber zeichnete Dr. med. David E. Smith, Medizinischer Direktor der Haight-Ashbury Medical Clinic. Vertrieben wurde die Zeitschrift von der Öffentlichkeitsabteilung des Krankenhauses unter Leitung von D. Smith.

18. Sanders, *The Family*, a.a.O., S. 64: „Irgendwann im Frühjahr oder Sommer des Jahres 1968 begann Frau Inez Folger, die Mutter von Abigail Folger, das Haight-Ashbury-Krankenhaus zu unterstützen. Als freiwillige Kraft half sie Roger Smith bei seinem Programm für Drogenabhängige. Frau Folger vermittelte nach Aussagen der Krankenhausverwaltung für die Klinik die Unterstützung der Bothin Foundation und erwirkte eine Spende über 25 000 Dollar vom Merrill Trust. Sie veranstaltete in den Jahren, in denen sie für die Klinik arbeitete, mehrere Empfänge, um dem Krankenhaus Spenden zu beschaffen. *Abigail Folger, wie auch Colonel und Frau Tate hatten wenigstens eine dieser Wohltätigkeitsveranstaltungen des Ehepaars Folger besucht. Es scheint sogar, daß auch eines oder mehrere Mitglieder der Manson-Familie, vielleicht sogar Manson selbst, bei diesen Veranstaltungen anwesend waren. Wenigstens erinnerte sich ein offizieller Vertreter des Krankenhauses sofort an diese Wohltätigkeitsveranstaltung, als er in der Zeitung von der Festnahme Mansons las*" (Hervorhebung von mir, C.G.). Hinweise auf die Finanzierung durch Dr. Nesbitt finden sich im *Journal of Psychedelic Drugs*, über die Finanzierung durch Rockkonzerte berichten Dr. David Smith und John Luce in *Love Needs Care*, Boston, Little, Brown and Company, 1971, S. 206ff. und 274ff.
19. ebenda, S. 36 und S. 233.
20. ebenda, S. 267. Smith führte aus, es sei sinnlos, junge Leute davon abhalten zu wollen, Rauschgift zu nehmen. Die Lehrer sollten die jungen Leute viel mehr dazu anhalten, ihr Rauschgift mit Verstand zu wählen. „Das beste, das sie (die Lehrer) unterrichten könnten, ist, zwischen dem Gebrauch verschiedener Rauschgifte zu unterscheiden lernen". Obwohl er in *Love Needs Care* immer wieder auf die gefährlichen Auswirkungen gerade auch von Marihuana zu sprechen kommt, trat Smith als Toxikologe für die öffentliche Freigabe dieses Rauschmittels ein. Später wurde Smith sogar der „medizinische Berater" der Gruppe NORML (National Organization for the Reform of Marijuana Laws), die mehr oder weniger eine Propagandaabteilung der Drogenkartelle ist. Dazu auch Muriel Mirak-Weißbach, *Der gerechte Krieg, das Rauschgiftkartell besiegen,* Wiesbaden, Dr. Böttiger Verlag, 1991, sowie die englische Vorausgabe Executive Intelligence Review, Hrsg., *Dope, Inc., The Book that Drove Kissinger Crazy,* Washington, D.C., Executive Intelligence Review, 1992, 3. Auflage (zuerst erschienen 1978). Hier wird unter anderem dokumentiert, daß Marihuana selbst in den USA eine der wichtigsten Einnahmequellen der Landwirtschaft ist. Mit Marihuana wurden die Schleusen für den amerikanischen Rauschgifthandel aufgestoßen.
21. Timothy Leary, *High Priest*, New York, World Pub. Company, 1968, S. 192-211. Auf Leary gehen wir im 5. Kapitel näher ein.
22. Smith, *Love Needs Care,* a.a.O., S. 36ff., S. 256 und S. 326.
23. Rose war damals ein 21jähriger Student aus Shaker Heights im US-Staat Ohio. Er wollte eigentlich Rabbiner werden, mußte sein Stu-

nannte sein Kind, das er mit dem Kommunemädchen Mary Brunner hatte, nach dieser Romanfigur. Auf die Bedeutung dieses Vorbilds für Manson werden wir in Kapitel 6 näher eingehen.

52. Smith, *Love Needs Care,* a.a.O., S. 262.
53. Zu dem Zusammenspiel zwischen Manson, Terry Melcher und den Beach Boys vgl. auch Gaines, *Heroes and Villains: The True Story of the Beach Boys,* a.a.O., S. 201-220. Smith zeigt in *Love Needs Care,,* a.a.O., S. 264, daß David Smith mit einer solchen Möglichkeit vor den tatsächlichen Morden rechnete.
54. David Smith, zitiert nach Bugliosi, *Helter Skelter,* a.a.O., S. 222f.
55. Smith und Rose, „The Group Marriage Commune: A Case Study," a.a.O., S. 116.
56. Smith, *Love Needs Care,* a.a.O., S. 81f. „Beat" wurde von dem Wort „Beatnik" abgeleitet, welches die Vorläufer der Hippies aus den fünfziger Jahren beschreibt.

3. KAPITEL

Mensch oder Ratte

„Herr und Frau Amerika — ihr irrt euch. Ich bin nicht der König der Juden und ich bin auch kein Hippie-Kult-Führer. Ich bin, was ihr aus mir gemacht habt; und dieser wahnsinnige Hund, Teufel, Mörder, Besessene, Aussätzige spiegelt nur eure Gesellschaft wider. — Und was immer das Ergebnis dieses Wahnsinns sein wird, den ihr einen fairen Prozeß oder christliche Gerechtigkeit nennt, wisset: Ich sehe schon in meiner Vorstellung, wie meine Gedanken in euren Städten Brände legen."

Charles Manson

nach seiner Verurteilung wegen der Morde an Tate und LaBianca

Charles Manson, der Prototyp des amerikanischen Massen- und Serienmörders, war kein „Einzeltäter", wie immer behauptet wird. Er mordete nicht nur zusammen mit seinen Familienmitgliedern, sondern er erhielt wichtige, vielleicht sogar entscheidende Unterstützung von Roger und David Smith, den Leitern des Forscherteams, das ihn beobachtete. Manson stand noch unter ihrer Obhut, als beide schon wußten, daß eine Abfolge von Ereignissen ihn jederzeit in einen Massenmörder verwandeln konnte. Jedes beliebige dieser Ereignisse ließ sich leicht auslösen oder konnte mit hoher Wahrscheinlichkeit auch rein zufällig eintreffen.

Bedenkt man, was beide in ihren „wissenschaftlichen" Arbeiten über Mansons Charakter und Entwicklungsmöglichkeiten unter bestimmten Streßfaktoren veröffentlicht haben, dann ähnelte ihre Nachlässigkeit der von Eltern, die ihr kleines Kind, das nicht etwa nur mit den sprichwörtlichen Streichhölzern, sondern eher mit einem Schneidbrenner hantiert, ruhig gewähren ließen.

Die Gleichgültigkeit der beiden Smiths gegenüber der Gefahr, die Manson für Wohlergehen und Leben seiner Mitmenschen darstellte, ist jedenfalls erstaunlich und ungewöhnlich. Sie regt einige interessante Fragen an. Haben beide die tatsächlich eingetretene Entwicklung, die sie absehen konnten, gewollt, in Kauf genommen oder aus Begeisterung für das „Hipsein" falsch eingeschätzt? Wenn eine Absicht im Spiel war, dann fragt sich weiter, ob die beiden Smiths den Ereignissen aus eigenem Antrieb freien Lauf gelassen haben oder ob dahinter eine „höhere" Absicht oder ein berechnender Plan steckte.

Damit stoßen wir im Fall Manson auf eine ähnliche Problematik, wie sie bei politischen Morden immer wieder auftaucht. Auch für die „unbegreiflichen" Morde an den beiden Kennedys (John F. Kennedy 1963 und Robert Kennedy 1968) oder an dem Führer der Bürgerrechtsbewegung Martin Luther King 1968 und ähnliche werden gern „verrückte Einzeltäter" verantwortlich gemacht. Die gängige Erklärung lautet dann: der Mörder wollte sich aufspielen, sich „bekannt" machen, einer Freundin, die ihn verschmähte, imponieren und ähnliches. Solche Erklärungen erscheinen angesichts der später aufgedeckten näheren Umstände „unwahrscheinlich", nichtssagend und oft an den Haaren herbeigezogen. Genau so unsinnig wäre es, Charles Manson zum mehr oder weniger verrückten Einzeltäter zu machen. Die näheren Umstände widersprechen der Einzeltäterschaft. Die bekannt gewordenen Umstände der Morde bilden eine lange Kette von „Zufallen", deren Zusammentreffen jeder Vorstellung von Wahrscheinlichkeit widerstreitet.

Bei den genannten politischen Morden fällt in jedem untersuchten Fall auf, daß die angeblichen Täter von einer unglaublichen Nachlässigkeit der Polizei oder der zuständigen Sicherheitskräfte profitierten. Im Fall Manson liegt die Nachlässigkeit und Gleichgültigkeit bei den Kriminologen und Toxikologen, die Manson ausforschten bzw. betreuten. Wenn man die angebotenen Erklärungen bezweifelt, findet man recht bald heraus, daß das festgestellte Muster unglaublicher „Zufälle" selbst kein Zufall ist. Es folgt einem berechnenden Plan.[1]

Der Mord an John F. Kennedy ist in dem Oliver-Stone-Film „JFK", der die ganze Unwahrscheinlichkeit der dogmatisch behaupteten Einzelmörderthese bloßstellt, glänzend dargestellt.[2]

Folgt man den Überlegungen des Films und wendet sie auf den Fall Manson an, dann ergibt sich folgender Schluß: Manson habe seine Taten als eine Art gewolltes Produkt der beiden Smiths ausgeführt. Eine solche Annahme führt jedoch zu einer Annahme, die sich eigentlich von vornherein verbietet: Es kann nicht sein, daß Regierungsstellen soweit gehen und ihre Bürger in Mörder verwandeln. Allerdings machen jüngste Enthüllungen über die Kennedy-Morde und vergleichbare Vorgänge in den USA diese Annahme immer glaubwürdiger, jedenfalls nehmen sie ihnen einiges ihrer scheinbar „absoluten Unglaubwürdigkeit".

Im Fall Manson ergibt sich für den Betrachter noch die Schwierigkeit, daß die Medien ein überaus friedfertiges Bild von der Hippie-Bewegung gemalt hat. Das paßte nicht zu dem finsteren Bild eines Massenmörders vom Schlage Mansons. Die Fachleute hatten es damals schon anders gesehen. Der Chefpsychiater der Haight-Ashbury-Klinik Dr. Ernest Dernburg unterschied zum Beispiel deutlich zwischen den „Hoodies" als zu Gewalttätigkeit neigenden Kommunarden, den „Bikers", den späteren Motorrad-Rockern, und den eigentlichen „Hippies".

Das gemeinsame aller dieser Jugendlichen sei nach Dr. Dernburg, daß sie nicht erwachsen werden könnten. Nach einer anderen Notiz seines Kollegen Dr. David Smith habe Dernburg bei seinen jugendlichen Hippie-Patienten *„failure of fusion"* (mangelnde Verknüpfungsfähigkeit) und verdrehte ödipale Triebe festgestellt. Diese hätten sie zu erotischen Perversionen oder zu übermäßiger Passivität oder — und das ist hier interessant — besonderer Aggressivität verleitet. Die latente Aggressivität der Hippie-Bewegung war damals also durchaus bekannt.[3]

Die Vorstellung von der friedlichen Hippie-Bewegung ist ein Produkt der Medien. Daß es sich dabei allenfalls nur um eine erste Phase handelte, an die sich eine ganz anders geartete zweite Phase anschloß, blieb der Öffentlichkeit verborgen. Es gibt zahlreiche Hinweise darauf, daß die neuen Erscheinungen des „Satanismus" mit der ursprünglichen Hippie-Bewegung unmittelbar in Verbindung stehen. Jedenfalls zielte die zweite Phase dieser Bewegung darauf ab, auch sadistische Regungen ungehemmt freizusetzen.

Nicht nur an Ratten erprobt

Die Hinweise auf eine zweite Phase der Hippie-Bewegung führen uns in eine Welt wohlgehüteter, soziologischer Experimente. Sie wurden von den gleichen Regierungsstellen gefördert und finanziert, denen wir schon in Haight-Ashbury begegnet sind.

Die den Experimenten zugrunde liegende soziopsychologische Hypothese wurde zunächst an Nagetieren, hauptsächlich an *Ratten*, ausprobiert, wobei sich das Interesse vor allem auf die Bedingungen richtete, unter denen sich bei Ratten bestimmte Formen des sexuellen Sadismus bildeten. Sexueller Sadismus gilt auf den Menschen übertragen als Bereitschaft zu Gewaltverbrechen. Man verstärkte experimentell die aversiven Bedingungen der Umgebung und beobachtete, wie sich das Verhalten der Ratten entwickelte. Die Annahme lautete, daß vergleichbare Bedingungen auch beim Menschen die Bereitschaft zu einem derartigen Verhalten weckten, und fragte, wo entsprechende Bedingungen in der Lebensumwelt des Menschen auftreten.

Es ist kein Zufall, daß die experimentierenden Soziologen solche Bedingungen vor allem in den städtischen Ballungszentren mit ihrer hohen Bevölkerungsdichte fanden, die auch der Grund für die dort auftretende hohe Kriminalität sei. Die Nachteile eines solchen Experiments sollten aber auch nicht übersehen werden. Man stelle sich nur die Reaktion von Eltern vor, die erfahren, daß die Rauschgiftabhängigkeit ihrer Kinder von der eigenen Regierung gewollt wurde, oder die Reaktion von Frauen, wenn sie begreifen, daß perverse Serienmörder wie Manson von staatlichen Forschungseinrichtungen erzeugt wurden.

Doch schauen wir uns die Experimente, soweit sie sich in der nur schwer zugänglichen „wissenschaftlichen Literatur" niedergeschlagen haben, etwas genauer an.

Die Lebensbedingungen in städtischen Ballungszentren heißen in den Papieren der Forscher, die an dem Programm arbeiteten, *„behavioral sinks"*. Im Deutschen hieße das „Verhaltenssenke", was eine soziale Umgebung beschreibt, die so stark prägend ist, daß menschliches Verhalten, auch wenn es anderen Moralvorstellungen und Weltanschauungen folgen wollte, scheinbar zwangsläufig in feste, vorgegebene Verhaltensmuster einmündet. Die Stadtkultur der amerikanischen Großstädte soll nach Ansicht der Forscher einen Teil der dafür anfälligen Menschen quasi naturwüchsig in mehr oder weniger wütende und mordende Bestien verwandeln.

So sieht es wenigstens Dr. William Turner, der einer „Gruppe zur Erforschung der Wirkung psychotroper Drogen auf normale Menschen" angehörte. Er schreibt:

> „Im Hinblick auf die Städteplanung für 1975 kommt uns ein anderer Aspekt der Evolution bei Wirbeltieren in den Sinn. Er hat etwas mit dem Überbevölkerungsproblem zu tun. Vor einigen Jahren führten John Calhoun und seine Mitarbeiter weitreichende und intensive Studien über die Umwelt der norwegischen Ratte durch. In gedrängten Verhältnissen entwickeln diese Ratten eine Reihe von Verhaltensweisen, die mit Sicherheit von denen freilebender Ratten abweichen, wenn man ihr Verhalten miteinander vergleicht.
>
> Zum Beispiel richtete Calhoun bei einer Serie von Experimenten mehrere Räume in der Größe von 3 x 4,5 m ein und unterteilte jeden Raum noch einmal in vier Abteilungen. In jeder Abteilung waren Erhebungen für Nistboxen vorgesehen. Auf dem Boden gab es immer Futter, Wasser und Nistmaterial im Überfluß. In jedem Raum wurden fünf Rattenpaare ausgesetzt. Nach kurzer Zeit konnte man sehen, daß sich weitaus die meisten Ratten in einer der Abteilungen ansammelten. Dadurch entstand, was Calhoun eine *Verhaltenssenke* nannte.
>
> In diesen Senken stieg die Bevölkerungsdichte an, weil sich etwa achtzig Prozent der Ratten aus den anderen Abteilungen in dieser einen zusammendrängten. Die Auswirkungen dieser Verhaltenssenke waren extrem. Die Beschreibung mancher dieser Tiere erinnert stark an unsere eigene, menschliche Psychopathologie. Calhoun wies darauf hin, daß sich die Ratten zu ihrer gegenwärtigen Lebensweise über Millionen von Jahren entwickelt haben. Während dieser Zeit habe sich ihre genetische Konstitution im Gleichgewicht mit ihrer Umgebung befunden. Plötzlich, im Zeitraum nur weniger Generationen, wurden sie einer ganz anderen Art von Umgebung ausgesetzt. Es sind diese schnellen Änderungen der Umgebung und besonders die Zwänge der Gefangenschaft in der Verhaltenssenke, unter denen sich solche Pathologien entwickeln."[4]

In weiteren Experimenten pferchte man große Rattenpopulationen in sehr engen Käfigen zusammen und ließ sie dort über längere Zeit eingesperrt. Darüber hinaus wurden die Tiere verschiedenen „Streßfaktoren" ausgesetzt. Man ließ sie hungern, setzte sie hohen oder niedrigen Temperaturen aus und ähnliches. Schließlich setzt man sie unter den Einfluß der in der Subkultur verwendeten Rauschgifte.

Während all dieser Experimente wurden die Verhaltensänderungen der Ratten genau registriert. Dabei fand man unter anderem heraus, daß nach einer gewissen Zeit etwa 5 Prozent der Ratten taten, wozu sie unter „normalen" Bedingungen nicht bereit sind: Sie begannen ihre Artgenossen umzubringen, d.h. sie wurden zu Massenmördern. Ein Teilaspekt der Beobachtungen war, daß das Mordverlangen nicht gleichzeitig unter den 5 Prozent der betroffenen Ratten ausbrach, sondern in der Regel von einer einzelnen Ratte ausging, die dann das latent vorhandene mörderische Verhalten der restlichen 5 Prozent mordbereiter Ratten auslöste. Nach Beschreibung der Forscher erinnerte dieser Vorgang an die Ausbreitung massenhysterischen Verhaltens während der Veitstänze im Mittelalter.

Solche Rattenexperimente gingen den soziologischen Experimenten in Haight-Ashbury voraus. Auch in Haight-Ashbury verteilte man an Jugendliche aus der amerikanischen Protestbewegung verschiedene Rauschgifte. Sie lebten in ihren Wohngemeinschaften auf noch dichterem Raum zusammen als die Großfamilien in den Gettos der USA. Die materielle Versorgung in den Kommunen war oft erschreckend, und den meisten dort vegetierenden Jugendlichen fehlte darüber hinaus eine aktive Zukunftsorientierung für ihr Leben. Die Wohngemeinschaften und Kommunen glichen tatsächlich in gewisser Hinsicht den Lebensbedingungen der Ratten in den genannten Experimenten. Es gab freilich einen Unterschied. Die Menschen in den Kommunen waren nicht direkt eingeschlossen. Die Käfiggitter der Rattenexperimente waren durch unsichtbare Gitter ersetzt worden. Bei Dr. David Smith stellte sich das so dar:

> „Nicht alle jungen Bewohner von Haight-Ashbury waren an ihre Umgebung gebunden. Einige verließen den Distrikt im Laufe der Jahre wieder. Aber ein anderer Teil war *gefangen*. Sie hatten sich von ihren Eltern entfremdet, ihnen fehlte jede Bildung, Einkommen und Selbstachtung. Und sie waren von den Rauschgiften ab-

> hängig. Diese Jugendlichen und entsprechende Jugendliche in anderen städtischen Gebieten nannte man später street people ... Ihr Leben war alles andere als unterhaltsam. Von der normalen Welt abgeschnitten, unter unmenschlichen Bedingungen zusammengepfercht und von Chemikalien kontrolliert, die wahrscheinlich eine akkumulierende, vergiftende Wirkung auf ihre Körperfunktionen ausübten, *verhielten sie sich bald wie Ratten in einem Käfig.*" [5]

In Mansons Kommune herrschten besonders aversive Verhältnisse, und hier war die Abhängigkeit von dem „Diktator Manson" besonders hart und ausweglos. Der Umzug der Kommune in eine abgelegene Ranch verschärfte die Lage noch. Jetzt lieferte schon die geographische Abgeschiedenheit die unsichtbaren Käfigstäbe.

Dr. Smith hat persönlich an den geschilderten Rattenversuchen mitgewirkt. Und in seinen Schriften über Manson und dessen Kommune finden sich immer wieder Hinweise und Anspielungen auf diese Experimente. Amerikas bekanntester Serienmörder stand also unter der Aufsicht eines staatlich besoldeten Forschers, der zuvor in sogenannten wissenschaftlichen Experimenten untersucht hatte, wie man normale Ratten in mordende Bestien verwandelt.

Dr. David Smith, Roger Smith und der sie beratende Psychiater Dr. Ernest Dernburg haben die Subkultur der 60er Jahre ausführlich beschrieben. Aus ihren Aufzeichnungen geht hervor, daß sie bei ihren soziologischen und psychologischen Experimenten die zuvor an Nagetieren gewonnenen Versuchsergebnisse bestätigen wollten. Will man etwas zur Entschuldigung der beiden Smiths anführen, dann allenfalls die Vermutung, daß sie einen anderen Ausgang als den der Rattenexperimente erwarteten. Sie hätten annehmen können, daß sich das Morden lediglich innerhalb der Kommune abspielen und nicht zu gemeinsam veranstalteten Mordzügen nach außen wenden würde. Aber das zugängliche Material zwingt uns, selbst diese Einschränkung zurückzunehmen, wie wir gleich ausführen werden.

Unterwegs zur „sinnlichen Gesellschaft"

Der Begriff „sensate society" (sinnliche Gesellschaft) stammt von dem Futurologen Hermann Kahn, der einmal sagte, die amerikanische Kultur bewege sich auf eine *„sinnesbetonte Kultur"* zu. Damit meinte er, die Amerikaner würden „ein größeres Schwergewicht auf sinnliche Erfahrungen und weniger Gewicht auf rationale oder arbeitsorientierte Lebensentwürfe (Philosophien) legen."[6]

Mit dem Begriff fand er bei einer Gruppe von Biologen, Verhaltenspsychologen, Umweltforschern, Chemikern, Pharmakologen, Neuropsychologen und Psychiatern rasch Anerkennung. 1961 wurde ein „Amerikanisches Kolleg für Neuropsychopharmakologie" gegründet, in welches erst 150, später 185 Gelehrte der genannten Fachbereiche berufen wurden. Die Finanzierung ihrer Forschungsarbeit trug weitgehend das National Institute of Mental Health (NIMH).[7]

Die Idee von der „sinnesbetonten Gesellschaft" verbreitete sich dann im Zuge der sogenannten Jugendrevolte von 1968 über den enggezogenen Rahmen der in dem Kolleg zusammenarbeitenden Wissenschaftler hinaus. 1961 war der Begriff „sinnesbetonte Gesellschaft" Hauptgegenstand einer von der medizinischen Fakultät der Universität Kalifornien veranstalteten Konferenz in San Franzisko über „Bewußtseinskontrolle". Der Prorektor der Universität brachte eine Gruppe zuverlässiger amerikanischer und ausländischer Wissenschaftler, darunter auch Wissenschaftler vom NIMH, in der Absicht zusammen, ein neues Forschungsgebiet zu eroffnen und besonders die Auswirkungen gewisser chemischer Substanzen auf das menschliche Gehirn besser verstehen zu lernen.

An der von der amerikanischen Schering-Stiftung finanziell unterstützten Tagung[8] nahm auch der bekannte britische Zukunftsforscher Aldous Huxley teil, der in die Vereinigten Staaten übergesiedelt war. Erstmals forderte er dort direkt und nicht nur in romanhafter Verkleidung die Bewußtseinskontrolle breiter Bevölkerungsschichten mit Hilfe chemischer Drogen und Rauschgifte.

Dr. Wayne O. Evans, der über die Gründung des Amerikanischen Kollegs für Neuropsychopharmakologie berichtet, war Direktor des „Belastungslabors der US-Armee" (Military Stress Laboratory), das am Forschungsinstitut der US-Armee für Umweltmedizin (U.S. Army Research Institute of Environmental Medicine) in Natick (Massachusetts) angesiedelt war. Evans war zwar kein offizielles Mitglied des Kollegs, doch er gehörte nachweislich einer der Sonderforschungsgruppen an, die aus dem Kolleg hervorgingen.[9]

Eine dieser Gruppen („The Study Group for the Effects of Psychotropic Drugs on Normal Humans") sollte die Effekte erforschen, die psychotrope (oder auch psychedelische) Drogen auf normale Menschen ausübten. 1967 veranstaltete diese Gruppe eine Tagung in Puerto Rico über „Anwendung psychotroper Wirkstoffe auf normale Menschen im Jahr 2000", auf der Dr. Turner über die erwähnten Rattenexperimente berichtete.

Einzelheiten des als streng vertraulich eingestuften Forschungsverfahrens ist nichts bekannt. Dr. Evans von der U.S. Army teilte lediglich mit, daß dieses Projekt in Gang kam. In dem Vorwort zu den gesammelten Vorträgen der Tagung schreibt er, das Amerikanische Kolleg für Neuropsychopharmakologie sei 1961 auch zu dem Zweck gegründet worden, um der amerikanischen Jugend neue Vor- und Leitbilder für einen neuen, postindustriellen Lebensinhalt anzubieten, der sich bis zum Jahr 2000 allgemein durchgesetzt haben sollte. Sex und Rauschgift würden dabei eine zentrale Rolle spielen.

Es ging also nicht nur um einzelne isolierte soziologische Experimente, sondern das Ziel war, ähnlich wie es Hitlers Nationalsozialisten und ähnliche totalitäre Gruppen immer wieder versuchten, die Gesellschaft über die Jugend im Sinne eines allgemeinen Wertewandels umzugestalten. Wegen der Ungeheuerlichkeit des Vorhabens zitieren wir Evans' Ausführungen umfangreicher:

> „Bei der Herausgabe dieses Bandes hegen wir die Hoffnung, daß der Leser den Inhalt nicht für Science-fiction hält. Es sollte bekannt sein, daß die Welt, wie sie in 15 Jahren existieren wird, heute bereits in den Forschungslaboratorien vorhanden ist.
>
> Die Forschungsgruppe für Effekte psychotroper Drogen auf normale Menschen wurde vor vier Jahren ins Leben gerufen. Sie wurde von Anfang an nicht deshalb gegründet, um Probleme des Drogenmißbrauchs zu untersuchen. Bei ihrer Gründung verstand sie ihre Aufgabe vielmehr darin, nach Möglichkeiten zu suchen, wie sich durch chemische Substanzen die menschliche Lebensqualität verbessern ließe. Dazu sollte sie die Wirkweise solcher Substanzen überprüfen. Sie wurden Patienten verschrieben, die

als nicht-psychotisch und möglichst auch nicht-neurotisch galten und in ambulanten Kliniken oder bei niedergelassenen Ärzten in Behandlung waren.

Die Jahresversammlung der Forschungsgruppe stand im Jahr 1967 unter dem Thema ‚Anwendung psychotroper Wirkstoffe auf normale Menschen im Jahr 2000'... Bei diesem Treffen in Puerto Rico kamen wir zu dem Schluß, daß die gegenwärtige Verbreitung des Rauschgiftkonsums beinahe als trivial erscheinen dürfte, wenn wir sie mit der möglichen Zahl chemischer Substanzen vergleichen, die bis zum Jahr 2000 für die Kontrolle einzelner ausgewählter Aspekte des menschlichen Lebens zur Verfügung stehen werden. Bei unseren dahingehenden Bestrebungen unterstützen uns wesentlich Berichte und Artikel der Zeitschrift *Daedalus* über das Jahr 2000 und die Arbeit des ‚Komitees über das Jahr 2000'.

Hermann Kahn sagte von der amerikanischen Kultur, daß sie sich auf eine ‚sinnesbetonte Gesellschaft' zubewege ... Entsprechende Lebensauffassungen hängen unmittelbar von Mitteln ab, die das Sexualverhalten von der Fortpflanzung und von der Ansteckungsgefahr durch Geschlechtskrankheiten abkoppeln und somit zweifellos die sexuelle Freiheit vergrößern.

Wir können absehen, daß gewisse gesellschaftliche Gruppen aufschreien und hartnäckige Angriffe gegen den Handel und die Vermarktung von Aphrodisiaka (den Geschlechtstrieb anregende Rauschmittel) richten werden. Es wäre einfach zu provokativ, wollte man übersehen, daß hier zwei angebliche Übel, die den Worten *Rauschgift* und *Sex* anhaften, in einem Produkt zusammengefaßt werden. Jedoch sollten die faszinierenden Möglichkeiten, die der Verkauf synthetischer Aphrodisiaka bieten, die Verstimmung der wenigen überwinden.

Die Auswahl solcher Wirkstoffe nach ihren Auswirkungen liegt in den Händen derjenigen, die unsere soziale Evolution als *Rollenvorbilder* prägen. Was Leute mittleren Alters, wie Sie oder ich, denken oder glauben mögen, hat dabei wenig oder gar keine Bedeutung für diese Entwicklungen. Wenn wir die Wirkung dahingehender Fortschritte der Pharmakologie abschätzen, müssen wir vielmehr fragen:

a) Auf wen hört die Jugend?
b) Von welchen gesellschaftlichen und persönlichen Werten läßt sie sich leiten?
c) In welcher Welt werden die jungen Menschen einmal leben?

Für mich ist offensichtlich, daß die heutige Jugend vor Drogen oder Sex keine Scheu mehr kennt. Der Lebensinhalt, den Philoso-

phen und Sprecher der Avantgarde der kommenden Generation empfehlen, lautet ja auch, eigene persönliche sinnliche Erfahrungen zu machen. *Schließlich bewegen wir uns auf ein Zeitalter zu, in dem nur noch eine kleine Minderheit sinnvolle Arbeit verrichten wird.* In einer solchen Zeit können synthetische Aphrodisiaka als ein allgemein verbreiteter Zeitvertreib akzeptiert werden. Es wird interessant sein zu sehen, ob sich die öffentliche Moral in den nächsten dreißig Jahren ebenso schnell verändern läßt wie in den letzten drei Jahrzehnten.
Wenn wir die Meinung teilen, menschliche Stimmungen, Motivationen und Emotionen seien Reflexionen eines neurochemischen Zustandes, dann können Drogen ein einfaches, schnell wirkendes und tunliches Mittel sein, um jeden beliebigen neurochemischen Zustand, den wir uns wünschen, zu erzeugen.
Je schneller wir damit aufhören, wissenschaftliche und moralische Positionen zum Rauschgiftkonsum miteinander zu vermengen, desto früher können wir rational und unvoreingenommen nach den Arten neurochemischer Zustände suchen, die wir den Menschen anbieten wollen. Das alte Argument von der ‚Moral des Natürlichen' bei der Erzeugung von Stimmungen, Motivationen oder Emotionen scheint in unserer heutigen, beinahe völlig künstlichen Umwelt ein wenig auf verlorenem Posten zu stehen. Wir können damit rechnen, daß es im Jahr 2000 noch weniger Sinn macht, seine Urteile auf die ‚Moral des Natürlichen' zu gründen als heute. Deshalb möchte ich Ihnen zu bedenken geben, daß wir, wenn wir es wünschen, wahrscheinlich schon innerhalb von fünf Jahren über eine ganze Kollektion einsatzbereiter Aphrodisiaka verfügen werden."[10]

Fassen wir Dr. Evans' Argument zusammen. Der wohl entscheidende Satz in seinen Ausführungen deckt das eigentliche Motiv der Forschungsanstrengungen auf und bezeugt die grundlegend neomalthusianische Einstellung der Forscher und ihrer Auftraggeber. Evans behauptet nämlich: *„Sinnvolle Arbeit wird nur noch einer kleinen Minderheit möglich sein"*. Weil man Menschen in Zukunft nicht mehr sinnvoll beschäftigen kann oder will, soll ihnen das Gefühl eigener Sinnlosigkeit und Minderwertigkeit, das je nach Veranlagung den einzelnen entweder plagt oder aggressiv macht, durch sogenannte Aphrodisiaka genommen werden. Rauschgift soll die Jugend ablenken und ruhig stellen.

Soweit die Arbeitsanweisung an das geheime Forschungsprogramm der US-Regierung. Warum aber soll es keine sinnvollen Beschäftigungsmöglichkeiten mehr geben? Bleibt bei all der menschlichen Not und den neben vorgetäuschten ja auch wirklich auftretenden Umweltproblemen nichts mehr zu tun und zu entwickeln übrig? Die US-Gesellschaftsplaner scheinen sich aus anderen Gründen keine sinnvollen Arbeitsplätzen mehr zu wünschen.

Evans hat die folgenden programmatischen Vorstellungen:

1. Die Gesellschaft soll auf die reine sexuelle Lust, die durch keine möglichen Folgen gestört wird, ausgerichtet werden. Das Glücksstreben soll durch synthetisch erzeugten Rausch abgeführt werden. Zwei Motive sind hierfür maßgebend: a) Die Masse der Bevölkerung verliert dadurch ihre Befähigung zu schöpferischer Vernunft, die bisher dem produktiven, wirtschaftlichen Fortschritt diente. Wo der Fortschritt abgebrochen oder behindert wird, droht die Vernunft in Widerstand gegen die hinderliche soziale Ordnung umzuschlagen. b) Wird die Sexualität von der Fortpflanzung getrennt, verflachen notwendigerweise auch die zwischenmenschlichen Beziehungen. Die Menschen werden sich gegenseitig nur noch als Instrumente der Lustbefriedigung gebrauchen. Das entzöge der Familie endgültig ihre Grundlage. Ohne Familie werden sich aber auch keine selbstbewußten Menschen mehr entwickeln können. Die Zerschlagung der „burgerlichen Familie" ist die Voraussetzung für das Programm des „außengeleiteten" Menschen.

2. Ein zu rascher Wertewandel könnte den Widerstand der Bevölkerung provozieren. Um der Jugend neue Leitbilder vorzugeben, müßte man sie zuvor dem Einfluß ihrer Eltern („Leute mittleren Alters") entfremden. Diesem Ziel diente der künstlich in Szene gesetzte und mit viel Propaganda hochgespielte Generationenkonflikt, der die Verständigung zwischen den „Leuten mittleren Alters" und der neuen Generation erschwerte und in vielen Fällen sogar abbrechen ließ. Auf diese Weise gelang es tatsächlich, das Denken „bedeutungslos" zu machen.

Bei den Planungen des „Gruppe zur Erforschung psychotroper Drogen auf normale Menschen" spielte von Anfang an auch das Ziel, die Bevölkerung zu reduzieren, eine Rolle. Das jedenfalls zeigen Bemerkungen Dr. Zubins aus dem gleichen Sammelband. Zubin ist amerikanischer Psychologe, der sich auf anomale Psychopathologien spezialisiert hat und für die Forschungsgruppe arbeitete. Er spricht in seinen Ausführungen über die Zukunft der amerikanischen Großstädte und glaubt, daß die beiden Institutionen Familie und Kirche unter der enormen Belastung der hohen Bevölkerungsdichte zerbrechen werden. Er schreibt in diesem Zusammenhang:

> „Wir wollen auf ein anderes Umweltproblem verweisen. Es fragt sich, ob es notwendig ist, die Städte über den Punkt hinaus wachsen zu lassen, an dem sich Slums und Gettos bilden. Ähnliche Fragen wurden auch im Hinblick auf Einrichtungen wie Krankenhäuser, Schulen, Gefängnisse usw. gestellt. Untersuchungen an Tierpopulationen haben gezeigt, daß Tiere einen privaten Mindestraum für sich beanspruchen. Wird er unterschritten, beginnt der Ärger. Wenn durch übergroße Enge (crowding) der zur Verfügung stehende Raum unter dieses Mindestmaß abfällt, findet eine *automatische Bevölkerungsreduktion durch Tötungen, Massenselbstmord, Störung der Balz- und Paarungsriten, des Nestbaus und der Brutversorgung statt; Aggressionen und Kämpfe nehmen zu, das Sexualverhalten wird mehr und mehr ‚sadistisch', und es gibt eine Zunahme von Kreislauf- und Herzkrankheiten.*
> Auf welche Weise diese Effekte allerdings im einzelnen entstehen, bleibt ein noch ungelöstes Problem. Das Studium der Wirkung übergroßer Enge auf das Binnenumfeld bleibt eine der zu beantwortenden Fragen der Zukunft.
> Der grundlegende Faktor zeitweiliger Veränderungen an sozialen und Umweltfaktoren wird aber anerkannt werden müssen. Die Prozesse der Dematerialisierung, Verschlechterung und Zerstörung der Umwelt scheinen schon voll im Gang zu sein. Das mögliche Verschwinden der Institutionen, die der Menschheit im 20. Jahrhundert dienten, *der Familie und der Kirchen*, und das Fehlen geeigneten Ersatzes für sie kann zumindestens während des Übergangs neue *Quellen für nichtangepaßtes Verhalten* schaffen."[11]

Dr. William Turner von der Arbeitsgruppe verglich die Veränderungen im zwischenmenschlichen Verhalten, die man im städtischen Umfeld festgestellt hatte, mit den bereits erwähnten Beobachtungen aus Laborexperimenten mit Ratten. Turner kommt zu dem Schluß, daß sich unter den beengten Lebensbedingungen der Großstädte wie bei den beobachteten Ratten extrem aggressive und kriminelle Verhaltensweisen entwickeln werden. Er forderte daher einschneidende bevölkerungspolitische Maßnahmen:

„Sir Charles Darwin schrieb vor etlichen Jahren ein Buch, welches er *Die nächste Million Jahre* (The next Million Years) nannte. Darin behauptet er, daß der Mensch das einzige wilde Tier sei, das ohne einen Gegner, der ihn im Zaum hält, lebe. Ich behaupte nun, daß die Menschen wilde Tiere in Gefangenschaft sind. Als solche müssen wir uns nicht das Verhalten von Tieren in ihrer natürlichen Umgebung, sondern so, wie es sich in der Gefangenschaft abspielt, ansehen. Ich denke, daß es nicht weiterführt, diese Beobachtung als einfachen *Ratten-Morphismus* abzutun ...
Erinnern wir uns daran, daß diese Phänomene auftreten, wenn die Bevölkerungsdichte steigt und unsere Städte größer und größer werden. Wir können alle möglichen sozialen Programme, Drogenprogramme und wirtschaftliche Erneuerungen planen. Unsere biologische Tendenz, uns zu immer engeren Gemeinschaften zusammenzutun, wird trotzdem alle diese Versuche der Menschheit, ihre Lage zu verbessern, zunichte machen. Man kann zwar als schlagkräftiges Argument vorbringen, daß Bevölkerungskontrolle nicht alle Probleme der Menschheit zu lösen vermag. *Wir können aber versichert sein, daß kein Problem gelöst werden kann, solange keine Bevölkerungskontrolle stattfindet. Eine Stadt des Jahres 2000 wird es vielleicht gar nicht mehr geben.*“[12]

In seinem Buch *Written in Blood* erklärt der britische Autor Colin Wilson, inwieweit sich die Rattenexperimente auf die Lebensumwelt des Menschen übertragen lassen. Er führt uns damit zu dem Aspekt zurück, um den es uns geht: die soziologische Bedeutung der Rattenexperimente für den Mansonschen Massenmord.

„Auch wenn im allgemeinen in den frühen 50er Jahren die Kriminalität zurückging, nahmen Sexualdelikte weiter zu. Eine Serie von Experimenten, die der amerikanische Psychologe John B. Calhoun an Ratten durchführte, deutete einen möglichen Grund dafür an. Calhoun entdeckte, daß, wenn Ratten auf engstem Raum zusammenleben müssen, ein kleiner Teil von ihnen — etwa fünf Prozent, um genau zu sein — kriminelle Verhaltensweisen entwickelt, wie z.B. Kannibalismus oder Vergewaltigung. Schon seit Beginn des Jahrhunderts ist bekannt, daß etwa fünf Prozent einer jeden Tierpopulation ‚Dominanz', d.h. bestimmte Führungsqualitäten besitzt. Calhouns Experimente deuteten daraufhin, daß sich die Qualitäten dieser fünf Prozent unter Streßbedingungen in Aggressionen, also Formen von Kriminalität, darunter auch Vergewaltigung, äußern. Anfang der 50er Jahre wurde beobachtet, daß die Zahl der Tötungsdelikte in den großen amerikanischen Städten dreimal so hoch war als in den kleinen Städten, und die Zahl der Sexualdelikte sogar viermal so hoch lag."[13]

Evans, Zubin und Turner suchen — ihre Texte lassen daran nicht den geringsten Zweifel — nach Mitteln, die Bevölkerung und ihre Vermehrung unter Kontrolle zu bringen. Sie tragen die Ergebnisse der Experimente zwar in scheinbarer Sorge über angebliche Fehlentwicklungen vor, dies verdeckt aber kaum die zugrundeliegende Absicht.

Naiv betrachtet könnte man aus ihren Ausführungen folgenden Schluß ziehen. Droht eine unerträgliche Überbevölkerung, hilft sich die Natur selbst. Die Rattenexperimente zeigen nämlich, daß sich die „viel Zuvielen" ganz von selbst so rasch und so dicht wie möglich in Ballungszentren zusammenziehen. Bei hinreichender Bevölkerungsdichte und entsprechenden Rahmen- und Lebensbedingungen werden diese Ballungsgebiete für die perspektivlos zusammengepferchten und unterversorgten Individuen zu *Verhaltenssenken*. Sie verwandeln sich in mörderische Ratten und beginnen übereinander herzufallen. Auf diese Weise löst sich das Bevölkerungsproblem scheinbar von allein.

Doch das kann nicht die Botschaft der Forschergruppe sein, dazu bedürfte es keiner weiteren Experimente. Welchen Zweck haben also weitere Versuche „am menschlichen Objekt"?

Noch einmal das Experiment der Haight-Ashbury-Klinik

In den Beschreibungen der Rattenexperimenten tauchte immer wieder die dominante Ratte auf, die durch ihr Verhalten einen Teil der anderen Ratten — jene berüchtigten fünf Prozent — zu mörderischen Taten hinreißt. Auf diese Führungsratte als „Rollenmodell" hatten es die Forscher abgesehen.

Tatsächlich wird Manson in den Papieren der beiden Smiths so beschrieben. Daher wurde auch soviel Wert auf die Beobachtung gerade seiner Person gelegt. Sollte an ihm bewiesen werden, daß sich auch bei der Spezies Mensch solche dominanten Exemplare unter entsprechenden Umweltbedingungen in aggressive, vergewaltigende und schließlich mörderische Individuen verwandeln? Und sollte er schließlich — das wäre sicherlich die weitgehendste Hypothese — als „Rollenvorbild" bei den fünf Prozent zur Gewalttätigkeit neigenden Teenager in den amerikanischen Städten „den Funken" zur Gewalttat schlagen?

Schaut man sich daraufhin die Geschichte von der Gründung der Haight-Ashbury-Klinik näher an, zeigt sich, daß Dr. David Smith nicht nur die Rattenexperimente zuvor schon nachgestellt hatte, sondern auch

- zu den gleichen Ergebnissen gelangt war wie die „Gruppe zur Erforschung psychotroper Drogen auf normale Menschen" und deren Konzept der „Verhaltenssenke" teilte;
- glaubte, daß sich an den Ratten eine natürliche Abwehrreaktion gegen Übervölkerung erkennen ließ, nämlich die Neigung zur Entvölkerung durch Gewalt, Kriminalität und besonders durch wahllosen Massenmord;
- und glaubte, daß der Prozentsatz der aggressiven und mordbereiten Ratten wesentlich höher ausfällt, wenn die Rattenpopulation während der Experimente dem Einfluß von Rauschgiften ausgesetzt wird.

Jeder normal denkende Mensch wehrt sich naturgemäß gegen die Annahme, Wissenschaftler wie Roger und David Smith hätten folgende Ziele verfolgt:

1. Sich durch *eigene* Experimente davon zu überzeugen, daß sich durch das Zusammenpferchen von Ratten und Auslösen des „Verhaltenssenke"-Phänomens eine Art Killerratte erzeugen ließe und daß diese Killerratte gut fünf Prozent der gesamten Rattenpopulation zu Mordverhalten anstecken könnte.
2. Sich die Gewißheit zu verschaffen, daß dasselbe „Verhaltenssenke"-Phänomen und die damit einhergehende Möglichkeit, Mörder zu züchten, auch bei Menschen unter bestimmten äußeren Umständen auftritt.
3. Sicher gehen zu wollen, daß diese Wirkungen bei gleichzeitigem Rauschgiftkonsum mit höherer Wahrscheinlichkeit und in größerem Umfang eintritt.

Ein absolut eindeutiger Beweis über die tatsächlichen Ziele, die die beiden Forscher mit ihren Experimenten verfolgt haben, wird sich wohl nicht erbringen lassen. Dazu werden ihre Forschungsergebnisse und die entsprechenden Dokumente zu gut verwahrt. Doch bereits die Tatsache, daß psychologisch und psychiatrisch geschulte Experten untersuchten, wie sich Ratten infolge ihrer Experimente in Massenmörder verwandelten, um dann sehr ähnlich geartete Experimente an Menschen auszuführen, geben Anlaß, an rein wissenschaftlichen Absichten zu zweifeln.

1968 erhielt Dr. David Smith vom National Institute of Mental Health eine Überweisung in Höhe von 37 000 $ für seine Forschungen, eine damals nicht unbeachtliche Summe. Zu dieser Zeit leitete Dr. Marvin Katz im National Institute of Mental Health die Abteilung für klinische Studien. Dr. Katz arbeitete als Kollege von Dr. Evans in der gleichen Forschungseinrichtung der U.S. Army. Natürlich war er auch Mitglied der „Gruppe zur Erforschung psychotroper Drogen auf normale Menschen".

Den richtigen Einsatz der Fördermittel überwachte David Smiths Chef Dr. Frederick Meyers. Er war Professor der Pharmakologie im Fachbereich Medizin der Universität von Kalifornien. Dr. Meyers war es auch, der den anderen Manson-Betreuer, Roger Smith, persönlich mit der Leitung des neu errichteten Amphetamin-Forschungsprojektes betraute. Roger Smith, den seine Kollegen „Mr. Cool" nannten, erinnerte sich an die Folgen der Ernennung mit den Worten: „Ich zog meinen grauen Flanellanzug und meine eleganten Schuhe aus, und ließ mir einen Bart wachsen."[14]

Es seien noch die folgenden Bemerkungen von Dr. David Smith angeführt, in denen er sich auf Calhouns Experimente bezieht. Sie sind für den Fall aufschlußreich.

> „Eine andere wahrscheinliche Wirkung des Rauschgiftkonsums in hohen Dosen ist gewalttätiges Verhalten. Laborversuche mit Ratten, die am Medical Center der Universität von Kalifornien von den Doktoren David E. Smith (d.h. ihm selbst, C.G.), Charles Hine, Eugene Schoenfeld und Charles Fisher durchgeführt wurden, hatten gezeigt, daß das Zusammendrängen der Tiere und die Injektion von Amphetaminen die Giftwirkung der Drogen vervierfachte und die durchschnittliche tödliche Dosis signifikant

herabsetzte. Die Tiere wurden außergewöhnlich aggressiv und angriffslustig, wenn sie zusammengepfercht wurden, und griffen einander mit unerwarteter Grausamkeit an. Ihr gewalttätiges Verhalten wird vermutlich durch die Einpferchung verstärkt. Es ähnelt nämlich auf verblüffende Art und Weise dem Verhalten von Amphetamin-Konsumenten, die das Rauschmittel unter gedrängten sozialen Bedingungen einnehmen.
Solche Parallelen im Verhalten sind nicht schlüssig, und es muß erst noch festgestellt werden, ob Amphetamine die Persönlichkeit hauptsächlich durch ihre biochemische Wirkung auf das Nervensystem verändern oder nur latent angelegte psychologische Tendenzen verstärken oder auslösen ... Dasselbe Verhaltensmuster war bei den jungen Leuten verbreitet, die in Haight-Ashbury Amphetamine nahmen."[15]

Smith fährt fort:

„Die Szene von Haight trat danach in eine neue Entwicklungsstufe ein. Sie war damals noch kein Getto, sondern etablierte sich als das *nationale Zentrum des vielfältigen und gewohnheitsmäßigen Rauschgiftmißbrauchs, und bildete den ersten Slum für Teenager in Amerika.* Als solches herrschte in Haight-Ashbury genau der Mangel an Nahrungsmitteln, Arbeits- und Wohnmöglichkeiten und gesundheitlichen Einrichtungen, den die Digger einst in allen Randgebieten Amerikas zu beseitigen hofften.
Haight unterschied sich dadurch von traditionellen Gettos, weil es von Halluzinogenen und Aufputschmitteln anstatt von Opiaten, Barbituraten und anderen Sedativa (Beruhigungsmittel) beherrscht wurde. Beruhigungsmittel waren zwar im Herbst 1967 auch dort noch zu bekommen. Das hat Shicks Untersuchung mit Sicherheit nachgewiesen. Sie waren 1968 sogar noch weit verbreitet. Aber unter den Rauschgiften gaben im Distrikt hauptsächlich Amphetamine den Ton an. Sie trugen dazu bei, ihn in eine Art *Verhaltenssenke* zu verwandeln, wie sie unter Labortieren durch enges Zusammenpferchen erzeugt werden kann.
Von einer bestimmten Bevölkerungsdichte an laufen in den Tieren biochemische und psychologische Veränderungen ab, die sich als Streßsyndrom manifestieren. In einigen Fällen arten sie zu einer physischen Degenerierung aus, die man ‚Schockkrankheit' nennt. Experimente an Mäusen, Ratten und Albinowachteln ließen darauf schließen, daß die Populationsdichte allein nicht der entscheidende Faktor ist, der das Streßsyndrom auslöst. *Es scheint, daß die übergroße Zahl von Begegnungen mit unbekannten Individuen, die sich*

natürlich direkt proportional mit der Dichte erhöht, diese Reaktion auslöst. Die Einschränkungen durch die Umgebung wirken deshalb schädigend, weil damit ein ständiges, emotionales Herumgestoßenwerden einhergeht. Das wiederum wirkt sich bei niederen Tierarten in einer Senkung der Geburtenraten, höherer Anfälligkeit für Krankheiten und größerer Sterblichkeit aus. Es führt schließlich zu einer dramatischen Zunahme von Homosexualität, Inzest, Kannibalismus und Mord an der eigenen Nachkommenschaft."[16]

Wer trägt die Schuld?

Bei den an Sharon Tate, den LaBiancas und an weiteren Opfern verübten Morden der Manson-Kommune werden neben den unmittelbaren Tätern so etwas wie Schreibtischtäter sichtbar. Sie haben sich zwar nicht die Hände schmutzig gemacht und können daher auch nicht wegen Beteiligung an diesen sadistischen Schwerverbrechen vor Gericht gestellt und bestraft werden. Sie haben am Tatort keine Spuren hinterlassen oder den Tätern direkte Beihilfe geleistet. Keine Jury könnte sie nach herrschenden Rechtsbegriffen wegen dieser Verbrechen verurteilen. Nach geltendem Recht könnten sie nicht einmal wegen Anstiftung zu Straftaten belangt werden, denn es gibt keine greifbaren, justizfähigen Beweise für eine solche Anschuldigung. Die vorbereitenden Aktivitäten der Forscher richteten sich ja nicht gegen irgendeine bestimmte Person. Keiner der beiden Smiths hat je gesagt: „Charlie, geh' und bringe diese Leute da um!" Wer die Opfer sein würden, war völlig offen — und uninteressant. Daß es Opfer geben würde und daß dies den zur Gewalttätigkeit neigenden fünf Prozent der Teenager bekannt gemacht werden würde, war das eigentlich Interessante.

„Gesetze" wurden also im konkreten juristischen Sinne nicht gebrochen, obwohl das Rechtsempfinden mancher Leser aufbegehren mag. Trotzdem wurden diese schändlichen Verbrechen abstrakt, gleichsam unter Laborbedingungen geplant und ausgeführt. Man ließ die potentiellen Täter, Charles Manson und seine Familie, in den Stricken dieses mörderischen „Verhaltenssenke"-Experiments zappeln, bis sie davon mehr und mehr geprägt waren. Irgendwann konnten sie sich der fixen Mordidee, die sich in ihren Köpfen einnistete, nicht mehr erwehren.

Es geht uns wohlgemerkt nicht darum, Charles Manson und seiner Familie die Verantwortung für das von ihnen gemeinsam verübte Verbrechen zu nehmen. Wir fragen hier nicht einmal nach der juristischen und moralischen Zulässigkeit der Experimente an sogenannten „normalen menschlichen Lebewesen". Hier geht es uns vor allem und zunächst um die Verantwortung der beiden beteiligten Wissenschaftler. Die Klärung ihrer Beteiligung ist deshalb so wichtig, weil davon wesentlich weitreichendere Fragen ausgehen.

Was wir den beiden Wissenschaftlern und ihren Handlangern vorwerfen, ist der vorsätzliche Mißbrauch ihres Fachwissens, das sie aus den Rattenexperimenten gezogen haben. Auch wenn die beiden Wissenschaftler keine direkt auf die Mordopfer bezogenen kriminellen Absichten hatten, stellt sich die Frage, was sie mit ihrem Verhalten gegenüber Charles Manson und seiner Kommune bezweckten.

Sie haben nie versucht, Manson von dem, worauf er aus war, abzubringen. Stattdessen nutzten sie ihre speziellen Kenntnisse, um ihn auf dem eingeschlagenen Weg festzuhalten, ihn zu bestärken und in genau die Richtung zu lenken, die zu dem furchtbaren Verbrechen führte.

Zu diesem Bild paßt recht genau die oben bereits angeführte Wahnvorstellung Charles Mansons, er werde mit seinen Morden einen neuen Rassenkrieg auslösen. Manson drückte seine Vorbild- und Auslösefunktion im Schlußwort seines Prozesses recht treffend aus:

> „Aber in Ihrer (des richtenden Establishments, C.G.) Welt ist es schwierig, weil Ihr Verständnis und Ihre Werte anders sind ...
> Diese Kinder, die mit dem Messer auf Sie losgehen, sind Ihre Kinder. Sie haben es ihnen beigebracht. Ich habe das nicht getan. Ich habe nur versucht, ihnen beim Aufstehen zu helfen ... Ist das eine Verschwörung? Ist es eine Verschwörung, daß die Musik der Jugend sagt, sie soll gegen das Establishment aufstehen, weil das Establishment sehr schnell zerstört? ...
> Ich habe den Leuten durch das, was ich tue, gezeigt, wie ich denke. Es zählt weniger, was ich sage, als was ich tue, und sie sehen sich an, was ich tue, und versuchen es nachzumachen, und manchmal werden sie von ihren Eltern schwach gemacht, und können nicht geradestehen. Aber ist das meine Schuld? Ist es meine Schuld, daß die Kinder tun, was sie tun?" [17]

Schließlich konnte man mit guten Gründen annehmen, daß die Welle der Gewalt aus den Hippie-Sumpflöchern der Städte in die vorstädtischen Wohnbezirke der weißen Mittelschicht Amerikas und anderer Gebiete der westlichen Industriegesellschaft hinüberschwappen würde. Der Chefpsychiater der Haight-Ashbury-Klinik, Dr. E. Dernburg, war sich dessen bewußt. Er sagte über die Ausbreitung der Subkultur, ohne den gewalttätigen Aspekt zu berühren:

> „Die zweijährigen Erfahrungen in diesem Bezirk haben mich davon überzeugt, daß das Hippie-Verhaltensmuster, welches beim ‚Be-in'-Rockkonzert zutage trat, von der amerikanischen Gesellschaft vollständig aufgenommen wurde, auch wenn die Hippies selbst nicht in die Gesellschaft assimiliert wurden. *So außergewöhnliche Individuen wie Charles Manson zeigen einige Aspekte davon genauso wie junge Leute aus allen sozioökonomischen Klassen* ... Aufgrund dieser und anderer Faktoren meine ich, daß wir in diesem Land die Evolution einer gewaltigen Jugend-Subkultur mit kaum definierten Grenzen beobachten. Kleinere und spezifischere Subkulturen werden auch weiterhin in ihr existieren, viele von ihnen auf der Grundlage bestimmter psychoaktiver Chemikalien, wie im Haight. Aber die Mitglieder dieser verschiedenen Gruppen werden vieles miteinander gemein haben. Vielseitiger Ge- und Mißbrauch von Rauschgift ist das kommende Verhaltensmuster in den Vereinigten Staaten. Drogen sind einer der kleinsten gemeinsamen Nenner unserer jungen Leute."[18]

Wenn es darum ging, eine breite Bewegung auszulösen, dann waren auch die Opfer „richtig" gewählt, denn es ließ sich kaum ein größerer Effekt, eine größere Publizität und Signalwirkung erzielen als durch den völlig sinnlosen, weil durch kein persönliches Motiv erklärbaren Mord an einer bekannten Filmschauspielerin, die zudem die Frau eines Regisseurs war, der gerade eine besondere Publizität genoß.

In seinem Buch *Our Savage God* schreibt der britische Religionswissenschaftler R.C. Zaehner, der sich mit der Person Mansons beschäftigt hatte:

> „Die sogenannten wahllosen Morde waren überhaupt nicht wahllos, sondern richteten sich gegen sie selbst: die reichen, selbstzufriedenen, erfolgreichen, effizienten ‚Menschen von Welt', die

nicht einmal den Mut haben, ihren eigenen Überzeugungen bis zur logischen Konsequenz zu folgen.“ [19]

Dieses Motiv für die Vorgänge in Haight-Ashbury findet sich auch bei dem Autor Ed Sanders. Er erklärt in der Neuauflage 1990 seines Buches *The Family*, warum er von Mansons Geschichte so fasziniert ist. Wir zitieren ihn, weil er die Auslöserfunktion der Morde beschreibt:

> „Ich habe mich hauptsächlich deshalb damit beschäftigt, weil ich sofort bemerkt hatte, daß diese Gruppe mithalf, den Traum der sechziger Jahre zu zerstören. War es möglich, daß diese eine Gruppe einen grotesken und scheußlichen Schlußstein auf eine Dekade setzte, die so mächtige und schöne Versprechungen gemacht hatte?“[20]

Sanders war klar, daß die Taten der Manson-Familie nichts Zufälliges oder Abwegiges war, sondern breite gesellschaftliche Auswirkungen haben würde. Was er nicht verstand, ist, daß die „schönen Versprechungen“ der sechziger Jahre nie ein reales Ziel oder gar ein konkretes gesellschaftspolitisches Programm waren. Sie waren Lockmittel für den mit Hilfe psychotroper Drogen von oben verordneten Wertewandel der massendemokratischen Gesellschaft.

Die scheinbar unmittelbare Befreiung und Spontaneität der frühen und mittleren sechziger Jahre bildeten nur die erste Phase eines weiterreichenden Umprogrammierungsprojekts. Selbst ein oberflächlicher Blick auf die von Evans' „Gruppe zur Erforschung psychotroper Drogen auf normale Menschen“ zusammengestellte Bibliographie zeigt, daß die meisten der dort aufgeführten Wissenschaftler bereits seit Beginn der sechziger Jahre an der „sinnlichen Gesellschaft“ arbeiteten. Sie teilten dabei offen die Zielhypothese, daß es möglich sein sollte, der Gesellschaft die Vernunft auszutreiben, um sie durch irrationale Wunschphantasien zu ersetzen. Der Vorteil davon sollte sein, daß sich solche Menschen nicht nur durch psychotrope Drogen und freigesetzten Sex, sondern auch zunehmend durch die Medien kontrollieren ließen. Das psychedelische Phänomen entstand bereits zu Beginn der sechziger Jahre. Die Zwangsvorstellung von der erforderlichen Bevölkerungsreduktion kam erst Ende der sechziger Jahre hinzu.[21]

1969 waren schätzungsweise bereits 200 000 Amerikaner von legalen und illegalen Betäubungsmitteln abhängig.[22] Das war das Ergebnis der ersten Phase der Umwandlung der Industriegesellschaft in die „postindustrielle Gesellschaft". Die zweite Phase begann damit, daß die Jugendlichen, die als Teenager Psychedelika zu nehmen begannen, als Twens auf harte Drogen umstiegen. Solche Drogen waren bis dahin fast nur für Kriminelle und in den schwarzen Gettos erhältlich.

Weit gefährlicher sind in unserem Zusammenhang aber synthetisch herstellbare Rauschmittel wie Amphetamine, sogenannte Aufputschmittel, die bei den Rattenexperimenten eingesetzt wurden. Sie waren besonders im sogenannten Avantgarde-Milieu verbreitet.

Als Evans die Bedeutung der aphrodisischen Wirkstoffe pries und die Erwartung aussprach, durch ihre Verbreitung würde in der Gesellschaft „ein größeres Schwergewicht auf die sinnlichen Erfahrungen und weniger auf rationale und arbeitsorientierte Lebensauffassungen" entstehen, bedeutete dies einen Aufruf zur Überwindung der christlich geprägten abendländischen Kultur, die jedem Individuum Gottebenbildlichkeit und Menschenwürde zuerkennt. Das Christentum mache so jede „naturgegebene" Herrschaftsform, wie es das kultische Römische Reich gewesen sei, unmöglich.[23] Heute hat sich der gleiche Vorwurf zu der einfachen Form verdichtet: Das Christentum verbiete die Beseitigung der „viel Zuvielen" und verhindere dadurch die dringend gebotene Lösung des Überbevölkerungsproblems.

Im folgenden Kapitel wollen wir uns mit den gesellschaftlichen Agenturen beschäftigen, die für den Fall Manson von besonderer Bedeutung sind.

Anmerkungen

1. Executive Intelligence Review, Hrsg., *Derivative Assassination: Who Killed Indira Gandhi?*, New Benjamin Franklin House, New York, 1985. Die Studie behandelt wesentliche Aspekte davon, wie der Mord an hochgestellten Persönlichkeiten vorbereitet und verschleiert wird. Im Fall Sharon Tate handelt es sich zwar nicht um eine Politikerin, sie zählte aber zweifellos zu den prominenten Persönlichkeiten des öffentlichen Lebens.
2. Oliver Stone führte bei *JFK* Regie, Warner Brothers Pictures brachte

den Film 1992 in die Kinos. In Deutschland lief er mit dem Untertitel „Tatort: Dallas". Die Handlung stützt sich auf die Bücher von Jim Garrison, *On the Trail of the Assassins*, Warner Books, New York, 1988, und Jim Marks, *Crossfire: The Plot That Killed Kennedy.*
Jim Garrison vertrat im Februar 1969 als Bezirksstaatsanwalt den Bundesstaat Louisiana gegen Clay M. Shaw. In den Vorermittlungen zu diesem Prozeß war ihm aufgefallen, daß die Ergebnisse der Warren-Kommission, die offiziell für die US-Regierung die Untersuchung des Präsidentenmordes leitete, unrichtig, widersprüchlich und in vielen Details sogar bewußt irreführend war. Garrison kam zu dem Schluß, daß es sich bei dem Mörder Kennedys nicht um einen Einzeltäter gehandelt haben konnte. Er entdeckte vielmehr, daß hinter dem Mord eine Organisation mit Namen „Permindex Industrial Expositions" gestanden haben mußte. Einer der leitenden Angestellten von Permindex war Clay Shaw, den Garrison aufgrund seiner Beweismittel mit Erfolg vor das Bezirksgericht in New Orleans bringen konnte. Später wurde ihm der Prozeß im Zuge der allgemeinen Verschleierung wieder aus der Hand genommen.
Seine Ermittlungen führten Garrison bis vor die Türen der Abteilung 5 der Bundeskriminalpolizei FBI. Bei der Firma Permindex handelte es sich um eine 1958 gegründete seltsame internationale Handelsorganisation mit Niederlassungen in der Schweiz und Sitz in Montreal, die sich auf die Ausführung von Mordaufträgen spezialisiert zu haben schien. Ihr Aufsichtsratsvorsitzender und Präsident war seit der Gründung ein Oberst Louis Mortimer Bloomfield, zugleich auch Führungsoffizier in der von Sir William Stephenson aufgebauten britischen Special Operations Executive (Ausführungsorgan für Sonderaufträge).

3. David Elvin Smith und John Luce, *Love Needs Care,* Little, Brown and Company, Boston, 1971, S. 6ff. und S. 124f.
4. William J. Turner, „Discussion of First Three Chapters," in Wayne O. Evans und Nathan S. Kline, Hrsg., *Psychotropic Drugs in the Year 2000: Use by Normal Humans,* Charles C. Thomas Publisher, Illinois, 1971, S. 47-53. Kline war früher Präsident des *American College of Neuropsychopharmacology.* Die Neuropsychopharmakologie untersucht die komplexe Wechselwirkung, die psychedelische Drogen auf Gehirn, Nervensystem und menschliche Psyche haben.
5. Smith, *Love Needs Care,* a.a.O., S. 222.
6. Wayne O. Evans, „Chemical Aphrodisiacs," in Evans und Kline, Hrsg., *Psychotropic Drugs in the Year 2000*, a.a.O., S. 41. Weitere Einsichten in die Rolle, die Hermann Kahn und die CIA bei der Vorbereitung der sogenannten Jugendkultur der frühen sechziger Jahre gespielt haben, liefern Martin A. Lee und Bruce Shlain in *Acid Dreams: The CIA, LSD, and the Sixties Rebellion,* Grove Press, New York, 1985. Lee und Shlain berichten, daß Kahn zusammen mit Anthony Wiener, einem Professor am Zentrum für Internationale

Studien des Massachusetts Institute of Technology (MIT) ein Buch mit dem Titel *The Year 2000* veröffentlicht hätte, wo das Konzept der neuen Jugendkultur entwickelt worden sei. Dafür hätte Wiener einen Vorschuß von 12 000 Dollar vom *Human Ecology Fund* erhalten. Die Stiftung ist dafür bekannt, daß sie zahlreiche Studien zur Verhaltens- und Bewußtseinskontrolle, die im Rahmen des CIA-Projekts MK-Ultra liefen, finanziert hat.

7. Evans und Kline, Hrgs., „Preface," *Psychotropic Drugs in the Year 2000*, a.a.O., S. xiv. Evans und Kline schreiben dort: „Die Gruppe möchte insbesondere dem *National Institute of Mental Health* für die Geldzuwendungen danken, die ihre Arbeit unterstützte. Die Treffen der einzelnen Arbeitsgruppen, der Studiengruppe, ihre Jahreskonferenz und die Veröffentlichung der Forschungsberichte der Studiengruppe wären ohne die Großzügigkeit, mit der Dr. Frank Berger, früher am Wallace Laboratories und jetzt am National Institute of Mental Health, die erforderlichen Finanzmittel zur Verfügung gestellt hat, nicht möglich gewesen."
8. Die Informationen über die Konferenz stammen aus einer im Fachbereich Medizin der Universität Kalifornien vorliegenden Teilmitschrift eines Symposiums mit dem Titel „Bewußtseinskontrolle". Das Symposium hatte dort vom 28.-30. Januar 1961 stattgefunden. In der Mitschrift heißt es: „Es war wegen der Sendezeitbegrenzung nicht möglich, den gesamten Text aufzunehmen." Es gibt allerdings eine zweibändige Ausgabe aller dort gehaltenen Vorträge, die bei McGraw-Hill unter dem Titel *Control of the Mind* (Bewußtseinskontrolle) erschienen ist.
9. Evans und Kline, Hrgs., *Psychotropic Drugs in the Year 2000*, a.a.O. Im Inhaltsverzeichnis heißt es bei Evans' Beitrag: „Die in diesem Manuskript geäußerten Ansichten des Autors und Herausgebers sollten nicht als Darstellungen der Politik oder der Vorstellungen des Verteidigungsministeriums gewertet werden, sie geben nur Ansichten einer Privatperson wieder." Es gibt allerdings zahlreiche Hinweise dafür, daß Abteilungen der US-Regierung, auch des Militärs, direkt in Experimente zur Bevölkerungskontrolle verwickelt waren. Auch andere Wissenschaftler, die nicht dieser Sonderforschungsgruppe angehörten, erhielten damals für entsprechende Forschungen öffentliche Gelder vom *Office of Naval Research* (Amt für Marineforschung), von der *United States Air Force 6571st Aeromedical Research Library* (Luftmedizinische Forschungsbibliothek der US-Luftwaffe) und vom *United States Public Health Service* (Gesundheitsamt der USA). Empfänger war z.B. der Biologe Dr. Jose M.R. Delgado, der Teile seiner Studien im Dezember 1968 vor der New Yorker Akademie der Wissenschaften als „Salmon Lectures" vortragen durfte. Vgl.: Jose M.R. Delgado, *Physical Control of the Mind: Toward a Psycho-civilized Society,* „World Perspectives," Vol. 41, New York, Harper and Row, 1969. Mit der Bezeichnung „Psycho-civilized so-

ciety" (psychisch-zivilisierte Gesellschaft) meint Delgado eine Gesellschaft, in der es mit Hilfe von Elektroschockverfahren und chemischer Stimulation des Gehirns gelingt, das Verhalten der Menschen auf befriedigende Weise zu regeln. Delgado verwendete die Forschungsgelder zu Versuchen an Affen, Katzen und Stieren. Die Veröffentlichung seiner Ergebnisse gehörten neben 40 weiteren Bänden zu einer Serie mit dem Titel „World Perspectives", die u.a. von Sir Kenneth Clark, Konrad Lorenz, Richard Courant, Werner Heisenberg, Ivan Ilich, Joseph Needham, Karl Rahner, S.J., Alexander Sachs, C.N. Yang, I.I. Rabi, Robert M. MacIver and Sarvepalli Radhakrishnan herausgegeben wurde.

10. Wayne O. Evans, „Preface" und „Chemical Aphrodisiacs", in Evans und Kline, Hrsg., *Psychotropic Drugs in the Year 2000,* a.a.O., S. xii-xv bzw. S. 40-45. Evans berichtet, daß die Study Group for the Effects of Psychotropic Drugs on Normal Humans „weitgehend von Berichten in der Zeitschrift *Daedalus* beeinflußt wurde". Dort trugen Autoren wie Hermann Kahn und A.J. Wiener ihre Vorstellungen von der „sensate society" vor. Vgl. Kahn und Wiener, „The next thirty-three years: A framework for speculation", in *Daedalus*, Sommer 1967. Der „Futurologe" Kahn arbeitet als Stratege an der amerikanischen Denkfabrik Hudson Institute, wo er Trendanalysen anfertigt, Planungsalternativen vorgibt, Szenarien und Gesellschaftsmodelle entwirft. Zu seinen Kollegen gehören Futurologen wie Bertrand de Jouvenel, der in Frankreich das Zukunftsprojekt „Futuribles Project" leitet, und der amerikanische Professor Daniel Bell.
11. Joseph Zubin, „The Aetiology Of Behavior in the Year 2000," in Evans und Kline, Hrsg., *Psychotropic Drugs In The Year 2000,* a.a.O., S. 3-24. Als Zubin dies niederschrieb, war er Präsident des American College of Neuropsychopharmacology. Zugleich leitete er die Biometrische Abteilung im New York State Department of Mental Health. Er veröffentlichte zahlreiche Studien über Persönlichkeiten und ihre Psychopathologie
12. William Turner, „Discussion of First Three Chapters," in Evans und Kline, Hrsg., *Psychotropic Drugs in the Year 2000*, a.a.O., S. 48f. Turner war Psychiater und am zentralen Islip-State-Krankenhaus in New York tätig.
13. Colin Wilson, *Written In Blood: A History of Forensic Detection*, Thorsons Publishing Group, London, 1989, S. 371. Wilson erwähnt, daß 1954 am Forschungszentrum Palo Alto in Kalifornien derartige Rattenexperimente durchgeführt worden waren. Später geschah das am National Institute of Mental Health in Bethesda, Maryland. Die Rauschgiftexperimente der Nachkriegszeit beschäftigten sich anfangs mit dem soziologischen Aggressionsverhalten von Ratten. Vgl. auch Colin Wilson, *The Outsider*, Jeremy S. Tarcher, Los Angeles, 1982. Dort findet man weitere Einzelheiten über die Rattenexperimente, von denen Wilson fasziniert war. *The Outsider* verteidigt

übrigens das Recht eines jeden Individuums, angesichts der Banalität der gesellschaftlichen Existenz die sprichwörtliche „Sau rauszulassen". Wilson betätigte sich auch als Biograph des britischen Satanisten Aleister Crowley. Auf dessen Bedeutung für das Auftreten von Massenmorderscheinungen wird im 8. Kapitel eingegangen.

14. Smith, *Love Needs Care*, a.a.O., S. 36.
15. ebenda, S. 16, 165, 178, 244. Dr. David Smith beteiligte sich 1967 im Fachbereich Medizin der Universität von Kalifornien zusammen mit Dr. Eugene Schoenfeld, Dr. Charles Hine and Dr. Charles Fisher an solchen Experimenten. Nach Auslaufen der ursprünglichen Versuchsreihe arbeiteten Fisher und Smith noch weiter zusammen, um die Versuche auf „normale Menschen" zu übertragen. Das besorgte schließlich David Smith ab 1967 an dem neu eröffneten Krankenhaus in Haight-Ashbury. Amphetaminsüchtige mit unter Drogenabhängigen recht häufigen Zahnproblemen überwies er an Dr. Fisher, der am zahnärztlichen Zentrum der Universitätsklinik parallele Untersuchungen durchführte.
    Die beiden Ärzte verglichen ihre Notizen und teilten Patienten mit Beschwerden wie paranoider Schizophrenie, fortgeschrittener Psychose, Erschöpfungszuständen, aber auch Krankheiten wie Hepatitis, Abszessen oder Cellulitis untereinander auf. Dr. Schoenfeld war ein 29jähriger praktischer Arzt, der während eines Aufenthalts am Albert-Schweitzer-Hospital in Westafrika sein Interesse für halluzinogene Rauschgifte entdeckt hatte. Er wurde mit seiner regelmäßigen Kolumne „Dear Dr. Hip Pocrates" in der kalifornischen Zeitung *The Berkeley Barb* berühmt. Darin stellte er sich als Hippie und Gesundheitsberater vor.
16. ebenda, S. 220-223. „Diggers" nannte man jene Hippies, die sich an einer Gruppe utopischer Kommunisten in England orientierten.
17. Charles Manson, „The Testimony of Charles Manson, November 19, 1970," in Nikolas Schreck, Hrsg., *The Manson File*, New York, Amok Press, 1988, S. 37-65.
18. Smith, *Love Needs Care*, a.a.O., S. 281. Zu Beginn des Buches bedankt sich der Autor für die besondere Unterstützung von Dr. Ernest A. Dernburg. „Es halfen zwar viele Leute bei der Herstellung des Buches mit, doch das Verdienst eines Mannes muß besonders erwähnt werden. Das ist Dr. Ernest Dernburg. Er ist der frühere Direktor der psychiatrischen Abteilung an der Haight-Ashbury Free Medical Klinik. Nun zählt er zum Stab des Mount-Zion-Hospitals und unterhält eine eigene Praxis in San Franzisko. Zusätzlich zu seinen Erfahrungen aus Haight-Ashbury gab uns Dr. Dernburg eine psychoanalytische Orientierung, die das Buch deutlich bereichert hat. Dr. Dernburgs Name erscheint zwar nicht auf dem Umschlag oder auf der Titelseite, trotzdem sollte er als Mitautor betrachtet werden."
19. Robert Charles Zaehner, *Our Savage God*, London, Collins, 1974.

20. Ed Sanders, *The Family*, New York, NAL Dutton, 1990.
21. Siehe Paul Ehrlich, *The Population Bomb*, New York, Ballantine Books, 1968.
22. Smith, *Love Needs Care*, a.a.O., S. 331.
23. Edward Gibbon, *The History of the Rise and Fall of the Roman Empire*, Band 1-4, New York, Harper, 1843.

4. KAPITEL

Aldous Huxley und die „somatotonische“ Persönlichkeit

Im Jahre1985 erschien ein Buch mit dem Titel *LSD-Träume: die CIA, LSD und die Rebellion der sechziger Jahre*,[1] worin jene Experimente geschildert werden, die die CIA zu Beginn der fünfziger Jahren mit LSD (Lysergsäurediäthylamid), Psilocybin und anderen synthetischen, psychedelischen Rauschgiften anstellte. Ursprünglich sollte lediglich geprüft, ob sich LSD als sogenanntes ,,Wahrheitsserum" eignete, um damit Gefangene und feindliche Agenten zum Sprechen zu bringen. Doch dabei stieß man auf besondere Wirkungen dieser Chemikalien, die später in deutlich propagandistischer Absicht ,,bewußtseinserweiternde Drogen" genannt wurden.

Die gemachten Beobachtungen regten nämlich Überlegungen an, inwieweit sich solche Mittel auch zur Beeinflussung und Regulierung menschlichen oder gar gesellschaftlichen Verhaltens eigneten. Aus der militärischen Forschung war eine politische geworden. Um die Frage zu beantworten, weitete man den ursprünglichen Forschungsansatz aus und startete das Forschungsprogramm „MK-Ultra“, auf das wir im 9. Kapitel genauer eingehen werden. Im folgenden geht es um die Person, die sich besonders dafür eingesetzt hat, daß die Drogenforschung diese neue, gesellschaftspolitische Wendung nahm. Diese Person spielte auch bei der entscheidenden Wende im Leben Mansons eine wichtige Rolle.

Die Rede ist von Aldous Huxley, dem bekannten britischen Schriftsteller, der 1937 in die Vereinigten Staaten übergesiedelt war.[2] Huxley hielt 1959 auf einem Symposium der medizinischen Fakultät der Universität von Kalifornien eine wichtige Rede, die dem Forschungsprogramm die neuen, über die militärischen hinausweisenden Ziele gab. An der gleichen Fakultät hatte Dr. David Smith mit seinen Kollegen — worüber die vorherigen Kapitel handelten — seine Rattenexperimente durchgeführt und von hier aus hatte sich auch die Jugend-Gegenkultur ausgebreitet. Huxleys Thema lautete 1959: „The final revolution".

Seine Rede zog schließlich ein interdisziplinäres Symposium nach sich, das 1961 unter dem Titel „The Control of the Mind" stattfand, auf dem hochrangige Funktionäre aus Wissenschaft, Militär und Verwaltung erörterten, wie sich die Wirkung von Chemikalien auf das menschliche Bewußtsein studieren ließe.

Huxley war 1961 „Professor at Large" an der Universität von Kalifornien in Berkeley. Als er 1959 seine programmatische Rede hielt, war er noch Dozent an der Universität von Kalifornien in Santa Barbara gewesen.[3]

In seiner Rede von 1959 sagte Huxley:

> „Es erscheint mir durchaus möglich, daß in Zukunft eine euphorisierende Droge hergestellt werden kann, die weit wirksamer, aber weniger schädlich ist als Alkohol. Sollte man diese zur Verfügung haben und sie beispielsweise jeder Dose Coca Cola beigeben können, würde das, wie ich schon vor 25 Jahren in *Brave New World* aufzuzeigen versuchte, zu einem unglaublich mächtigen Instrument in den Händen eines Diktators werden.
>
> Ich glaube, es wird immer deutlicher, daß sich die Diktaturen der Zukunft nicht mehr auf Terror gründen werden, wie die eines Hitler oder Stalin. Terror ist eine sehr aufwendige, dumme und unwirksame Methode, um Menschen zu kontrollieren. In *Brave New World* bildete die Verteilung jener mysteriösen Droge, welche ich ‚Soma' nannte, einen wichtigen Bestandteil des politischen Programms.
>
> Schon in der nächsten oder übernächsten Generation wird sich eine pharmakologische Methode durchsetzen, welche die Menschen dazu bringt, ihre Knechtschaft zu lieben und sozusagen ‚Diktaturen ohne Tränen' zu schaffen. Das wäre dann eine Art *schmerzfreies Konzentrationslager für ganze Gesellschaften*. In ihnen würde den Menschen zwar ihre Freiheit genommen, aber sie würden sich dieses Zustands erfreuen, weil in ihnen jeder Wunsch zur Rebellion durch Propaganda, Gehirnwäsche oder eine *mit pharmakologischen Methoden verstärkte Gehirnwäsche* erstickt wurde. Und das scheint mir dann die *endgültige Revolution* zu sein" (Hervorhebungen von mir, C.G.).[4]

Schon das Seminar von 1959 war, wie man zu sagen pflegt, „ein voller Erfolg". Der wurde 1961 auf einem dreitägigen, unter anderem von der *Stimme Amerikas* unterstützten Symposium zum Thema „Bewußtseinskontrolle" fortgesetzt. Auch dort durfte Aldous Huxley eine Tischrede halten. Zu den Sponsoren gehörte auch die Schering-Stiftung. Huxley sprach über die „humanen Möglichkeiten" der Rauschgifte und hob die positiven Auswirkungen hervor, die der Genuß von Meskalin oder LSD auf die menschliche Gesellschaft hätte.[5]

Das Seminar des Jahres 1961 löste bei den anwesenden Wissenschaftlern eine wahre Forschungseuphorie aus. Versuchspersonen waren Strafgefangene, Insassen psychiatrischer Anstalten und andere Personengruppen, auf die man relativ „unbedenklich" zurückgreifen konnte.

Mister Rauschgift

Aldous Leonard Huxley wurde 1894 in Surrey in England als Sohn einer „angesehenen Familie" – heute würde man sagen des Establishments – geboren und machte sich als Romancier, Essayist, Dramatiker und Dichter einen Namen. Sein Großvater war Thomas Henry Huxley, den man, weil er so leidenschaftlich für den Darwinismus kämpfte, auch „Darwins Bulldogge" nannte. Aldous Huxleys Vater gab das zu seiner Zeit vielbeachtete theoretische und kulturelle Magazin *Cornhill* heraus. Sein Bruder, Sir Julian Huxley, war Biologe und diente seit 1946 der UNESCO als Generalsekretär und nach 1948 als Generaldirektor.

Aldous Huxley besuchte standesgemäß die Schule in Eton und das Balliol College in Oxford. Vor seiner schriftstellerischen Arbeit trieb er sich als Journalist und Schauspielkritiker herum. Mit seiner ersten Frau Maria Nys durchstreifte er die Länder Europas und ließ sich schließlich 1937 in Kalifornien nieder.

Erstes Aufsehen erregte Aldous Huxley mit einem Band Kurzgeschichten, der 1920 unter dem Titel *Limbo* erschien. 1921 folgte sein Roman *Crome Yellow* (Eine Gesellschaft auf dem Lande), danach 1923 *Antic Hay* und 1925 *Those Barren Leaves* (Parallelen der Liebe). Wichtiger waren die Romane *Point Counter Point* (Kontrapunkt des Lebens) von 1928 und vor allem 1932 *Brave New World* (Schöne neue Welt), und schließlich

1936 noch *Eyeless in Gaza* (Geblendet in Gaza). Er veröffentlichte Reisebeschreibungen wie *Jesting Pilate* (1926) und *Beyond the Mexique Bay* (1934) sowie eine geschichtliche Studie *Grey Eminence* (Die graue Eminenz). In *Devils of Loudun* (Die Teufel von Loudun) von 1952 stellte er eine historische Besessenheit psychiatrisch dar. In *Doors of Perception* (Die Pforten der Wahrnehmung) von 1954 und *Heaven and Hell* (Himmel und Hölle) diskutierte er Natur und Bedeutung seiner psychedelisch-visionären Erfahrungen mit Rauschgiften.

Es folgten essayistische Abhandlungen wie *Brave New World Revisited* (Dreißig Jahre danach, oder: Wiedersehen mit der Wackeren neuen Welt, 1959), *Collected Essays* (Gesammelte Essays, 1960), *On Art and Artists* (Über Kunst und Künstler, 1960), *Island* (Insel, 1962) und *Literature and Science* (Literatur und Wissenschaft, 1963). 1959 verlieh ihm die Amerikanische Akademie für Kunst und Literatur den „Preis für Verdienste um den Roman". 1961 wurde er zum Professor-at-Large an der Universität von Kalifornien in Berkeley berufen. 1963 starb Huxley an Krebs.

Seit den fünfziger Jahren hatte sich Huxley intensiv mit dem tantrischen Buddhismus und dem *Tibetanischen Totenbuch* beschäftigt. Dementsprechend verlangte er auf dem Sterbebett in einer letzten Bitte von seiner zweiten Frau Laura Archers Huxley einen LSD-Trip. Die Frau spritzte ihm eine Dosis LSD. Und so wurde der Tod zu Huxleys letztem psychedelischen Erlebnis.

Huxleys Bücher fanden eine breite Leserschaft. Er galt als ein leidenschaftlicher Individualist, der in seinen Science-fiction-Romanen, allen voran in dem 1932 entstandenen Roman *Schöne neue Welt*,[6] vor dem der modernen Gesellschaft drohenden Totalitarismus gewarnt habe. Seine naiven Leser wollten nicht erkennen, daß Huxley in diesen Büchern Pläne und Szenarien entwarf, wie nicht mit plumpen terroristischen Mitteln, sondern mit Rauschgift ein weitaus effektiverer Totalitarismus aufgebaut werden könnte.

Huxleys *Pforten der Wahrnehmung* wurde zur „Bibel" zunächst des MK-Ultra-Projekts der CIA und dann der drogendurchseuchten Gegenkultur. In diesem Buch verarbeitete Huxley Meskalin-Trips, die er 1953 selbst erlebt hatte.

Huxley war aber nicht nur ein führender Verfechter des Rauschgiftkonsums, er trat genauso offen für die Verbreitung von Pornographie, sexueller Promiskuität unter Jugendlichen und für die Abschaffung der Familie ein. Er rechnete damit, daß beim Verschwinden der jüdisch-christlichen Schranken und unter dem Einfluß psychedelischer Drogen in der Bevölkerung ein latent vorhandener gewalttätiger Personentypus in Erscheinung treten könnte. Huxley begrüßte diesen sogenannten „somatotonischen" Typ, weil dieser seine Wut gegen jene Institutionen und Personen richten würde, die die Priester des New Age als „repressiv" hinstellten.

Huxley vertrat auch, ohne daß dies seiner Förderung durch öffentliche Einrichtungen schadete, eine widerliche Rassentheorie, die „Eugenik". Er äußerte sich sogar ausgesprochen antisemitisch. Er hielt die Juden aber nicht wie die Farbigen für rassisch minderwertig, sondern er warf ihnen — wie übrigens auch Adolf Hitler in *Mein Kampf* — vor allem vor, die kulturellen Werte, die für das abendländische Denken typisch und in den USA zu Beginn des Jahrhunderts noch besonders sichtbar waren, geprägt zu haben. Dazu gehörte vor allem auch der zuversichtliche Glaube an die wirtschaftliche Machbarkeit des technischen und gesellschaftlichen Fortschritts. So findet man bei ihm Sätze wie:

> „Die Juden waren auch, jedenfalls zum Teil, für eine weitere, noch bösartigere, antipolitische Doktrin verantwortlich, der Doktrin des über alles im Leben entscheidenden, wirtschaftlichen Erfolgs. Hauptsächlich im protestantischen Amerika — der Heimat des unedlen Benjamin Franklin — hat diese jüdische Doktrin des Primats der wirtschaftlichen Werte die weiteste Akzeptanz gefunden und ist von vielen von ganzem Herzen angenommen worden. *Von Amerika aus begann die Doktrin, den Rest der Welt zu infizieren.* Dank der protestantischen Reformer wird schließlich die ganze Welt judaisiert."[7]

Im Grunde liegt nicht nur dem Roman *Brave New World*, sondern Huxleys Gesamtwerk das gleiche, festumrissene Gesellschaftsmodell zugrunde: Eine kleine Herrenschicht sollte das uneingeschränkte Recht auf hemmungsloses Sichausleben haben, während die breite Masse der Bevölkerung dafür mehr oder weniger als willenloses Mittel zur Verfügung stehen sollte.

Hinweise darauf, daß es Huxley um mehr ging als um eine spinöse Begeisterung für Rauschgifterfahrungen, finden wir auch bei einer seiner begeisterten Anhängerinnen. Marilyn Ferguson brachte 1980 ihr Buch *The Aquarian Conspiracy: Personal and Social Transformations in the 1980's* (Die sanfte Verschwörung: Persönliche und gesellschaftliche Transformation im Zeitalter des Wassermanns) heraus, das von der Vorbereitung auf das heraufziehende New Age handelt. Dieses neue Zeitalter sollte das „Zeitalter der Fische" ablösen, das durch Christentum und die Dominanz menschlicher Vernunft geprägt sei. Das heraufziehende „Zeitalter der Wassermannes" sollte dagegen im Zeichen der Gefühle und Intuitionen stehen. Ferguson weist Huxley bei der „Verschwörung des Wassermannes" eine Schlüsselrolle zu. Sie schreibt:

> „In einem Brief aus dem Jahre 1940 schrieb Aldous Huxley, er sei zur Zeit zwar in bezug auf die Menschheit zutiefst pessimistisch, aber im Hinblick auf Einzelpersonen und Gruppen von Individuen, die in den Randzonen der Gesellschaft lebten, aber äußerst optimistisch. Der britische Autor, der in Los Angeles lebte, bildete den Angelpunkt einer Vorform der Verschwörung des Wassermanns; eines internationalen Netzwerks von Intellektuellen, Künstlern und Wissenschaftlern, die sich für die Idee von Transzendenz und Transformation interessierten ... Viele von Huxleys Interessen waren ihrer Zeit derart voraus, daß sie erst im Jahrzehnt nach seinem Tod eine weitere Verbreitung erfuhren. Schon als solche Ideen noch als Ketzerei galten, befürwortete Huxley die Bewußtseinsforschung, die Dezentralisierung von Regierung und Wirtschaft, paranormale Heilungsverfahren, praktische Anwendungen der Bewußtseinsveränderung, Umerziehung mit visuellen Mitteln und Akupunktur."[8]

Die „Bewußtseinsforschung", die Frau Ferguson hier vorsichtig anspricht, bezieht sich auf Huxleys Werbefeldzug für den breiten Einsatz bewußtseinsverändernder Rauschgifte.

Dr. med. Joost A. M. Meerloo, ein bekannter Spezialist für Gehirnwäsche, untersuchte kritisch, warum sich Huxley so intensiv für die Verbreitung psychedelischer Drogen einsetzte. Er kam zu dem Schluß, Huxley habe *mehr* im Sinn gehabt, als revolutionäre, transzendentale Meditationstechniken einzuführen oder der Oberschicht zur Selbsterkenntnis durch außerkörperliche Erfahrungen zu verhelfen.

„Experimente mit Meskalin, mit denen man vor dreißig Jahren begann, sind plötzlich wieder in Mode gekommen. Aldous Huxley beschrieb in seinem kürzlich erschienenen Buch *Pforten der Wahrnehmung* das künstliche chemische Paradies, welches er nach Genuß der Droge, die auch als Peyote bekannt ist, erlebt hatte. Sie kann alle möglichen Arten angenehmer, subjektiver Phänomene stimulieren. Sie hat aber nichtsdestoweniger einen trügerischen Charakter. Ich will hier keine klinische Diskussion mit einem Schriftsteller beginnen, den ich sehr schätze, aber seine eigenen euphorischen und ekstatischen Reaktionen auf Meskalin müssen nicht notwendigerweise bei anderen Menschen auftreten.
Vor 25 Jahren experimentierte ich selbst mit Meskalin, um diese pathologischen Gedanken unverfälscht aus erster Hand kennenzulernen. Als Resultat wäre ich beinahe zusammengebrochen. Nur wenige Menschen hatten jene ekstatischen Erlebnisse, die Huxley beschreibt. *Meskalin ist ein gefährlicher Stoff*, wenn er nicht unter medizinischer Aufsicht angewendet wird. Und warum will Herr Huxley überhaupt künstliche Paradiese verkaufen?
Es liegt eine sehr große soziale Gefahr in all diesen Methoden chemischer Eingriffe in das Bewußtsein. Sicher können sie vorsichtig als ein Hilfsmittel bei der Psychotherapie eingesetzt werden, aber sie können in den Händen von Männern mit einem unüberwindlichen Drang zur Macht ein fürchterliches Instrument der Kontrolle sein ... Die Propaganda für chemische Begeisterung, künstliche Ekstase und pseudonirwanische Erfahrungen lädt den Menschen ein, *drogenabhängig zu werden. Drogenabhängige sind aber schwache Menschen, die von jedem tyrannischen Machthaber benutzt werden können.*“[9]

Sex und Rauschgift

Die Familie Huxley hat nicht nur Wissenschaftler und Literaten hervorgebracht. Sie gehört zu den wenigen Familien, die in England die Macht ausüben und es verstanden haben, Parlament und Regierung für sich arbeiten zu lassen — sie gehört zur britischen Oligarchie. Mit der Oligarchie teilten auch die Huxleys den Haß auf die Ideale der republikanischen Revolution, wie sie sich seit den amerikanischen Unabhängigkeitskriegen von 1776-1779 politisch erfolgreich durchzusetzen begannen. Großvater Thomas Henry Huxley war nicht nur der führende Propagandist des Darwinismus, er war auch Gründungsmitglied der „Round Table Group" (Der Runde Tisch) des südafrikanischen Rohstoffmagnaten Cecil Rhodes.

Der politische Kopf dieses Runden Tisches war Lord Alfred Milner, der, nachdem er 1905 von seinem Posten als britischer Hochkommissar für Südafrika in die Heimat zurückgekehrt war, politisch die Weichen für das „New Informal Empire" stellte. Der Runde Tisch ist in der Geschichte des 20. Jahrhunderts allgegenwärtig: Er gründete das Royal Institute of International Affairs (Königliches Institut für Internationale Angelegenheiten, RIIA), den New Yorker Council on Foreign Relations (Rat für auswärtige Beziehungen, CFR) und zahllose andere Institutionen des sogenannten anglo-amerikanischen Establishments. Alle diese eng miteinander verflochtenen Organisationen und Institutionen halfen mit, das „neue informelle Imperium" durchzusetzen, das US-Präsident Bush erst kürzlich wieder im Zusammenhang mit seinem Überfall auf Panama und dem Krieg gegen den Irak als „neue Weltordnung" offiziell ins Gespräch gebracht hat.[10]

Was hat der exzentrische Literat Aldous Huxley mit den Aktivitäten seines Großvaters zu tun? Der Zusammenhang ist nicht geradlinig, zeigt aber zugleich einen Aspekt, wie diese politische Machtgruppe arbeitet. Aus Thomas Huxleys Schule war der Schriftsteller H.G. Wells hervorgegangen, der zum eigentlichen Vater des modernen Science-fiction-Romans wurde. Bücher wie *The Time Machine* (Die Zeitmaschine, 1895) und *War of the Worlds* (Krieg der Welten, 1898) waren nicht nur in wissenschaftliche Phraseologie verpackte antiwissenschaftliche Propaganda, sie wurden zu geistigen „Trendsettern" der Meinungsformung.[11]

In *Dr. Moreaus Insel* (1896) beschreibt Wells die Aktivitäten eines Arztes im Paris des 19. Jahrhunderts, der an sich und seinen Freunden mit Haschisch herumexperimentierte und dadurch künstliche Psychosen auslöste. Er verfolgte damit ähnliche Ziele wie jener muslimische Assassinenorden des 11. und 12. Jahrhunderts, dem es zusammen mit anderen mystischen islamischen Fundamentalisten gelang, das auf Wissenschaft und Fortschritt gegründete islamische Reich in Bagdad zu zerstören. Dr. Moreau wollte seine durch Haschisch erzeugten Psychotiker ebenfalls als politische Attentäter ausbilden und einsetzen.[12]

Auch Marilyn Ferguson nennt Wells einen der geistigen Väter der „Verschwörung des Wassermannes".[13] In Essays wie *Anticipations of the Reaction to Mechanical and Scientific Progress upon Human Life and Thought* und vor allem in dem 1927 veröffentlichten Buch *The Open Conspiracy: Blueprint for World Revolution* gab Wells dieser „Verschwörung" eine strategische Perspektive. Um einen Eindruck von der Zielrichtung dieser Verschwörung zu geben, zitieren wir aus dem zuerst genannten Essay nur soviel:

> „Die Männer der Neuen Republik werden weder dabei zimperlich sein, den Tod zu erleiden, noch dabei, ihn anderen zuzufügen ... Sie werden Ideale haben, die das Töten rechtfertigen. Sie werden überzeugt sein, daß bestimmte Teile der Bevölkerung nur aus Mitleid oder Geduld toleriert werden, und nur unter der Bedingung, daß sie sich nicht weiter vermehren. Ich sehe keinen Grund zu der Annahme, daß sie irgendwie zaudern könnten zu töten, wenn diese Toleranz mißbraucht wird."[14]

Könnte das nicht auch Charles Manson von sich behauptet haben? Allerdings gibt es da einen bemerkenswerten Unterschied. Die Männer der „Neuen Republik" morden nach klaren Vorstellungen und zielbewußt. Leute wie Manson folgen unklaren, scheinbar willkürlich in ihnen aufkommenden Impulsen. Wie steht es aber mit den Wissenschaftlern, die mit Leuten wie Charles Manson herumexperimentiert haben?

Huxley teilte die strategischen Ziele seines aristokratischen Zirkels uneingeschränkt. Auch er war bestrebt, die ursprünglichen Ideale der amerikanischen Republik zu zerstören oder zu pervertieren. Wie schon Aristoteles in seiner *Politik* dargestellt hat, könnte die Massen- oder Basisdemokratie ein geeignetes Mittel sein, die kulturellen Werte und Ansichten einer souveränen Republik zu unterhöhlen. Hinderlich dabei wäre aber ein allgemein hohes ästhetisches und kulturelles Niveau.

Nun hatten aber schon John Ruskin und seine Anhänger in der britischen Aristokratie gezeigt, daß sich Friedrich Schillers Konzept der ästhetischen Erziehung auch umkehren ließ. Der von Ruskin gewiesene Weg zu einer Antierziehung war einfach. Zunächst galt es, die als kalte Verstandestätigkeit verächtlich zu machen. An ihre Stelle sollten „echte Gefühle" treten, die sich zu dem Grad einstellten, wie das Bewußtsein des Menschen mit starken Triebimpulsen überflutet und zunehmend von ihnen beherrscht würde. Dem ekstatischen Charakter solcher Bewußtseinsüberflutungen soll noch durch den Genuß von Rauschgiften nachgeholfen werden.

Die Begeisterung für solche „echten Gefühle" hat neben ästhetischen vor allem politische Gründe. Huxley und sein Aristokratenkreis sahen das ihnen vorschwebende Gesellschaftsmodell gefährdet, wenn der zuversichtliche Glaube an die wirtschaftliche Machbarkeit des technischen und gesellschaftlichen Fortschritts breite Schichten erfaßte. Um den Fortschrittsglauben in seinem Zentrum anzugreifen, ging Aldous Huxley 1937 nach Amerika und ließ sich in Kalifornien, der damaligen Heimat des Pioniergeistes, nieder.

Doch der wirtschaftlich motivierte Zukunftsoptimismus der damaligen Tage ließ sich nicht frontal angreifen. Es galt vielmehr, den Menschen „Images", Bilder und Vorstellungen mit langfristig zersetzender Wirkung einzugeben. Die Lust auf Rauschzustände, seien sie nun „natürlich-sexuell" oder „chemisch" stimuliert, war Huxleys Lockmittel.

Die Möglichkeit, auf dem schnell wachsenden Markt für Marihuana, Heroin und Methamphetamine rasch viel Geld zu verdienen, beschleunigte sich seit Einführung der psychedelischen Rauschgifte noch und kam auch dem von Huxley eingeleiteten Prozeß zugute. Seine Bilder und Phantasien über exotische Rauschgift-Erfahrungen lockten vor allem die Meinungsmacher und Trendsetter an, welche die reichen Jünger des „süßen Lebens" wie Fliegen umschwirrten. Huxley wußte als kulturell Gebildeter, als „Studierer des Menschen" mit umfassenden Kenntnissen in Anthropologie, Religion und Philosophie, wie man mit solchen Leuten umzugehen hatte, und daß man sie brauchte, um sich „beim Volk" Gehör zu verschaffen.

Vieles hatte Huxley bei H.G. Wells gelernt.[15] Vernünftige und kreative Problemlösungen vernebeln sich in dessen Romanen zu magischer Zauberei. Ihr Besitz macht die einen zu allgewaltigen Übermenschen, ihr Mangel verurteilt die anderen zu einem Dasein als Werkzeug in der Hand der Übermenschen.

In *Schöne neue Welt* entwickelt Huxley sein Gesellschaftsmodell als ein Szenario. Neben dem Hinweis, daß sich Rauschgifte hervorragend zur sozialen Kontrolle eignen, enthält dieses Buch zwei weitere gesellschaftspolitisch interessante Aspekte.

Die Neue Gesellschaft soll sich in gewisse nach körperlichen und intellektuellen Standards unterschiedene Kasten gliedern. Die Gliederung reicht von den Alphas, der Elite, bis zu den untersten Klassen, den sogenannten Epsilons. Die Unterscheidungsmerkmale werden den Embryonen durch Eingriffe in die Erbmasse und während ihrer pränatalen Entwicklung eingegeben. Dabei gelten die Epsilons, die nur zur Verrichtung körperlicher Arbeit gezüchtet werden – ähnlich wie in Wells' Roman „Zeitmaschine" die „Morlocks" –, gar nicht mehr als Menschen. Die eigentlichen Menschen sind die Priester. Sie überwachen hinter den Kulissen aus dem Verborgenen das Funktionieren dieser Kastengesellschaft. Sie kontrollieren selbst die Alphas, die angebliche Elite, und ermöglichen ihnen ein scheinbar unbegrenztes Herrschaftsgebaren. Die Untertanen werden durch Rauschgift – im Roman „Soma" genannt — gefügig gehalten.

Schließlich gibt es in diesem Szenario eine eigenartige Insel, auf die die unverbesserlichen sozialen Rebellen verbannt werden. Der Charakter dieser Verbannung läßt sich am besten in den Worten des Romans beschreiben. Wir wählen dazu die Äußerungen des sogenannten Aufsichtsrats, der jener geheimen, hinter den Alphas angesiedelten Gruppe sogenannter Priester angehört, die die „Schöne neue Welt" wirklich regieren. Obwohl erst auf den letzten zwanzig Seiten richtig ins Bild gerückt, ist der Aufsichtsrat doch der eigentliche Held des Buches. Er erklärt den Zweck dieser Insel:

> „Der Vierte Sekretär kam mit drei grünuniformierten Drillingslakaien wieder zurück. Der schreiende, schluchzende Siegmund wurde hinausgetragen.
> ‚Man könnte glauben, der Hals werde ihm abgeschnitten', sagte der Aufsichtsrat, als sich die Tür schloß. ‚Wenn er nur einen Funken Verstand hätte, sähe er ein, daß die Strafe eigentlich eine Belohnung ist. Er kommt auf eine Insel, das heißt, an einen Ort, wo er die interessantesten Leute der Welt antreffen wird, lauter Menschen, denen aus irgendeinem Grund das Bewußtsein ihrer Individualität so sehr zu Kopf gestiegen ist, daß sie sich nicht mehr ins Gemeinschaftsleben eingliedern ließen. Lauter mit der orthodoxen Lebensordnung Unzufriedene, die unabhängige, eigene Ideen

haben. Kurz jeder, der jemand ist. Ich beneide sie fast, Herr Holmes-Watson.'
Helmholtz lachte: ‚Warum sind Sie dann nicht selbst auf der Insel?'
‚Weil ich am Ende doch dies hier vorgezogen habe', antwortete der WAR (Weltaufsichtsrat, C.G.). ‚Ich hatte die Wahl: Entweder Verbannung auf eine Insel, wo ich meine Wissenschaft hätte weiter betreiben können, oder Berufung ins Weltaufsichtsamt, mit der Aussicht, in angemessener Zeit zum Aufsichtsrat befördert zu werden'."[16]

Abgesondert von der berauschten Masse Mensch, die betrogen, manipuliert und nach allerlei Moden ausgerichtet wird, arbeiten in der Abgeschiedenheit die Wissenschaftler, die weder durch Rauschgifte, sonstige „echte Gefühle" noch durch den Rausch der Machtausübung verführt werden. Die Priester wählen aus den Arbeitsergebnisse jene aus, die sie brauchen, um den berauschten, primitiven Zombies ihre magische Wunderwelt vorzugaukeln.

In seinem 1959 erschienenen Essay *Brave New World Revisited* bekennt sich Huxley dazu, daß sich das von ihm entwickelte Gesellschaftsmodell in wesentlichen Zügen durchsetzen werde. Dabei verweist er erneut auf die drei wesentlichen Methoden sozialer Kontrolle, die sein Denken beherrschen: Rauschgiftkonsum, Bevölkerungskontrolle durch künstliche Geburtenregelung und Triebabfuhr durch sterile, sexuelle Promiskuität:

„In der *Schönen neuen Welt* meiner Phantasie werden Eugenik und Dysgenik mit System durchgeführt. In der einen Gruppe von Flaschen erhielten biologisch hochwertige Ova, von biologisch hochwertigem Sperma befruchtet, die bestmögliche Behandlung und wurden schließlich als Betas, Alphas und sogar Alpha-plus abgefüllt. In einer anderen, viel zahlreicheren Gruppe von Flaschen wurden biologisch minderwertige Ova von biologisch minderwertigem Sperma befruchtet, dem Bokanowsky-Verfahren unterworfen (künstliche Abschnürung der befruchteten Eizelle, um Zwillinge zu erzeugen) und pränatal mit Alkohol und anderen Proteingiften behandelt. Die schließlich abgefüllten Geschöpfe waren beinahe untermenschlich; sie waren aber fähig, die Arbeit von Hilfsarbeitern zu verrichten, und wenn sie ordentlich konditioniert, durch freien und häufigen Zugang zum anderen Geschlecht entspannt, durch kostenlose Unterhaltung beständig abgelenkt und in ihren guten Verhaltensweisen durch tägliche Gaben von Soma bestärkt wurden, war mit Sicherheit zu erwarten, daß sie ihren Oberen keine Scherereien bereiten würden."[17]

Im Nachwort zu *Devils of Loudun*, einer Studie über Vorgänge in einem Nonnenkloster im Frankreich des 17. Jahrhunderts, gestand Huxley ein, daß es sich bei der *Schönen neuen Welt* gar nicht um „Phantasien" handele. Er sei sich vielmehr durchaus über die Folgen bewußt, die seine Vorstellungen und „Images" für die Entwicklung des Willens in der amerikanischen Bevölkerung haben würden. Er analysiert dort, wie ein Land paralysiert wird, wenn sich große Teile seiner Bevölkerung hemmungslos dem Genuß sexueller Promiskuität und dem Rauschgift hingeben:

> „Gewiß kann eine allgemein gewordene und lange fortgesetzte Gewohnheit übermäßigen Geschlechtsgenusses, wie J.D. Unwin dargelegt hat, den Energiedurchsatz einer Gesellschaft herabsetzen und sie dadurch unfähig machen, eine hohe Zivilisationsstufe zu erreichen oder sich auf ihr zu halten. Ebenso kann Rauschmittelsucht, wenn sie genügend weit verbreitet ist, die militärische, wirtschaftliche und politische Tüchtigkeit einer Gesellschaft, in der sie vorherrscht, herabsetzen. Im 17. und 18. Jahrhundert war Fusel die Geheimwaffe der europäischen Sklavenhändler; im 20. Jahrhundert war es Opium in der Hand der japanischen Militaristen. Stockbetrunken war der Neger eine leichte Beute, und der chinesische Rauschgiftsüchtige würde seinen Besiegern mit Sicherheit keine Schwierigkeiten machen."[18]

1977, also vierzehn Jahre nach Huxleys Tod, äußerte sich Dr. Albert Hofmann, der als Angestellter des Schweizer Pharmakonzerns Sandoz LSD und Psilocybin isolierte, zur Rolle und den Absichten Aldous Huxleys.

> „Er wollte zeigen, daß den heiligen Drogen eine Kraft innewohnt, die zum Wohl der Menschen einer technologischen Gesellschaft, die mystischen Offenbarungen feindlich gegenübersteht, genutzt werden kann."[19]

Ein Mittel gegen die viel Zuvielen

Die Angst vor unkontrollierter Vermehrung der menschlichen Gattung, deren Exemplare weitergehende Ansprüche auf die verteilten Reichtümer dieser Erde stellen könnten, liegt in der Familientradition des Adels und der Familie Huxley. Sie beherrschte seit den Tagen des unseligen Pfarrers Malthus von der East-India Company die Bemühungen von Charles Darwin und Thomas Huxley. Und so taucht auch in Aldous Huxleys Roman *Schöne neue Welt* wie selbstverständlich das Motiv auf, nicht mehr benötigte Mitglieder der Unterschicht „in Würde sterben" zu lassen. Sie bekamen eine große Dosis Rauschgift und die Todesspritze, ganz so wie es Herr Atrott von der Gesellschaft für Humanes Sterben heute vorschlägt und sogar schon praktiziert.

Huxleys Glaube, das größte Problem der Welt sei ihre Übervölkerung, nimmt das ganze erste Kapitel von *Brave New World Revisited* ein. Es trägt sogar den Titel „Überbevölkerung". Darin macht Huxley die technische Entwicklung dafür verantwortlich, daß jetzt sehr viel mehr Menschen ernährt werden könnten, als dies vor der industriellen Revolution möglich gewesen sei. Das aber werfe bei der weltweiten Versorgung mit Rohstoffen Verteilungsprobleme auf, die Aldous wie auch Großvater Thomas und Bruder Julian für unlösbar hielten.

> „Das Problem des Verhältnisses der sich schnell vergrößernden Bevölkerungen zu den schwindenden Naturschätzen in einer stabilen Gesellschaft und zum Wohlbefinden des Individuums zu regeln, ist das zentrale Problem der Menschheit. Es wird ganz gewiß für ein Jahrhundert oder vielleicht für mehrere Jahrhunderte das zentrale Problem bleiben ... Wir können eine dauernde Krise erwarten, in der die Übervölkerung unvermeidlich für einen Zustand, wie wir ihn von einer Diktatur kommunistischen Zuschnitts her kennen, sorgen wird."[20]

Huxley sieht in anderen Menschen vor allem Konkurrenten, die ihm das Brot vom Tisch wegessen wollen. Er ärgert sich über die modernen Wissenschaften und verurteilt vor allem die Medizin, die es „den häßlichen und kranken Zeitgenossen" ermögliche, länger zu leben:

> „In dieser, der zweiten Hälfte des 20. Jahrhunderts tun wir nichts Systematisches mehr für unsere Fortzüchtung, aber wir übervölkern auf willkürliche und ungeregelte Weise unsern Planeten. Wir legen es scheinbar geradezu darauf an, die wachsende Men-

> schenmenge biologisch minderwertig zu halten. In der angeblich schlechten alten Zeit blieben Kinder mit beträchtlichen oder sogar nur geringen erblichen Defekten *nur selten am Leben*. Heutzutage gelangen dank sanitärer Anlagen, moderner Heilmittelkunde und sozialem Gewissen die meisten der mit erblichen Mängeln geborenen Kinder zur Reife und vermehren noch ihre Art. Unter den jetzt herrschenden Verhältnissen wird jeder Fortschritt in der Medizin durch eine entsprechende Vermehrung derer wettgemacht, die mit irgendwelchen genetischen Unzulänglichkeiten überlebt haben."[21]

Mutterschaft soll in der *Schönen neuen Welt* ganz abgeschafft werden. Denn Gebären sei nicht nur lustfeindlich, sondern Mutterliebe erzeuge etwas im Menschen, was nicht in die aufgeklärte moderne Welt Huxleys passe. Das Wort „Mutter" belegt er propagandistisch mit allem verfügbaren Ekel. Babys werden in Flaschen aufgezogen. In *Ape and Essence* (Affe und Wesen, 1948) schlägt Huxley vor, die Paarung auf wenige Zeiten im Jahr zu begrenzen. Frauen, die außerhalb des Zyklus Kinder bekämen, sollten dadurch bestraft werden, daß man ihre Kinder wie in vorbiblischen Zeiten einem Gott „Moloch" opfert.[22] Und in *Island* will Huxley Sex nur zur Unterhaltung oder als Sakrament zulassen. Die Familie wird abgeschafft. An ihre Stelle sollen Kommunen treten, wie sie in Haight-Ashbury tatsächlich auch eingesetzt wurden.[23]

Das Thema Sex zielte aber eigentlich und vor allem auf die Zerschlagung der bürgerlichen Familie ab. Es diente nicht nur als ein paradoxes Mittel der Geburtenverminderung, sondern es war der wichtigste Hebel zur kulturellen Umwertung der Werte. Das hatte auch die sogenannte Frankfurter Schule der Soziologie in ihren Studien aus dem Jahr 1936 erkannt und systematisch vorbereitet. Sie stigmatiserte sexuelle Prüderie, aber auch die natürliche Scham als die wesentliche Ursache und das Kennzeichen des faschistischen Charakters.[24]

Huxley propagierte in seinen Romanen die „freie Liebe", wie sie in den Hippie-Kommunen üblich wurde. Er drang mit dieser Propaganda, weil er sie als antitotalitäre Abschreckung aufbereitete, bis in den Muttersprachenunterricht der Schulen ein. *Brave New World* gehörte zum Beispiel während der fünfziger Jahre zu den zehn in den Schulen der Vereinigten Satten am meisten gelesenen Büchern. Als Taschenbuchausgabe zirkulierte es wegen des darin anschaulich beschriebenen Sexuallebens und seiner Rauschgiftverherrlichung in Schülerschlafzimmern.[25] Huxley unterstützte auch die Bücher seines Freundes D.H. Lawrence (1885-1930), die unter literarischem Vorwand Pornographie in den USA und anderswo verbreiten halfen. Huxleys erste Frau Maria schrieb zum Beispiel die Rohfassung von Lawrences Roman *Lady Chatterly's Lover* (Der Geliebte der Lady Chatterly, 1928) für den Druck ins Reine.[26]

Manson oder Christus

Huxley bekämpfte ganz im Sinne Friedrich Nietzsches das traditionelle Christentum, das viel zu sehr für die Familie eintrete und die Vernunft des menschlichen Geistes betone. Zu Beginn seines Buches *Do What You Will* rügt Huxley den christlichen und jüdischen Glauben an einen einzigen Gott:

> „Es gibt viele Arten von Göttern, deshalb gibt es auch viele Arten von Menschen. Denn die Menschen machen sich ihre Götter nach ihrem Ebenbild. Über Religion anders als in Begriffen der menschlichen Psychologie zu reden, ist sinnlos."[27]

Dementsprechend könne es auch keine Wahrheit, sondern nur subjektive Meinungen geben.

> „Die einzigen Tatsachen, von denen wir direkte Kenntnis haben, sind psychologische Tatsachen — eine Tatsache kann nicht tatsächlicher sein als eine andere. Unsere psychologischen Erfahrungen sind alle gleichwertige Tatsachen. Es gibt keine Wahl zwischen ihnen. Kein psychologisches Experiment ist, soweit es uns betrifft, ‚wahrer' als ein anderes."[28]

Wie aber kam es nach Auffassung Huxleys zum Glauben an den einen Gott, wenn es viele Götter gibt und keine Wahrheit?

„Der Monotheismus, wie wir ihn im Westen kennen, wurde von den Juden eingeführt. Diese unglücklichen Bewohner der Wüste fanden nichts in ihrer sie umgebenden Ödnis, was sie veranlassen konnte, anzunehmen, die Welt sei reich an Mannigfaltigkeiten. Für sie war es einfach, sich die Gottheit als eine einzige und noch dazu körperlose vorzustellen...[29]

Tatsächlich hat die christliche Spiritualität unserem Intellektualismus und unserer Maschinen Anbetung den Weg bereitet, indem sie alles in der menschlichen Natur verächtlich machte, was nicht Verstand, nicht Geist, nicht bewußter Wille ist. – Die Apostel mühten sich ab, die Märtyrer starben in Qualen, die Philosophen dachten erhabene Gedanken, durch Gebote oder durch Beispiel verkündeten die Scholaren und die Männer der Wissenschaft die Schönheiten des ‚höheren Leben' – und alle waren sich einig, daß es nur einen Gott gibt, und daß dieser Gott Geist ist, und daß es die erste Pflicht des Menschen sei, Gott nachzuahmen. Zu welchem Zweck? Daß der Mensch reiner werde, hätten sie geantwortet, besser, menschlicher. Aber ist das tatsächlich auch geschehen?

Gegen das Leben gewendet, haben sie den Tod in der Form der Spiritualität, des Intellektualismus und zuletzt der größeren Effizienz angebetet. Sie haben sich den erbärmlichen Versuchungen des Teufels Maschine ergeben."[30]

Es ist also nur konsequent, wenn Huxley die Rückkehr zur antiken Naturreligion vorschlägt. In ihrem Geltungsbereich konnte man, wenn man privilegiert war, noch beliebig und uneingeschränkt über andere Menschenleben verfügen. Im Gefolge Nietzsches trat er für Dionysos, den Gott des Weinstocks und des Rausches ein, dessen Kult die emotionelle und physische Ekstase symbolisierte und zelebrierte.

> „Wenn sich die Menschheit je aus den Tiefen wieder erheben sollte, in welche sie zur Zeit versinkt, wird es nur mit Hilfe einer neuen Religion des Lebens geschehen. Und weil das Leben mannigfaltig ist, wird die neue Religion viele Götter haben. Viele! Aber weil der einzelne Mensch auch eine Einheit in seiner unterschiedlichen Vielseitigkeit ist, auch einen einzigen. Er wird sowohl dionysisch, als auch panartig, als auch apollinisch sein müssen; orphisch genauso wie rational; nicht nur christlich, sondern auch martialisch und veneralisch; phallisch ebenso wie minervisch oder jehovaistisch."[31]

Der Dionysoskult war jüngeren Ursprungs und stammte aus dem barbarischen Thrazien. Er war ein für primitive Ackerbaugesellschaften typischer Fruchtbarkeitskult, Dionysos steht nämlich in enger Beziehung zu den Kulten der Großen Mutter bzw. der „Herrin der Tiere", der Kybele und ähnlicher weiblicher Gottheiten. Dionysos ist der in solchen Kulten typische Lustknabe der Großen Mutter. Sein Kult konnte sich während der Verfallsperioden der klassischen griechischen Kultur ausbreiten und wurde schließlich in ganz Griechenland als Kult der Natur gepflegt.

Die aus der Überlieferung bekannten Dionysosfeste waren ganz nach Huxleys Geschmack. Beim Agrionia-Fest zum Beispiel opferten Bacchanten oder Mänaden, die sich ganz ihrem Gott Dionysos hingeben, einen jungen Menschen. Huxley verwendete in seinen Roman *Ape and Essence* Kinderopfer. Ähnliches geschah beim Fest der Weinpresse, dem Lenäa-Fest oder beim Anthesteria-Fest Ende Februar. Beim zuletzt genannten dreitägigen Blumenfest opferte die Frau des Archonten den Göttern Dionysos und Hermes unter anderem gekochte Spermien. Es gab zahlreiche andere Jahreszeitenfeste. Sie alle gingen einher mit intensivem Rauschmittelgenuß, sexueller Orgiastik und blutigen Ritualen (Opfer oder auch Selbstverstümmelung). Huxley beschreibt in *Ape and Essence* solche Orgien, bei denen Baal- und Molochpriester Kleinkinder rituell schlachteten. Er kannte und billigte die dionysische Verbindung von Rausch, Gewalttätigkeit und sexueller Ausschweifung.

Dionysos läßt sich nicht nur mit Orgien und Verstümmelungen feiern, er umgibt sich mit einem Gefolge, dem „Thiasos", aus Halbgöttern wie Satyrn, Silenen, Pane, Priapen, Zentauren und Nymphen. Sie durchstreifen das Land in Horden und machen es unsicher. Der Dionysoskult stieß in Griechenland zunächst auf großen Widerstand und Ablehnung. Seine Verfechter drohten damals der Sage nach allen Herrschern Griechenlands und ihren Familien die härtesten Strafen für den Fall an, daß sie seinem Kult den Zugang verwehrten. So stürzte der Gott zum Beispiel in Orchomenos und Theben mit einem proletarischen Mob die „alte Ordnung" und zerstörte die herrschenden Familien.

Der antike Dichter Euripides beschreibt in seinem Drama *Bacchantinnen* die Geschichte des Kampfes zwischen Dionysos und Pentheus, dem König von Theben, der sich geweigert hatte, Dionysos als Gott anzuerkennen. Dionysos schlägt Agave, die Mutter des Pentheus, und andere Frauen in Theben mit Wahnsinn. Sie werden in Mänaden verwandelt und eilen zum Berg Cithaeron, wo sie dionysische Orgien feiern. Pentheus folgt ihnen und wird von seiner eigenen Mutter zerfleischt. Dionysos schickt diese wildgeworden Weiberhorden schließlich in die Stadt, um an ihr seine fürchterliche Rache zu vollziehen.

Ähnlich erging es Argos. Dort zerrissen der Dionysossage nach die wahnbesessenen Frauen des Dionysos ihre eigenen Kinder und verzehrten sie roh. Menschenopfer zu Ehren von Dionysos sind auch von Lesbos und Chios bekannt. Ähnliches berichtet die Dionysossage von vielen griechischen Orten. Später wurden die Menschenopfer durch Geißelungen ersetzt.[32] Darauf nimmt Huxley auch in *Schöne neue Welt* Bezug. Dort verlangen die somaberauschten Alphas von dem „Wilden", daß er sich zur Anregung ihren sexuellen Lust und ihrer Belustigung selbst geißele.

Erinnern solche Vorgänge nicht sehr stark an das, was in und durch Mansons „Familie" geschah? Sollte Manson vielleicht das Leitbild eines modernen Dionysos abgeben, der sich mit einem Harem wahnsinniger Mördermädchen umgab, die in Rauschgift, Sexorgien und Lustmorden schwelgten?

Huxley äußerte sich dahingehend im Essay *Do What You Will* aus dem Jahr 1929:

> „Um zu leben, muß die Seele in intimem Kontakt mit der Welt stehen, muß sie durch alle Kanäle der Sinne und der Begierden, des Denkens und der Gefühle assimilieren, welche die Natur zu diesem Zweck geschaffen hat. Alles, was diese Kanäle blockiert, verletzt die Seele — jede abtötende Routine, jede stumpfsinnige, gewohnheitsmäßige Unbewußtheit, jede exklusive Zwangsvorstellung, ob aus Untugend oder aus jener besonderen Untugend, welche übertriebene Tugend ist.
> Das Ritual des Katholizismus ist eine verkrüppelte Version des polytheistischen Rituals — verkrüppelt, weil es nur einen Teil der menschlich emotionalen Reaktionen erlaubt. Denn es ignoriert, oder brandmarkt bestimmte Arten der teilhabenden Kenntnis bestimmter Dingekategorien als schlecht. Jede dionysische Reaktion auf die Welt, jede korybantische Teilnahme der individuellen Energien an den Energien der lebenden Natur wurde geächtet."[33]

1961 wiederholt Huxley seinen Aufruf, zum alten dionysischen Religions- und Weltbild zurückzukehren, und zwar in seiner Vorlesung über die „Kontrolle des Bewußtseins", die er vor dem oben behandelten Symposium der medizinischen Fakultät an der Universität von Kalifornien hielt.

„Auch hier, denke ich, können wir eine ganze Menge von dem, was andere Kulturen getan haben, lernen. Wir müssen nicht bis zu den Primitiven zurückgehen, obwohl auch die auf diesem Gebiet eine Menge beizutragen haben. Selbst wenn wir zu den alten Griechen gehen, finden wir, daß sie einiges sehr Vernünftige in diesem Bereich taten ... Was die Griechen taten, war, daß sie Methoden entwickelten, mit denen die Triebe befriedigt werden — Adrenalin freigesetzt und absorbiert werden konnte. Das geschah durch gewalttätige Handlungen, die keine Nachteile brachten. Die ganze Tradition der korybantischen Tänze in den griechischen Religionen ist sehr, sehr interessant. Die korybantischen Tänze wurden sowohl diagnostisch wie auch therapeutisch eingesetzt: Die Ärzte und die Priester beobachteten, wie ihre Patienten auf bestimmte Arten der Musik und der Bewegung reagierten, und verschrieben ihnen dann bestimmte Arten von Tänzen. Es besteht kein Zweifel, daß der ganze, große Bereich, den wir heute Angstsyndrom nennen würden, durch diese korybantischen Tänze erfolgreich verarbeitet wurde." [34]

In der gleichen Rede führte Huxley aus, daß sich die korybantischen Tänze auch zur Steuerung der Entwicklung von Jugendlichen verwenden ließen. Tatsächlich entstand bald danach in englischen Psycholaboratorien das, was heute als Rockmusik weit verbreitet ist. Sie wurde für die weitere Entwicklung der Hippie-Bewegung nach der Phase, die durch Protestsong, LSD und psychedelische Drogen geprägt war, ausschlaggebend.

Huxley hatte die orgiastischen Phänomene in der griechischen, römischen und asiatischen Antike eingehend studiert. Er wußte um die Rolle von Rauschgiften und sogenannter Rockmusik in früheren Zivilisationen. Er wußte auch, daß sich in derartiger Umgebung Individuen wie Charles Manson und seine Mädchenmänaden zu hemmungslosen Lustmördern entwickeln könnten.

Im Sommer 1961, als das Symposium über „Bewußtseinskontrolle" stattfand, gab Huxley in London ein Interview, in dem er darlegte, welche Rolle die „Rock'n-Roll-Musik" als Wegbereiter des neuen Zeitalters spielen könnte. Er verglich dabei die Rockmusik mit der Kultmusik antiker orgiastischer Kulte:

„Die griechische Methode des Mänadentums, der bacchantischen Orgien usw. waren alles Methoden, unerträgliche Spannungen in der Gesellschaft auf harmlose und sogar wohltätige Weise abzubauen. *Das Christentum konnte sich später so umfassend durchsetzen*, daß man sogar diese Art des Tanzens aufgab. Das war — meiner Meinung nach — *ein schwerer Fehler*. Jede Zivilisation, welche die Natur des Menschen ernst nimmt, neigt dazu, solche Dinge zu entwickeln. Diese Art Tänze wurden immer und immer wieder von primitiven und sogar von ziemlich fortgeschrittenen Völkern eingeführt. Nur wir begingen den schrecklichen Fehler, die meisten von ihnen aufzugeben. *Das beste was wir tun können, ist Rock and Roll*" (Hervorhebungen im Original).[35]

1957, zwei Jahre bevor Huxley in Kalifornien an dem Projekt zur Bewußtseinskontrolle zu arbeiten begann, veröffentlichte Dr. William Sargant das Buch *Battle for the Mind — Physiology of Conversion and Brainwashing*. Sargant war ein britischer Psychiater, den Huxley gut kannte und respektierte. In dem Buch schildert er, wie man seit der Antike auf Körper und Vorstellungen einzuwirken verstand, um Menschen zu einem vollkommen anderen Glaubenssystem zu konvertieren. Sargant hatte zusammen mit britischen Spezialisten vor und während des Zweiten Weltkriegs an Patienten gearbeitet, um die Erfahrungen für sein Buch zu belegen. Dann war er in die Vereinigten Staaten gereist, um in Harvard ein Jahr lang seine psychoanalytischen Studien zu vervollständigen. Ein weiteres Jahr verbrachte er an der Duke-Universität, um die Bekehrungspraktiken und Zeremonien verschiedener religiöser Sekten zu beobachten.

Huxleys Kommentar zu dem Buch erschien als Werbung auf dem Buchumschlag: „Dies ist ein sehr wichtiges Buch. Ich hoffe, es wird so weit verbreitet und so intensiv studiert, wie es ihm zusteht." Sargant schreibt dort:

> „Auch durch heftiges Tanzen können Gefühle zur Abfuhr kommen ... Manche primitiven Stämme gebrauchen den Tanz zum gleichen Zweck. Das Abreagieren durch Trinken — zuerst Bier, später Wein — und wildes rhythmisches Tanzen, war auch das Ziel vieler antiker Riten zu Ehren von Dionysos. Die Griechen hatten dafür ihr eigenes Wort — Katharsis oder ‚Reinigung'. Solche Abreaktionen sind ein uralter psychologischer Trick, der von Generationen von Predigern und Demagogen immer wieder auf Gedeih und Verderb angewendet wurde, um die Gemüter ihrer Zuhörer zu erweichen und sie zu veranlassen, erwünschte Glaubens- und Verhaltensfor-

men anzunehmen. Ob dabei häufiger zu edlen und heldischen Taten aufgerufen wurde als zu Grausamkeiten und Torheiten — das zu entscheiden ist Sache des Historikers, nicht des Physiologen."[36]

In diesem Zusammenhang beschreibt Sargant auch, wie Rauschgifte mit den orgiastischen Tänzen zusammenwirken und sich in ihrer Wirkung gegenseitig verstärken:

„Wird das Gehirn mittels genau berechneter Strommengen hinreichend erregt, dann tritt der (epileptische, C.G.) Anfall ein. Genauso führen Voodoo-Trommeln oder orgiastische Tänze nach entsprechender Dauer zu hysterischer Erregung und zum Erschöpfungskollaps. Wir wissen auch, daß bestimmte Drogen wie Meskalin oder Lysergsäure (LSD) mystische Zustände vortäuschen können. Meskalin, das Alkaloid einer Kakteenart, wurde schon lange bei bestimmten mexikanischen Stammeszeremonien verwendet, um die Teilnehmer davon zu überzeugen, wirklich von einem Gott besessen zu sein."[37]

Sargant zitiert, obwohl er Aldous Huxley wie Dr. Meerloo bewundert, kritisch aus *The Doors of Perception*. Er zeigt, daß der Zustand, den Huxley dort als wahrhaft religiöses Erlebnis feiert, in Wirklichkeit nur eine Art Schizophrenie ist, welche die Psyche des betroffenen Individuums quält:

„Aldous Huxley gibt einen höchst interessanten und scharfsinnigen Bericht über seine eigenen Erfahrungen mit Meskalin. Er staunt darinnen über die Ähnlichkeit, die er zwischen mystischen Phänomenen, die er selbst erlebt zu haben glaubt, und der Mystik christlicher und indischer Religionen erkennt. Das Hirn verfügt nun einmal nur über eine begrenzte Zahl von Denkformen, die es unter derartigen physiologischen oder chemischen Belastungsspannungen produzieren kann. *In manchen Fällen kann ein langwährender und unausgesetzter Mystizismus Verhaltensweisen hervorrufen, die sich kaum mehr von Schizophrenie unterscheiden lassen.* Manchmal geben Fälle von Schizophrenie dem Arzt Gelegenheit, Bedingungen zu untersuchen, die den ekstatischen Zuständen in etwa entsprechen, die mittelalterliche Heilige schildern oder neuerdings Menschen, die Meskalin oder ähnliche Rauschmittel verwendet haben.
Der Betreffende sieht die Außenwelt wie durch einen Zerrspiegel und wird von seinen eigenen subjektiven Erlebnissen völlig über-

wältigt. Es wurde auch schon behauptet, einige der besten Werke aus Kunst, Religion und Philosophie stammten von Visionären, die mindestens an einigen Symptomen der Schizophrenie gelitten hätten. Es ist aber durchaus kein glückliches Schicksal, an Schizophrenie zu leiden. Der Kranke fühlt sich selbst unkontrollierten Impulsen oder dunklen Einflüssen preisgegeben. Tag und Nacht verfolgen ihn Stimmen, teils gute, teils böse, meistens aber böse. Es kommt nur sehr selten vor, daß ein Patient ständig Wahnbildungen und Halluzinationen angenehmer Art hat. Kann ihm nicht schon in einem frühen Stadium die richtige Behandlung zuteil werden, so ist sein Schicksal, unter Umständen dreißig Jahre und länger, eine Hölle auf Erden."[38]

Huxley soll seine *Pforten der Wahrnehmung*, auf die sich Sargant bezieht, Ende 1953 geschrieben haben. Damals hatte er mit Dr. Humphrey Osmond, der seitdem sein Freund und Mitarbeiter wurde, zum ersten Mal Meskalin genommen. Osmond war ein britischer Arzt, der am Weyburn-Hospital in Saskatchewan in Kanada arbeitete. Auch er experimentierte an Patienten mit Rauschgift, um gewünschte Zustände des Bewußtseins herbeizuführen. Zusammen mit J.R. Smythies schrieb er den Artikel „Schizophrenia: A New Approach", wo er berichtet, daß das auch bei alten heidnischen Riten in Ägypten und Indien verwendete Meskalin einen in jeder Hinsicht mit der Schizophrenie identischen Geisteszustand herbeiführt. Osmond schlug deshalb vor, mit halluzinogenen Drogen zu experimentieren, um eine „Behandlungsmethode" für Schizophrenie zu finden.[39]

Schließlich hatte Huxley im Selbststudium Pharmakologie betrieben und dabei auch Louis Lewins epochalen Überblick über die psychoaktiven Drogen, *Phantastica*, durchgearbeitet, das 1931 auf englisch erschienen war. Damals schrieb Huxley in London an seinem ersten Schauspiel, *The World of Light* und anschließend an der Riviera *Schöne neue Welt*. Während dieser Arbeiten habe Huxley diesen „nicht gerade vielversprechend aussehenden Schatz" für sich entdeckt und ihn „von Anfang bis Ende mit wachsendem leidenschaftlichen Interesse" gelesen.[40] Wahrscheinlich ist Huxley erst durch Lewin mit der Geschichte der Rauschgifte und ihrer Effekte bekannt geworden.

1953 erschien eine weitere Studie zu dem Thema. R.A. Sandison, der stellvertretende medizinische Leiter am Powick-Hospital in Worcester in Großbritannien, veröffentlichte mit zwei

Ärzten seiner Klinik eine Forschungsarbeit unter dem Titel *The Therapeutic Value of Lysergic Acid Diethylamide in Mental Illness* (Der therapeutische Wert von LSD bei Geisteskrankheiten). Dort hieß es unter anderem:

> „Oft haben die Patienten eine Tendenz, sich in ein quasi automatisches, hemmungsloses und primitives Verhalten zurückzuentwickeln. Bisher Unterdrücktes kann mit großer Freiheit zutagetreten, und häufig kommt es zu emotionalen Entladungen wie Schreien oder Weinen. Als Reaktion zu dem Aufwallen des psychischen Materials *kann sich gestörtes und sogar gewalttätiges Verhalten ergeben.*"[41]

Huxley und die „Somatotonie"

Huxley hatte einen entscheidenden Einfluß darauf, daß sich zuständige Regierungsstellen in den USA entschlossen, an ihren eigenen Bürgern äußerst zweifelhafte neuropharmakologische Experimente teilweise ohne Einwilligung und Kenntnis der Betroffenen vorzunehmen. Auch entsprachen Charles Manson und seine mörderische „Familie" weitgehend dem Bild, das Huxley von der ihm vorschwebenden neuen Dionysosreligion gezeichnet hat.

Aber erlaubt das schon den Schluß, Huxley habe die mörderische Tätigkeit Charles Mansons und seiner Kommune wirklich gewollt und er habe planvoll an ihrem Zustandekommen gearbeitet? Lassen wir Manson dazu selbst berichten. Er beschreibt seinen ersten Kontakt mit der Gegenkultur, als er gerade aus dem Gefängnis entlassen worden war, so:

> „In der Nacht, in der ich meine erste Pille schluckte, spielten die Grateful Dead im Avalon Ballroom. Auch ohne Acid (LSD) hätte die Aufführung mir den Verstand geraubt. All die Stroboskop-Lampen, die in verschiedenen Farben blinkten und blitzten. Die Leute sahen in ihren seltsamen Kleidern wie auf einer Kostümparty aus. Ich bin wegen der hemmungslosen Übungen der Musiker ausgeflippt. Und obwohl ich noch nie zu dieser Art von Musik getanzt habe, sah ich, daß es einfach nur Bewegung war und daß jeder seine eigene Sache machte.
> Die Musik schien keine Richtung zu haben, aber sie erzeugte *bei den Hörern und Tänzern Raserei.* Bevor ich eigentlich merkte, was ich tat, war ich auf der Tanzfläche und erfand Bewegungen zum

Beat der Grateful Dead. Ich war wild und ich war gelöst. Ich zog die Aufmerksamkeit der anderen Tänzer auf mich und erhielt Beifall. Das Acid, die Musik und der Verlust der Hemmungen eröffneten mir eine *Neue Welt*. Ich erfuhr eine Wiedergeburt. Schließlich, inmitten der Tänzer, brach ich auf dem Boden zusammen."[42]

Roger Smith, Mansons erster Bewährungshelfer, beschrieb „Charlie als den feindseligsten derer, die je auf Bewährung freigelassen worden waren". Ausführlich stellte er den Haß dar, den der ehemalige Strafgefangene Manson gegen seine Familie, die ihn mißhandelt hatte, gegen die Gefängnisse, in denen er mißbraucht worden war, und gegen die Gesellschaft, die ihm keine Chance gelassen hatte, äußerte. Und er führte darüber Buch, wie sich diese Aggression unter dem Einfluß von Rauschgift allmählich änderte:

„Drogen geben, aber sie nehmen auch. In Charlies Fall definierten sie die Realität um. Er begann immer weiter und weiter davon abzudriften. Er ging mit Sicherheit nicht von irgendetwas aus, was auch nur vage mit der Realität zu tun hatte. Er wurde artikulierter, begann eine ganz besondere Philosophie zu entwickeln. Er wirkte nicht länger feindselig oder wütend, nur intensiver."[43]

Der LSD-Trip, die aufreizende Musik, die Aufmerksamkeit, die sein Tanzen fand, das alles weckte in ihm die Vorstellung, von einem übernormalen Charisma getragen zu werden. Roger Smith stellte Manson jedenfalls als einen „vorübergehend Schizophrenen dar, der sogar ohne Rauschgift halluzinierte."[44]

Unter dem fortgesetzten, übertriebenen Rauschgiftkonsum verfestigten sich diese psychotischen bzw. schizophrenen Schübe. Unter ihrem Eindruck wirkte Manson nach außen scheinbar selbstbewußter. Das mag zu dem Eindruck beigetragen haben, den Roger Smith erhielt. In diesem Stadium sammelte Manson seine „Familie" um sich. Zuerst machte er sich an Mary Brunner heran, dann folgten die anderen Mädchen. Vor ihnen begann er sich teils als „Teufel", teils als „Jesus" aufzuführen und auch so zu bezeichnen.[45]

Im damaligen Zustand stellte sich Manson für Staatsanwalt Bugliosi so dar:

„Er war nicht nur älter als seine Anhänger, er war auch intelligenter, artikulierter und heller, war weit listiger und hinterhältiger.

Mit seiner Erfahrung aus dem Gefängnis, seinem immer anpassungsfähigen Kommandoton und den Kenntnissen eines Kupplers, wie man andere manipuliert, hatte er wenig Mühe, seine naiven, leicht zu beeindruckenden Anhänger zu überzeugen, daß nicht sie, sondern die Gesellschaft krank sei. Das war es ja auch, was sie hören wollten."[46]

In seinem Wahn, selbst ein Gott zu sein, glaubte Manson auch, über den Gesetzen zu stehen und willkürlich neue Gesetze erlassen zu können. Dabei ging er bis zum äußersten Extrem des Rechtsbruches, dem Mord. Seine manipulativen Fähigkeiten halfen ihm, seine Mänaden und Bacchanten dazu zu bringen, sich nach seinen Gesetzen gegen die etablierte Ordnung zu stellen und für ihn zu morden.

1953 hatte Huxley seinen Mitstreitern Osmond und Sheldon vorgeschlagen, Rauschgifte auch an extrem gewalttätigen Charakteren zu erproben.

Den amerikanischen Arzt William Sheldon lernte Huxley kurz nach seinem Umzug in die Vereinigten Staaten kennen und freundete sich mit ihm an. Sheldon, ehemaliger Arzt der U.S. Army, galt als Begründer der konstitutionellen Physiologie und lehrte später an den Universitäten von Chikago und Wisconsin. Zu Beginn ihrer Freundschaft war Sheldon noch Direktor des Konstititions-Laboratoriums am Medizinischen Zentrum der Columbia-Universität in New York.

Mit Fördergeldern der Harvard-Universität und der Rockefeller-Stiftung publizierte Sheldon zwei Bücher: *Varieties of Physique* (Verschiedenheiten des Körperbaus) und *Varieties of Temperament* (Verschiedenheiten des Temperaments),[47] worin er die psychologische Gestimmtheit von Individuen aus ihrem Körperbau abzuleiten versuchte und knüpfte damit an die allgemein verpönte Forschungsrichtung an, die auf die Arbeiten des italienischen Kriminologen Cesare Lombroso im 19. Jahrhundert zurückgeht. Lombroso hatte kriminelle Veranlagungen an der Form des Schädels und an anderen Körpermerkmalen erkennen wollen.

Huxley äußerte sich 1943 über Sheldons Arbeit:

„Ich habe kürzlich das neue Buch von Dr. William Sheldon gelesen ... Es ist bei weitem das beste, was in dieser Art je geschaffen

wurde, und geht weit über Kretschmer und Viola in der Genauigkeit und der Quantifizierung hinaus. Seine Feststellungen werfen erneut, in viel klarerer und definitiverer Form, die Probleme auf, die William James in *Moral Equivalent of War* (Moralische Entsprechung zum Krieg) angesprochen hatte. Es gibt, daran läßt Sheldon keinen Zweifel mehr, einen bestimmten Prozentsatz von Menschen — er nennt sie die *Somatotoniker* —, die von ihrer Konstitution her aggressiv sind, die Risiko und Abenteuer um ihrer selbst willen lieben; *die Lust nach Macht und Dominanz haben; die psychologisch abgehärtet sind und skrupellos töten; die gegen Schmerz unempfindlich sind und unermüdliche Energie haben.*
Wie kann man diese Menschen daran hindern, die Welt zu zerstören: Das Christentum versuchte sie durch ein ‚cerebrotonisches' System ethischer Zurückhaltung in Zaum zu halten. Aber es hat in den letzten 25 Jahren eine Revolte gegen die cerebrotonische Religion und Ethik gegeben, und die Somatotoniker sitzen im Sattel, nicht nur physisch, sondern auch intellektuell und philosophisch." [48]

Das klang nicht besorgt, sondern eher zustimmend, fast begeistert. Die Revolte gegen die „cerebrotonische" Religion war ja die Sache Aldous Huxleys. Heidnische Hinterlist, dionysische Kraft und die Liebe zur Gewalt, welche der sogenannten „somatotonischen" Persönlichkeit eigen ist, sind genau die Eigenschaften, die Huxley bewundert. Sie bilden den Gegensatz zur sogenannten Verweichlichung, über die er sich in *Do What You Will* belustigt.

Diese Aspekte fehlen bezeichnenderweise in Huxleys populären Romanen. Man findet sie dafür um so breiter in seinen Briefen und privaten Schriften. Dort lesen wir, was Huxley wirklich wollte. Er war durchaus kein ängstlicher Warner. Er erwartete mit Zuversicht: Somatotonische Typen würden ihren dionysischen Vorbildern folgen und die „alte Ordnung", die wegen ihrer christlichen Grundlage und wissenschaftlichen Anstrengung zu kopflastig geworden sei, zerstören. Huxley sah in den beiden Weltkriegen die Möglichkeit heraufziehen, daß sich das Christentum selbst auflöst und sich in den USA und ihren Gefolgschaftsnationen ein grundlegender Wertewandel durchsetzen ließe. Die Sturmtruppe des Wertewandels, welche die Reste der christlichen „Sklavenmoral" hinwegfegen und den Weg für den Wertewandel freilegen würde, sollten eben jene Somatotoniker sein. Das Bild dieser „philosophischen Psychopathen“ paßt auf die „fünf Prozent Killerratten“ der oben erwähnten Tierexperimente des Dr. David Smith und seines Haight-Ashbury-Teams. Man hatte den Somatotoniker gesucht und offensichtlich in der Sex-Rauschgift-Gegenkultur auch gefunden.

Anmerkungen

1. Martin A. Lee und Bruce Shlain, *Acid Dreams. The CIA, LSD and the Sixties Rebellion*, New York, Grove Press, 1985.
2. Um sich ein Bild vom Leben Aldous Huxleys zu machen, ist nichts aufschlußreicher als seine eigenen Worte. Vgl. Grover Smith, Hrsg., *The Letters of Aldous Huxley,* Chatto & Windus, 1969.
3. Aldous Huxley, zitiert in *Voice of America Forum Lectures,* „Control of the Mind Series,“ United States Information Agency, Washington, D.C., 1961, S. 1-6. Die *Stimme Amerikas* ist der offizielle Sender der US-Informationsbehörde. Welche Rolle Huxley beim Zustandekommen der Tagung spielte, geht aus den Bemerkungen hervor, mit denen Francis Brown, der Präsident der Schering-Stiftung, Aldous Huxleys Vortrag auf dem Seminar „Human Potentialities“ ankündigte. Er erläuterte zunächst, warum die Schering-Stiftung die Bitte des stellvertretenden Dekans der medizinischen Fakultät der Universität von Kalifornien in Berkeley, Seymour M. Farber, angenommen habe, ein solches Symposium finanziell zu fördern. Er fuhr dann fort: „Einige von Ihnen haben sicherlich Aldous Huxleys Rede gehört, die er vor zwei Jahren in diesem Raum über das Thema ‚Die letzte Revolution’ gehalten hat. Damals schlug er vor, von Zeit zu Zeit an der Universität Konferenzen abzuhalten, damit sich Forscher aus vielen verschiedenen Fachgebieten den Problemen, die sich durch die neuen Technologien (der Pharmakologie, C.G.) ergeben, stellen. Später hat mir mein Freund Professor Farber berichtet, daß er mit Herrn Huxley über dessen Vorschlag beraten habe, um das Programm dieser Tagung zu einem der sicherlich drückendsten Probleme unserer Zeit zu entwerfen.“
4. „The Final Revolution“ in *Contact: The San Francisco Journal of New Writing, Art and Ideas*, Nr. 2, 1959, S. 5-18. Der Artikel fußt auf der Rede, die Huxley anläßlich des Seminars an der Universität von Kalifornien 1959 hielt. Dieses erste Symposium stand unter dem Titel „Eine pharmakologische Herangehensweise an das Studium des Geistes“ und fand am 26. Januar 1959 in San Franzisko statt. Die Redebeiträge erschienen im gleichen Jahr unter gleichem Titel, Illinois, Thomas, 1959.
5. Aldous Huxley, „Human Potentialities,“ *Control of the Mind — A Symposium*, Vol. 2, 28. Jan. 1961, S. 1-7. Das zweite Symposium fand

am 28.-30. Januar 1961 statt. Huxley hielt seine Rede während eines Festessens am Abend des ersten Konferenztages. Die Herausgeber der Redebeiträge hielten es für angebracht, folgende Bemerkung voranzustellen: „Kein anderer als Herr Huxley hat zuerst festgestellt, daß es an der Zeit sei, ein interdisziplinäres Symposium über ‚Bewußtseinskontrolle' abzuhalten." Weniger glaubwürdig ist jedoch die Zusatzbemerkung, daß beträchtliche Teile der Redebeiträge Huxleys und anderer verloren gegangen seien und deshalb nicht veröffentlicht werden könnten.

6. Es gibt zwei deutsche Übersetzungen des Titels *Brave New World*, nämlich *Wackere neue Welt* oder *Schöne neue Welt*; die letzte scheint die verbreitetere zu sein und wird im folgenden benutzt.
7. Aldous Huxley, *Do What You Will*, Chatto & Windus, 1949, S. 17f. *Do What You Will* erschien zuerst 1929. Deutsche Auszüge daraus erschienen unter dem Titel *Pascal* im Verlag Langen-Müller, München, 1961. Die hier zitierten Passagen sind in der deutschen Ausgabe aus naheliegenden Gründen nicht enthalten. Es ist dem Übersetzer nicht gelungen, eine komplette deutsche Ausgabe zu finden. Die Stelle wurde daher aus dem englischen Original übertragen.
8. Marilyn Ferguson, *The Aquarian Conspiracy: Personal And Social Transformation In The 1980's*, Los Angeles, J.S. Tarcher, 1980, S. 52; zitiert nach der deutschen Ausgabe *Die sanfte Verschwörung: Persönliche und Gesellschaftliche Transformation im Zeitalter des Wassermanns*, München, Knaur Verlag, 1984, S. 59.
9. Joost A. M. Meerloo, *The Rape of the Mind: The Psychology of Thought Control, Menticide, and Brainwashing*, New York, Grosset and Dunlap, 1956, S. 67. Aus dem englischen Original übersetzt. Dr. Meerloo wurde 1903 in Den Haag geboren. Er arbeitete als Psychiater für den königlichen Hof und für Regierungseinrichtungen. Während der Besetzung der Niederlande im Zweiten Weltkrieg hat Dr. Meerloo wahrscheinlich die Methoden der mentalen Folter und der Zwangsverhöre beobachtet, die er in dem Buch beschreibt. Allerdings konnte er auch in England, wohin er 1942 floh, als Oberst und Chef der psychologischen Abteilung der niederländischen Exilarmee einschlägige Erfahrungen machen. Zwei Jahre diente er der niederländischen Regierung als Hochkommissar und vertrat sie bei SHAEF und UNRA. Dr. Meerloo wurde 1943 mit dem Distinguished Service Cross ausgezeichnet. 1946 ging er in die Vereinigten Staaten und lehrte dort an verschiedenen Hochschulen. Zusätzlich betrieb er eine private Praxis für Psychotherapie und Psychoanalyse.
10. Einen guten Überblick über die weltpolitischen Aktivitäten dieser Gruppe liefert F. William Engdahl, *Mit der Ölwaffe zur Weltmacht, der Weg zur neuen Weltordnung*, Wiesbaden, Dr. Böttiger Verlags-GmbH, 1992.
11. Walter Lippmann war der wichtigste Anhänger von H.G. Wells in den Vereinigten Staaten. Er benannte ein von ihm herausgegebenes

Charles Manson im Alter von 34 Jahren.

Die Schauspielerin Sharon Tate und der aus Polen stammende Regisseur Roman Polanski nach ihrer Trauung 1968.

Charles „Tex" Watson, im Manson-Prozeß verurteilt.

Susan Atkins, 21, im Manson-Prozeß verurteilt.

Aldous Huxley

Der amerikanische Psychologe und Philosoph William James.

Albert Hoffmann 1986. Er entdeckte 1943 als Forscher bei Sandoz das LSD und glaubt noch heute an den therapeutischen Wert dieses Halluzinogens.

Ira Einhorn, Organisator des „Tags der Erde“ in Philadelphia 1970, der seine Freundin Holly Maddox umgebracht haben soll.

Anton S. LaVey, Verfasser der „Satanischen Bibel“.

Der ehemalige Harvard-Professor Timothy Leary im Golden Gate Park von San Franzisko 1967.

Allan W. Dulles, CIA-Direktor von 1953-1961.

Richard Helms, trat der CIA 1947 bei und war deren Direktor von 1965-1966.

Der Science-fiction-Autor Robert A. Heinlein.

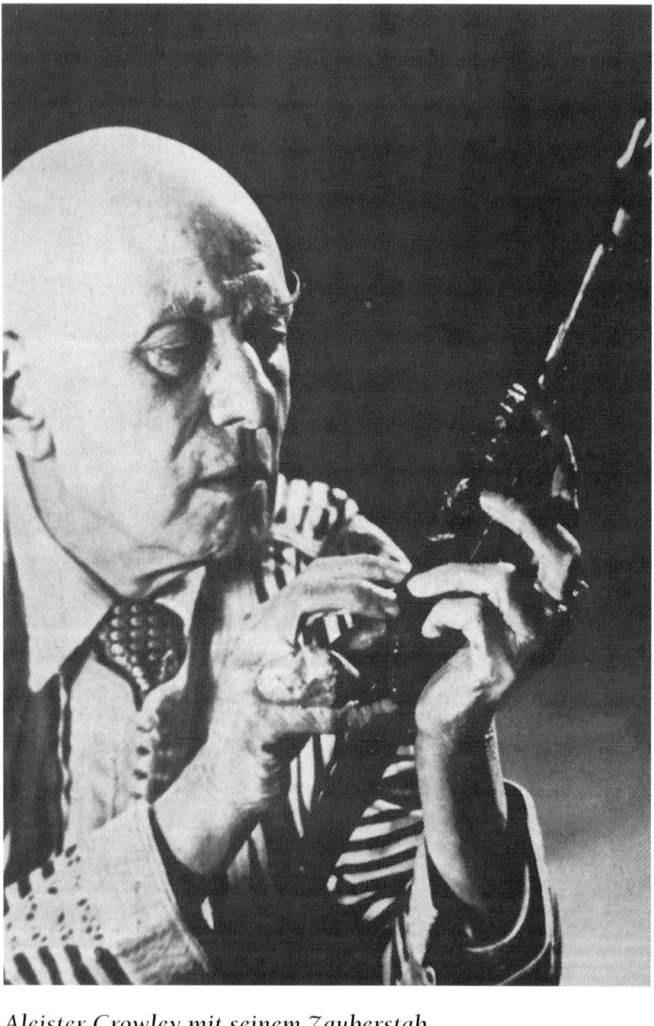

Aleister Crowley mit seinem Zauberstab.

Israel Regardie.

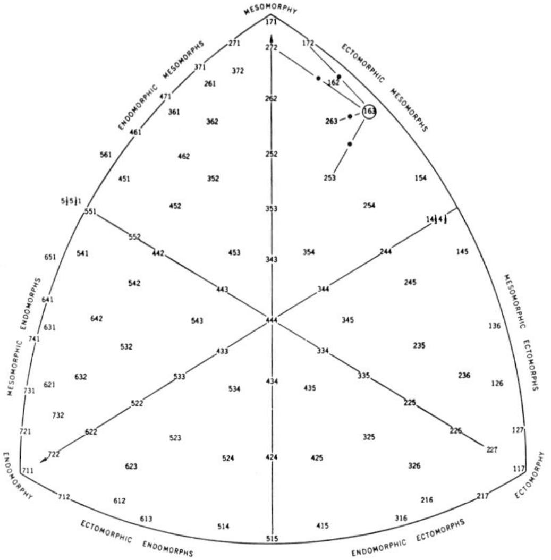

Illustrationen aus William Sheldons „Atlas of Men", Harper, New York, 1954. Oben abgebildet ist eine Verteilungstabelle des Somatotyps 1-6-3 (mit 6 Untertypen und der Häufigkeitsangabe (3) pro Tausend der amerikanischen Bevölkerung. Die Photos des gleichen Typs (rechte Seite) wurden ausgesucht, weil sie genau den verfügbaren Beschreibungen von Charles Manson zur Zeit der Morde entsprechen.
Die Einteilung von Menschen nach Somatotypen soll eine Beziehung zwischen Körperbau, geistigen Fähigkeiten und Charakterzügen herstellen. In dem „Atlas of Men" führt Sheldon Hunderte sogenannter Primärtypen mit ihren bedeutenden Variationen an. Seine Rassentheorie zeichnet sich durch besondere „Objektivität" aus, ablesbar an den zahllosen Photographien und Verteilungstabellen. Typen, die unter Nordeuropäern gehäuft vorkommen, lassen sich so unter Hinweis auf den Somatotyp und nicht auf die Rasse unverfänglich als „cerebrotonisch" hinstellen.
Weitaus weniger objektiv sind Sheldons Bücher „Psychology and the Promethean Will" (1936) und „Prometheus Revisited" (1975). Im Vorwort des letzteren Werkes schreibt Sheldon: „Aldous Huxley bezog sich häufig auf den Prometheischen Willen, wie er ihn nannte, und beschrieb ihn einmal als ‚das angenehmste religiöse Buch, das ich jemals gelesen habe'. Jahre später brachte er mir einen Vorabdruck seines damals gerade fertiggestellten Buches Brave New World Revisited und redete mir zu, einen Prometheus Revisited zu schreiben. Mir war bald klar, daß dies bereits der richtige Titel war und es keiner weiteren Aufforderung bedurfte, das Buch zu schreiben".

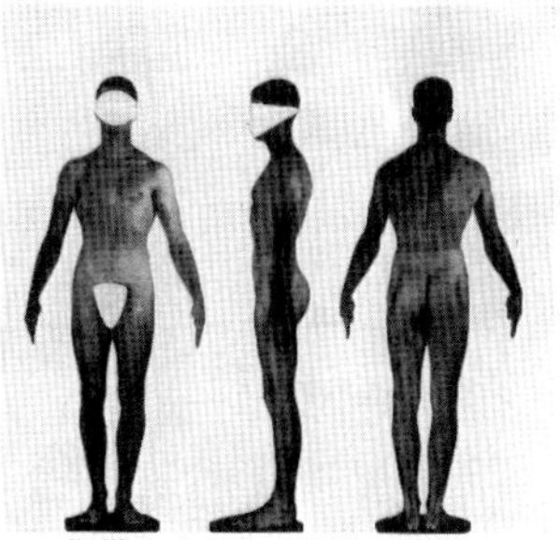

No. 111 *1 6 3* *(1)* 1 6 3–1 6 3 13.09 at 19
1½ 5½ 3, 1 6 3, 1 6 2½, 1 6 3, 1½ 5½ 3

163

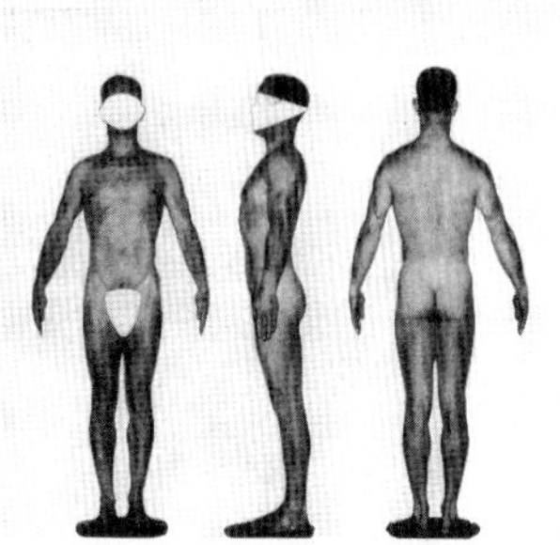

No. 112 *1 6 3* *(2)* 1 6 3–1 6 3 12.97 at 41
1½ 5½ 3, 1 6 2½, 1 6 2½, 1 6 3, 1½ 6 3

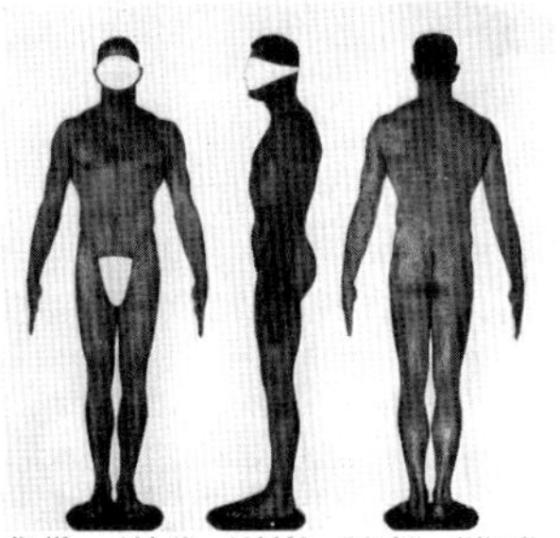

No. 113 *1 6 3* *(3)* 1 6 3–1 7 2 (1 6½ 2½) 12.81 at 26
1½ 7 2, 1 7 2, 1 6½ 2½, 1 6½ 2½, 1½ 6 3

163

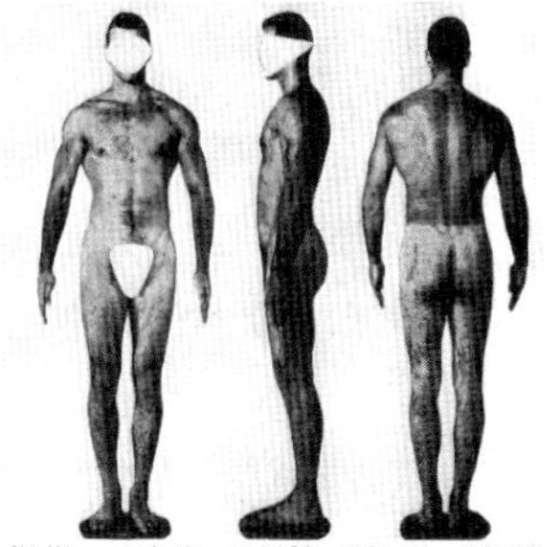

No. 114 *1 6 3* *(4)* 1 6 3–1 7 2 (1 6½ 2½) 12.78 at 29
1 6 3, 1 7 2,• 1 7 2, 1 6½ 2½, 1½ 6 3

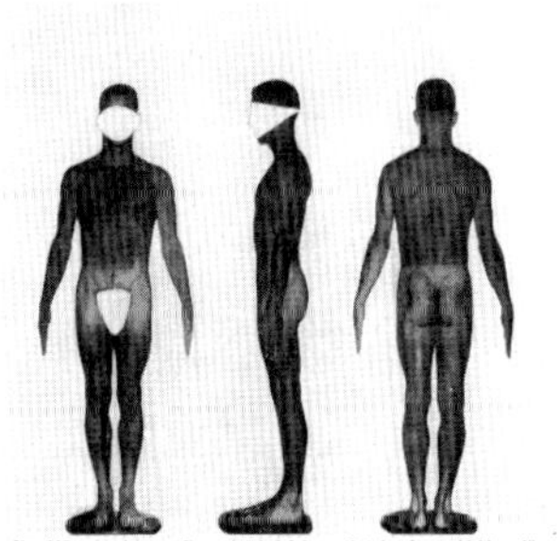

No. 115 *1 6 3* *(5)* 1 6 3–2 5 3 (1½ 5½ 3) 13.15 at 19
1½ 6 3, 1½ 6 3, 1½ 5½ 3, 1 5½ 3½, 1½ 5½ 3

163

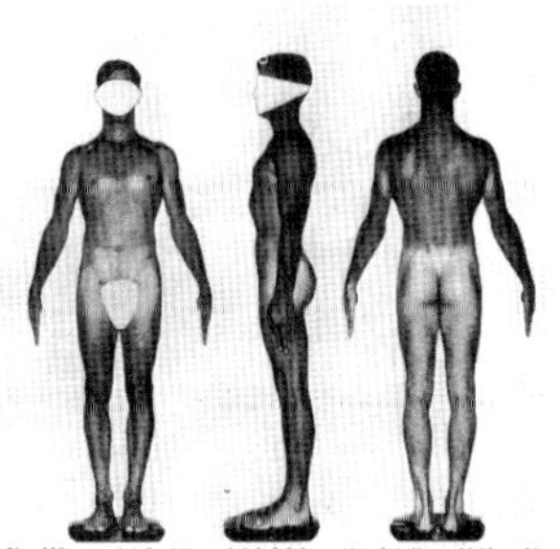

No. 116 *1 6 3* *(6)* 1 6 3–2 5 3 (1½ 5½ 3) 13.05 at 24
1½ 5½ 3, 1½ 6 3, 1½ 5½ 3, 1½ 5½ 3, 1½ 5½ 3½

SCIENTIFIC INTELLIGENCE MEMORANDUM

POTENTIAL NEW AGENT FOR UNCONVENTIONAL WARFARE

Lysergic Acid Diethylamide (LSD)
(N, N-Diethyllysergamide)

5 August 1954

CENTRAL INTELLIGENCE AGENCY

OFFICE OF SCIENTIFIC INTELLIGENCE

Umschlag eines deklassifizierten CIA-Memorandums über LSD-25 aus dem Jahr 1954.

Magazin nach Wells' brutaler Zukunftsvision *New Republic*. Vgl. Walter Lippmann, *U.S. War Aims*, London, Hamish Hamilton, 1944, S. 23-28.

12. H.G. Wells, *The Island Of Dr. Moreau*, New York, Lancer Books, 1968; dt: *Dr. Moreaus Insel*. Die Figur der Geschichte wurde nach dem Vorbild eines Arztes dieses Namens gestaltet, der in der ersten Hälfte des 19. Jahrhunderts in Paris praktizierte und in die von den Rothschilds begünstigten Literatenkreise Haschisch einführte. Alexandre Dumas gehörte dem Kreis an und schreibt darüber in seinem Roman *Der Graf von Monte Cristo*. Moreau verabreichte sich selbst, seinen Freunden und ahnungslosen Geisteskranken, die ihn als Patienten aufsuchten, Haschisch in extrem hohen Dosen und notierte ihre halluzinativen Erfahrungen. Er kam zu dem Schluß, daß der induzierte Rauschzustand dem einer Psychose gleicht. Ihn faszinierte daran besonders die Beeinflußbarkeit seiner Opfer während des Rauschzustandes. In dem Bericht über seine Arbeit bemerkt er, von Haschisch induzierte Psychosen eigneten sich besonders zur Rekrutierung und Ausbildung von Attentätern. Jacques Joseph Moreau de Tours, *Hashish and Mental Illness*, aus dem Französischen von Gordon Barnett, New York, Raven Press, 1973, S. ix-xxi, 102-105.
13. Ferguson, *The Aquarian Conspiracy*, a.a.O., S. 49, 213, 223.
14. H.G. Wells, *Anticipation of the Reaction to Mechanical and Scientific Progress upon Human Life and Thought*, New York, Harper and Brothers, 1902, S. 314. Übersetzt aus dem englischen Original.
15. Um Huxleys und Wells' Science-fiction-Romane miteinander zu vergleichen, eignet sich besonders H.G. Wells, *War Of the Worlds*, New York, Berkeley Publishing Co, 1961. Dort entwickelt Wells seine Vorstellungen von der Neuen Republik szenarienartig. Er berichtet Jahrzehnte vor Goebbels von ausgefeilten Propagandamethoden und den modernen Techniken der Massenmanipulation. Der Roman rankt sich um die Geschichte einer Invasion von Marsmenschen. Als der Schauspieler und Regisseur Orson Wells die entsprechenden Szenen unvorbereitet im US-Radio spielte, löste er damit eine Art Panik unter Teilen der Bevölkerung aus. Bis heute halten sich Gerüchte, denen zufolge auch diese Sendung ein Experiment in psychologischer Kriegführung war.

    Es gibt aber wichtigere Aspekte in dem Roman. Die eindringenden Marsmenschen — übrigens in Erscheinung und Ausrüstung deutschen Soldaten ähnlich (der Roman entstand 1898) — landeten an der englischen Küste und wurden von den Bewohnern zunächst freundlich aufgenommen. Da die Marsbewohner aber Siedlungsraum suchten, wollten sie die Bevölkerung beseitigen, denn für beide Völker fehlte der Raum. Die Geschichte erzählt dann von den Versuchen der Einheimischen, sich gegen die überlegenen Invasoren zu schützen. Das gelingt ihnen schließlich, aber nicht aufgrund effektiver Gegenmaßnahmen, sondern dank einer Epidemie, welche die anfälligen Eindringlinge hinwegrafft. Für das Denken der britischen Aristokratie, das Wells wiedergibt, ist bezeichnend, daß die Superrasse vom Mars (wie ein Virus) nur die Vorlage ihrer wissenschaftlich-technischen Überlegenheit an Bord des Raumschiff mitführt, die Waffen ihrer Verteidigung aber erst nach der Landung herstellen kann. Daher ist die Phase der Landung für sie die gefährlichste. Die Menschen hätten also die eiförmigen Raumschiffe der Eindringlinge gleich zerstören sollen. Wells Botschaft ist ganz eindeutig: die neuen wissenschaftlich-technischen Möglichkeiten müssen zerstört werden, bevor es dafür zu spät ist.

16. Aldous Huxley, *Brave New World*, New York, Harper and Row, 1969, S. 154, zitiert nach *Wackere neue Welt*, Zürich, Steinberg Verlag, 1950, S. 227. *Brave New World* wurde 1931 geschrieben und erschien zuerst 1932.
17. Aldous Huxley, *Brave New World Revisited* Chatto & Windus, 1959, S. 27, zitiert nach *Dreißig Jahre Danach oder Wiedersehen mit der Wackeren neuen Welt*, München, R. Piper & Co., 1960, S. 24. *Brave New World Revisited* erschien zuerst 1958.
18. Aldous Huxley, *The Devils Of Loudun,* New York/London, Harper and Row, 1971, S. 345f., zitiert nach *Die Teufel von Loudun*, München, R. Piper & Co., 1960, S. 418. *The Devils Of Loudun* erschien zuerst 1952.
19. Albert Hofmann, „Preface," in Michael Horowitz und Cynthia Palmer, Hrsg., *Aldous Huxley: Moksha, Writings on Psychedelics and the Visionary Experience 1931-63*, Penguin Books, 1983, S. 13ff.; zitiert nach: *Moksha — auf der Suche nach der Wunderdroge*, München, R. Piper & Co., 1983, S. 11ff. Es handelt sich um eine Aufsatzsammlung Huxleys und befreundeter Drogenforscher. *Moksha* erschien zuerst 1980 bei Chatto & Windus, London. „Moksha" bedeutet nach gewissen vedischen Traditionen so etwas wie „Unsterblichkeit" und „Freisetzung". Huxley liebte es als Bezeichnung seiner Drogenerfahrung, zum Beispiel in seinem 1962 erschienenen Roman *Island*.
20. Huxley, *Brave New World Revisited,* dt., a.a.O., S. 17 und 22f.
21. ebenda, S. 24.
22. Aldous Huxley, *Ape and Essence*, Chatto & Windus, 1951. Erstveröffentlichung 1949.
23. Aldous Huxley, *Island*, New York, Harper & Row, 1962.
24. Wilhelm Reich, *Massenpsychologie des Faschismus. Zur Sexualökonomie der politischen Reaktion und zur proletarischen Sexualpolitik*, Nachdruck, Frankfurt, Verlag Neue Kritik, ohne Jahr, ursprünglich Kopenhagen, Prag, Zürich, 1934. Die Neuauflage erfolgte in Deutschland während der sogenannten Studentenrevolte der sechziger Jahre. Vgl. auch Dietrich Haensch, *Repressive Familienpolitik, Sexualunterdrückung als Mittel der Politik*, Hamburg, Rowohlt, 1969. Solche

Vorstellungen standen im Mittelpunkt der gesellschaftspolitischen Strategie der sogenannten Frankfurter Schule. Starker Einfluß ging auch von dem dreibändigen Werk des gebürtigen Engländers Robert Briffault, *The Mothers, A Study of the Origins of Sentiments and Institutions*, New York, 1927, aus. Erich Fromm gewann ihn zur Mitarbeit an der Zeitschrift der Frankfurter Schule, wozu er unter anderem den Aufsatz „Family Sentiments", in *Zeitschrift für Sozialforschung* Jg. 1933, S. 375ff. beisteuerte. Die frühen sexualkundlichen Arbeiten der Frankfurter Schule flossen dann zum Teil in die erwähnte Studie von Max Horkheimer u.a., Hrsg., *Autorität und Familie*, Paris, Felix Alcan, 1936, ein. Erich Fromms Vorarbeiten wurden von Wolfgang Bonß bearbeitet und herausgegeben als Erich Fromm, *Arbeiter und Angestellte am Vorabend des Dritten Reiches*, Stuttgart, Klett, 1980.

25. David King Dunaway, *Huxley in Hollywood*, New York, Harper and Row, 1989, S. xiii.
26. ebenda, S. 40.
27. Huxley, *Do What You Will*, a.a.O., S. 1ff. (vgl. Anmerkung 7).
28. ebenda.
29. ebenda, S. 15f.
30. ebenda, S. 48ff.
31. ebenda, S. 44ff. Wenn Huxley hier die Aufmerksamkeit auf den Gegensatz Apollo und Dionysos lenkt, folgt er dabei Nietzsche, der in beiden die „Symbole der Extreme der Anschauungen über die Kunst und das Leben" sah, die den Menschen entweder zur Ordnung anleiten, oder zum Chaos und zur Selbstzerstörung.
32. Vgl. Felix Guirand, „Greek Mythology," in *New Larousse Encyclopedia of Mythology*, London und New York, Hamlyn, 1975, S. 150, 155-163.
33. Huxley, *Do What You Will*, a.a.O., S. 44ff.
34. Aldous Huxley, „Human Potentialites," *Control Of The Mind — A Symposium*, a.a.O., S. 1-7.
35. Sybille Bedford, *Aldous Huxley, A Biography*, Vol. 2, 1939-1963, Chattos & Windus zusammen mit Collins, 1974, S. 290. Bedford war mit Huxley befreundet und stimmte mit ihm weitgehend überein; ihre zweibändige Biographie ist durchaus lesenswert, weil sie Huxleys Leben und Werk sehr ausführlich, detailgenau und mit Einfühlung wiedergibt.
36. William Sargant, *Battle for the Mind: A Physiology of Conversion and Brainwashing*, New York, Harper and Row, 1971, S. 116f., zitiert nach *Der Kampf um die Seele*, München, R. Piper & Co., 1958, S. 78. Ersterscheinung 1957.
37. ebenda, S. 141.
38. ebenda, S. 142.
39. Humphrey Osmond und J. Smythies, „Schizophrenia: A New Approach", in *Journal of Mental Science*, No. 98, 1952, S. 309-315.

40. Horowitz und Palmer, Hrsg., *Moksha*, dt., S. 17, Auszug aus „A Treatise on Drugs“, 1931. Schon 1888 publizierte der deutsche Pharmakologe und Toxikologe Louis Lewin (1850-1929) seine systematische Studie über den Kaktus, den Huxley später als Peyote benutzte. Seine Monographie darüber heißt „Über Anhalonium Lewinii Henn. (Mescal Buttons)“, in *Archiv für experimentelle Pathologie und Pharmakologie*, Nr. 24, 1888, S. 401-411. Von ihm erschien 1931 auf englisch *Phantistica*. Dieser Überblick über die weltweit benutzten psychoaktiven Drogen fand damals sehr große Beachtung.
41. R.A. Sandison, A.M. Spencer und J.D. Whitelaw, „The Therapeutic Value of Lysergic Acid Diethylamide“, in *Mental Illness*, April 1954, S. 491-507.
42. Nuel Emmons, *Manson in His Own Words, as Told to Nuel Emmons*, New York, Grove Press, 1986, S. 82f., aus dem englischen Original übersetzt.
43. Roger Smith, „A Doctor and a Parole Officer Remember Manson,“ in *Life Magazine*, 19. Dez. 1969, S. 26, aus dem englischen Original übersetzt.
44. ebenda, S. 26.
45. Alan W. Sheflin und Edward M. Opton, jr., *The Mind Manipulators, A Non-Fiction Account*, New York und London, Paddington Press, 1978, S. 33. Ähnliches erfuhr die Verfasserin in einem Telefoninterview im Juni 1991 von Sergeant Paul Whiteley, der vormals in Büro des Sheriffs von Los Angeles County arbeitete. Zusammen mit seinem Kollegen Sergeant Charles Günther hatte Whiteley den Auftrag, den Mord an Hinman und Shorty Shea, die in freundschaftlichen Verhältnissen zur Manson-Familie standen, aufzuklären. Die beiden Mitglieder der Manson-Familie, Beausoleil und Susan Atkins, wurden schließlich wegen Mordes an Hinman verurteilt. Whiteley führte Verhöre durch und sagte auch als Zeuge im Tate/LaBianca-Prozeß aus. Whiteley erinnerte sich, daß die Mitglieder der „Familie“ davon überzeugt waren, Manson sei der „Teufel.“ So habe er sich auch selbst in seiner Anwesenheit genannt.
46. Vincent Bugliosi (mit Curt Gentry), *Helter Skelter, The True Story of the Manson Murders*, New York, Bantam Books, 1975, S. 657, aus dem englischen Original übersetzt.
47. Mehr über Sheldons Vorstellungen und deren Einfluß auf die Schulpsychologie, Eugenik und Religion in den USA, siehe William Sheldon, *Psychology and the Promethean Will*, New York, Harper and Brothers, 1936, und Sheldon, *Prometheus Revisited*, Cambridge, Massachusetts, Schenkman Pub., 1975. In seinem Vorwort bezieht sich Sheldon auf Huxleys *Brave New World Revisited*, das er vom Autor persönlich als „geistiger Vater des Buches“ im Vorabdruck erhalten haben will. Tatsächlich stößt man in dem Buch überall auf den Einfluß Sheldons.

48. Grover Smith, Hrsg., *Letters of Aldous Huxley*, Brief aus Llano, Kalifornien, an seinen Bruder Julian vom 4. März 1943, S. 486f. Huxleys Briefe belegen an vielen Stellen sein Interesse an menschlicher Rassenhochzüchtung, worauf auch die Beziehung zu dem amerikanischen Arzt Sheldon beruhte.

5. KAPITEL

Harvard und die psychedelische Revolution

Eine der Hochburgen der Rauschgiftforschung war die berühmte Universität Harvard in Cambridge, Massachusetts, wo 1960 ein eigenes psychedelisches Forschungsprogramm eingerichtet wurde, das „Harvard Psychedelic Project". An seiner Geschichte wird deutlich, in welchem Rahmen sich die Versuche von Haight-Ashbury abspielten. Viele dieser Zusammenhänge werden deshalb leichter verständlich, weil einer der Mitbegründer dieses Projekts, der berühmt-berüchtigte Dr. Timothy Leary, ausführlich und, wie es scheint, mit wenig Hemmungen über seine damalige Tätigkeit berichtet hat.

Zur Gründung und Ausrichtung des Harvard Psychedelic Project hat Aldous Huxley wichtige Anstöße gegeben. Als Timothy Leary nach Harvard berufen wurde, um seine Rauschgiftexperimente an Studenten vorzunehmen, hatte Huxley dort gerade eine befristete Gastprofessur inne. Aber schon im Herbst 1960, als er noch am Massachusetts Institute of Technology (MIT) in Boston lehrte, sammelte Huxley einen Kreis von Jüngern aus Harvard um sich. Gegenstand ihrer Diskussionen war „Religion und ihre Bedeutung in der modernen Zeit."[1] Leary berichtete über die Rolle, die Huxley dabei spielte, folgendes:

> „Aldous Huxley beriet und ermahnte, er scherzte und erzählte Geschichten. Wir hörten zu, und unsere Forschungsaufgabe gewann auf diese Weise Gestalt. Huxley bot uns an, bei unseren Planungssitzungen teilzunehmen, und zeigte sich sogar bereit, mit uns Pilze (Meskalin) zu essen, wenn es soweit wäre."[2]

Wie war Leary an Huxley geraten? Auch dazu schreibt er freimütig:

> „Als George (Littwin, Professor in Harvard, C.G.) mit seiner Vorlesung über die Literatur visionärer Zustände begann, fragte er

mich, ob ich Aldous Huxleys Bücher zu Meskalin — *Pforten der Wahrnehmung* und *Himmel und Hölle* — gelesen hätte. Als ich das verneinte, lief er in sein Büro hinunter und brachte mir die Bücher, schmale, kleine, rechteckige Bände. Ich steckte sie in meine Jackentasche ...
An jenem Abend las ich Huxley. Und dann las ich die beiden Bücher noch einmal. Und noch einmal. Es war alles da. Meine ganze eigene Vision. Und noch mehr. Huxley hatte Meskalin in einem Garten eingenommen, war dann aus seinem Bewußtsein ausgebrochen und in der Ewigkeit aufgewacht."[3]

Leary verabredete ein Treffen mit Huxley und schreibt über diese Begegnung:

„Wir redeten darüber, wie man die bewußtseinserweiternden Drogen erforschen und gebrauchen solle und waren uns auf ganz angenehme Art und Weise einig, was zu tun und zu lassen wäre ... Wir wollten uns nicht auf die pathologische Betrachtungsweise beschränken: Wir wollten Ekstase nicht als Manie, und ruhige Heiterkeit nicht als Katatonie verstehen. Wir wollten Buddha nicht als einen abgehobenen Schizoiden diagnostizieren noch Christus als einen exhibitionistischen Masochisten noch die mystischen Erfahrungen als ein Symptom, auch nicht visionäre Zustände als geradezu klassische Fälle von Psychose."[4]

Bei den Forschungsbesprechungen saß Huxley zuweilen mit geschlossenen Augen, scheinbar losgelöst von der Szene und in „kontrollierter Meditation" dabei. Das scheint einigen in Harvard gegen den Strich gegangen zu sein, und es gab Widerspruch gegen seine Anwesenheit. Trotzdem kam das Alpert-Leary-Projekt zustande.[5]

Leary beschreibt es so:

„Bei diesen Sitzungen entstand der Plan einer Pilotstudie, bei der die Probanden wie Astronauten behandelt werden sollten; sie sollten sorgfältig vorbereitet und kurz über alle verfügbaren Fakten unterrichtet werden. Dann erwartete man, daß sie sozusagen mit ihrem eigenen Raumschiff losfuhren, ihre Beobachtungen machten und der Bodenkontrollstelle berichten würden. Unsere Probanden waren keine passiven Patienten, sondern heldenhafte Forscher."[6]

Gleich zu Beginn seiner neuen Tätigkeit in Harvard hatte Leary Kontakt zu dem Pharmakonzern Sandoz hergestellt, der

LSD synthetisch herstellte. Leary trug bei der Sandoz-Niederlassung in New Jersey ganz offiziell die Bitte vor, ihm auch Psilocybin zu Forschungszwecken zur Verfügung zu stellen. Psilocybin ist ein halluzinogenes Rauschgift, das aus den sogenannten magischen Pilzen gewonnen und später synthetisch nachgebildet wurde. Leary benutzte es in seinen experimentellen Lehrveranstaltungen.[7]

Learys Methode war eine Neuheit im Universitätslehrplan: Studenten sollten sich für Rauschgiftexperimente selbst als Versuchskaninchen zur Verfügung stellen.

> „Glücklicherweise gab es eine Menge Jungakademiker und junge Professoren, die ebenfalls an den neuen Methoden der Verhaltensänderung interessiert waren. Professor McClelland hatte auch verschiedene Außenseiter an das Institut geholt, und die hatten ein Interesse daran, daß etwas in Gang käme."[8]

Die Sitzungen, die in der Wohnung eines Studenten oder Professors stattfanden, dauerten in der Regel acht Stunden. Es wurden sorgfältig die Höhe der Dosis aufgezeichnet sowie die Reaktionen und Interaktionen jedes Teilnehmers der Gruppe. Erst zog man nur Doktoranden heran, doch dann wurde das Alter gesenkt, und es wurden auch Studenten unter 21 Jahren einbezogen. Immer mehr Studenten drängten sich danach, Rauschgifte wie Psilocybin und LSD auszuprobieren. Diese Stoffe standen in scheinbar unbegrenzten Mengen zur Verfügung und begannen von Harvard aus auf andere amerikanische Universitäten überzugreifen.[9] Die neue Generation der amerikanischen Gesellschaft, ihre künftige intellektuelle und politische Elite, wurde unter dem Vorwand, dadurch auf einfache und billige Art „ihr Bewußtsein zu erweitern", unter Drogen gesetzt.

Rauschgift und die CIA in Harvard

Bei dem „Harvard Psychedelic Project" handelte es sich nicht um irgendein Forschungsprogramm an einer beliebigen Universität. Das Programm setzte Forschungen fort, die schon während des Krieges einsetzten und nach dem Krieg als MK-Ultra-Projekt neu aufgelegt wurden. Zu dem Forschungsprogramm, auf das im 9. Kapitel näher eingegangen wird, gehörte neben dem militärischen auch ein sogenannter ziviler Bereich, der auch bereits während der Kriegszeit vorbereitet worden war und dem Büro für Strategische Dienste (OSS), dem Vorläufer der Central Intelligence Agency (CIA), unterstand.

Ziel der Forschungen war es zunächst, solche Verhaltens- oder Körpermerkmale herauszufinden, von denen bestimmte Charakterzüge und allgemeine Verhaltensformen ableitbar wären. Das Verhalten beliebiger Personen sollte in beliebigen, voraussehbaren Situationen vorherbestimmbar sein. Der nächste Schritt bestand darin, unmittelbar auf das Verhalten Einfluß zu nehmen. Letztlich sollten die typischen charakterlichen Prägungen der betroffenen Personen und Bevölkerungsschichten in gewünschter Weise verändert werden.

Eine der Rechtfertigungen für derartige Vorhaben fand man nach dem Krieg im sogenannten „protofaschistischen Charakter der autoritären Persönlichkeit", den die Vertreter der sogenannten Frankfurter Schule und ihre Auftraggeber in den USA, das American Jewish Committee, bei breiten Schichten der deutschen Bevölkerung entdeckt haben wollten. Dies sei der Grund dafür gewesen, daß sich so viele Menschen mit faschistischen Regierungsformen abgefunden hätten. Diese Behauptungen der Frankfurter Schule veranlaßten viele Intellektuelle, sich an Versuchen zu beteiligen, die darauf abzielten, die Charakterpanzerungen und -verfestigungen ihrer Mitbürger aufzubrechen. Die Tatsache, daß dazu entweder durch Psychopharmaka oder im Sinne der psychoanalytischen Schule durch sexuelle Exzesse Rauschzustände induziert werden sollten, schreckte sie nicht davon ab. Man sprach in diesem Zusammenhang bereits von „Charakterwäsche"[10], weil die angestrebten Persönlichkeitsveränderungen weit über die bei der für militärische Zwecke erdachten Gehirnwäsche hinausging.

Leary äußerte sich über die Ziele, Methoden und das Ausmaß dieser Versuche recht offen. Er schreibt:

> „Auf eine unausgesprochene, kaum sichtbare Weise veränderten die Wehrpsychologie zwischen 1941 und 1946 und vor allem die Personalauswahlmethoden des OSS und später der CIA unsere Vorstellungen über die Natur des Menschen. 13 Millionen Jugendliche wurden getestet, dabei gefilmt und das Material ausge-

wertet. Die Jugendlichen wurden auf komplizierte Fertigkeiten gedrillt, sie wurden in ihrem Verhalten verändert, reduziert und dann mit psychologischen Techniken wieder in ihr ursprüngliches Verhalten zurückversetzt. Die Folgen waren offensichtlich. In Zukunft würden Kriege, aber ebenso auch der Frieden durch unsere Kenntnisse über das menschliche Gehirn entschieden werden. In solchen Kenntnissen liegt in Zukunft der Schlüssel für das Überleben der Menschheit. Psychologie wurde die Wissenschaft von der Handhabbarkeit des Menschen."[11]

Leary wußte also, worum es ging, wenn er schreibt: „Auf solche Arbeiten haben wir uns, die Mitglieder des Harvard Center for Personality Research (Harvard-Zentrum für Persönlichkeitsforschung) eingelassen."[12] Er wußte auch, für welche Auftraggeber er diese Arbeiten ausführte. Es lohnt sich, diesen Aspekt näher zu betrachten.

Als Leary nach Harvard berufen wurde, war er bereits ein erfolgreicher Psychologe und Verfasser vieler wissenschaftlicher Arbeiten. Besonders zwei Bücher über Persönlichkeitsdiagnose hatten ihn bekannt gemacht. 1959 kündigte er nach 16 Jahren intensiver Lehr- und Forschungstätigkeit seine Stellung als Direktor der psychologischen Forschungsabteilung am Krankenhaus der Kaiser-Stiftung in Oakland, Kalifornien — angeblich aus wachsendem Widerwillen gegen diesen Beruf. Nach Harvard holte ihn Professor David McClelland, den Leary 1959 in Italien getroffen hatte.

McClelland war nicht der einzige, der Leary nach Harvard holen wollte. Auch Dr. Frank Barron, ein alter Studienkollege Learys von der Universität Berkeley, der mit ihm zusammen auch bei der Kaiser-Stiftung angefangen hatte, machte sich für die Berufung Learys stark. Die beiden hatten bei einer gemeinsamen Urlaubsreise durch Europa ausführlich über Experimente mit sogenannten „magischen Pilzen" gesprochen. Barron selbst hatte bereits einen Ruf als experimenteller Psychologe, der die Möglichkeit untersuchte, den menschlichen Geist durch Drogen zu beeinflussen. Von Barron erhielt Leary den Hinweis, daß sich McClelland in Florenz aufhalte und ihm vielleicht eine neue Anstellung verschaffen könne. McClelland kannte Learys Buch *The Interpersonal Diagnosis of Personality* und war ganz versessen darauf, ihn in Harvard zu haben.

Schon bald nach Antritt seiner neuen Stelle konnte sich Leary für die Hilfe seines Freundes Barron erkenntlich zeigen; er schlug ihn mit Erfolg für die Stelle des Mitbegründers des Psychedelic Research Project vor.[13] Barrons Vorgeschichte läßt aber keinen Zweifel daran, wer dieses Projekt wirklich in der Hand hatte. Leary schreibt selbst:

„Schon zu Beginn seiner Karriere zog Barron wegen seiner glänzenden Veröffentlichungen auf dem Gebiet der Kreativität das Interesse der CIA auf sich. Über 30 Jahre lang arbeitete er am Berkeley Institute for Personality Assessment and Research (Institut für Persönlichkeitsbestimmung und -forschung). Das Institut wird von früheren OSS-CIA-Psychologen besetzt und von der CIA bezuschußt. Bei zwei Gelegenheiten hatte Barron allerdings das Angebot abgelehnt, Direktor der psychologischen Abteilung der CIA zu werden ... Barron war einer der ersten zeitgenössischen Psychologen, die die Wirkung psychedelischer Pflanzen und Drogen studierte".[14]

Bald begann sich auch Professor Harry Murray, Vorsitzender der Fachabteilung Soziale Beziehungen in Harvard, für Learys Pionierarbeiten mit dem Rauschgift Psilocybin zu interessieren. Während des Krieges hatte OSS-Chef William Donovan Murray als Personalchef zu sich geholt. Als Chefpsychologe des OSS „hatte er Experimente des Militärs in Sachen Gehirnwäsche und Verhöre, die mit Hilfe der Droge Natrium-Amytal durchgeführt wurden, abzunehmen."[15]

Auch in dem Harvard-Professor Richard Evans Schultes fand Leary bald einen weiteren sehr engen Mitarbeiter. Schultes war ein weltberühmter „Ethnobotaniker", der während des Krieges ein großangelegtes Forschungsprogramm der US-Regierung über psychoaktive Pflanzen leitete. Seine Kriegs- und Nachkriegsberichte benutzte die CIA „im Laufe der fünfziger und sechziger Jahre für ihre Experimente mit Gehirnwäsche."[16]

Auch Martin Orne sollte nicht unerwähnt bleiben. Seine Mitarbeit an dem Projekt beschreibt Leary so:

„Martin Orne war ein von der CIA bezahlter, hervorragender Bewußtseinsforscher. Er fand sich des öfteren in unserer Küche ein, wo er Kaffee trank und intelligente Fragen über Zusammenhänge zwischen den Zuständen stellte, die von Rauschgiften bewirkt werden, und denen, die man durch Hypnose erzeugen kann."[17]

Orne war Spezialist für das „Programmieren" von Personen unter Hypnose und brachte diese Fähigkeiten in die Gehirnwäscheversuche der CIA ein. Später tauchte er als wichtiger Gutachter in den Verhandlungen gegen den Serienmörder Kenneth Bianchi, den unersättlichen „Hillside Strangler" von Kalifornien, auf. Die gleiche Funktion übte er auch im Prozeß gegen die „Symbionese Liberation Army" aus, die auf spektakuläre Weise die Tochter des Zeitungsmagnaten Patty Hearst entführt und angeblich in ihrem Sinne „umprogrammiert" hatte.

Der Geist von William James

Harvard bot beste Voraussetzungen für die Experimente mit Rauschgift. Nicht nur die militärischen Programme von OSS und CIA hatten hier stattgefunden, die gesamte Vorgeschichte der Universität begünstigte ein solches Denken.

Die Vorliebe für Rauschgiftexperimente ging in Harvard bis in die zwanziger Jahre zurück. Studien über Persönlichkeitsveränderungen, Okkultismus und in diesem Zusammenhang auch Rassenhygiene haben eine noch längere Tradition. Leary und Barron sahen sich nicht zu Unrecht in den Fußstapfen des Gründers der psychologischen Fakultät Harvards, Professor William James. So jedenfalls beschreibt Leary seine Überlegungen bei der Ankunft in Harvard:

> „William James (1842-1920), Philosoph und Psychologe, war in Amerika der erste, der sich mit der Erforschung des Gehirns und der Rauschmittel beschäftigte ... James ging davon aus, daß der menschliche Geist bei der Herstellung der jeweiligen Realität für das Individuum eine aktive und selbstbestimmende Rolle spielt. Seine Hypothese, daß wir uns unsere jeweilige Realität aus dem ‚zusammenhanglosen Kontinuum des Raumes' selbst ‚herausschnitzen', wurde zu einer der Grundlagen der Rauschgiftkultur der sechziger Jahre.
>
> James hatte die Erforschung der Gehirnbeeinflussung und -veränderung, die inzwischen in Harvard zur Tradition gehörte, angeregt. Er schockierte damals schon die akademischen Kreise durch seine Versuche mit Peyote und nitrierten Säuren. In seinem Buch *The Varieties of Religious Experience* führt James aus, daß hinter dem ein-

geengten und eingefahrenen Geist bedeutende Ebenen der Intelligenz liegen und durch Rauschgifte erschlossen werden können."

In Learys Bericht über seine und Barrons Ankunft in Harvard heißt es dann weiter:

„Als Frank in den Ostflügel einzog, packte er einen Koffer aus, der bis oben mit Büchern über Visionserfahrungen gefüllt war. ‚Du mußt aber zuerst William James lesen', sagte er. James, der Gründer der psychologischen Fakultät Harvards, befürwortete zu meiner großen Überraschung die Bewußtseinsveränderung durch Rauschgifte. In dem Buch *The Will to Believe* (1897) schrieb er folgendes über seine Versuche mit nitrierter Säure: ‚Ich fordere andere dringend auf, diese Experimente zu wiederholen, die mit reinem Gas kurz und harmlos genug sind. Die Effekte sind je nach Individuum verschieden, sie verändern sich sogar beim gleichen Individuum von Zeit zu Zeit ... Für mich, aber auch für andere Personen, von denen ich hörte, war das Wichtigste an diesen Experimenten die unglaublich begeisternde Erscheinung einer intensiven metaphysischen Erleuchtung. Die Wahrheit bietet sich dem Blick plötzlich offen und mit einer fast blendenden Klarheit bis in alle Tiefen und noch darüberhinaus dar '."[18]

Leary erfuhr auch, weshalb James ein so großes Interesse an mystischen Ereignissen hatte. Er fährt nämlich fort:

„Bei Divinity Avenue Nr. 1 liegt der Eingang zum Hof von Harvard. Dort begaben wir beide (Barron und Leary, C.G.) uns in die Kapelle der Swedenborgianer, wo William James den Predigten seines Vaters über transzendentale wissenschaftliche Visionen gelauscht hatte."[19]

James' Vater war ein Swedenborgianer, die daran glauben, daß hinter dem Text der Bibel ein verborgener symbolischer Sinn versteckt sei, den Gott durch sie enthüllen wollte. Emanuel von Swedenborg (1688-1772), ein schwedischer Gelehrter, Philosoph und Mystiker, habe mit dem Tod gesprochen, Lebewesen auf anderen Planeten „gesehen" und einen brennenden Baum über hundert Kilometer Entfernung erkannt.

James selbst gründete zusammen mit Gleichgesinnten im Jahr 1884 die American Society for Psychical Research (Amerikanische Gesellschaft für psychologische Forschung). Nur zwei Jahre zuvor war in England eine ähnliche Organisation entstanden, deren Präsident James 1894-95 wurde. Nach fünfundzwanzig Jahren intensiver psychologischer Studien kam James zu der Auffassung, daß „Trugbilder hoher Anschaulichkeit, das Spuken in Häusern, Trancezustände mit übernormalen Erlebnissen... natürliche Phänomene seien und mit wissenschaftlicher Neugier, wie andere Naturereignisse auch, untersucht werden sollten."[20]

Die Gesellschaft für psychologische Forschung beschäftigte sich allem Anschein nach ernsthaft mit Séancen, Tischerücken, Hypnose, der Begehung von Spukhäusern, mit Geisterbeschwörungen, bei denen die Geister verstorbener Verwandter der geladenen Gäste befragt wurden, und damit, Geister mit bereitgelegten Stiften Botschaften niederschreiben zu lassen und dergleichen mehr. Mit solchen „Experimenten" wollte die Gesellschaft herausfinden, wie es möglich sei, mit Hilfe von Hypnose oder induzierter Trance und ähnlichem Macht über Denken und Bewußtsein anderer zu gewinnen. Darüber hinaus versuchte man, das Vertrauen der Versuchspersonen in die Realität, die Gesetzmäßigkeit der natürlichen Abläufe und die Angemessenheit ihres eigenen Denkens zu brechen.[21]

Diese Tradition lebte in Harvard fort. 1921 wurde Professor William McDougal nach Harvard berufen und erhielt zugleich auch die Leitung der Fakultät für Philosophie und Psychologie. Außerdem wurde der gebürtige Schotte zum Präsident der Gesellschaft für psychologische Forschung ernannt, worin er „die führende Stellung in Amerika" sah. William James' 1890 erschienenes Buch *Principles of Psychology* war für ihn wegweisend. McDougal und sein berühmtester Schüler J.B. Rhine übernahmen aus Deutschland den Begriff „Parapsychologie" und nannten ihren experimentellen Ansatz für die Psychologie hinfort „parapsychologisch". Huxley hat später mit J.B. Rhine und Gardner Murphy, die sich beide in Harvard ausführlich mit Parapsychologie beschäftigten, eng zusammengearbeitet.[22]

McDougal teilte übrigens auch Huxleys Vorliebe für Eugenik und Rassenhygiene. Er verfocht leidenschaftlich das Ziel, die Demokratie durch eine Art Kastensystem zu ersetzen, an deren Spitze eine biologisch hochgezüchtete Elite stände. Er predigte offen, daß Einwanderer aus bestimmten Gegenden rassisch minderwertig seien.[23]

Interessant ist die enge Verwandtschaft zwischen den Bemühungen um „Rassenreinheit" und der durch chemische Mittel ermöglichten „Erweiterung des Bewußtseins". An ihr wird die politische Ausrichtung der Universität Harvard damals deutlich und ihr entsprach die Faszination, mit der man sich mit Tod und Wahnsinn beschäftigte. Dazu gehörte auch die Überzeugung, daß sogenannte minderwertige Menschen am besten beseitigt werden müßten. Es war also auch kein Zufall, daß Putzi Hanfstaengl, der die Massenauftritte zu Beginn der Nazibewegung so effektvoll inszenierte, seine Erfahrungen in Harvard samelte, wo er dafür verantwortlich war, vor Fußballveranstaltungen die Stimmung anzuheizen.[24]

Das war der Nährboden, auf dem Timothy Leary aufbauen konnte. Seine Denkweise verdeutlicht folgende Episode.

Als Studenten Leary einmal danach fragten, welche Beziehung seine Arbeit und das Psychedelische Forschungsprojekt zur CIA hätten, soll er geantwortet haben, die LSD-Bewegung sei „von der CIA ins Leben gerufen worden". Mit einem breitem Grinsen, das Ironie andeuten sollte, habe er fortgefahren: „Ich wäre nicht hier ohne die Vorhersehung der Wissenschaftler der Central Intelligence... Es war kein Zufall, es war alles von der Central Intelligence geplant und vorgeschrieben, und ich bin hierin mit der Central Intelligence völlig einverstanden."[25]

Der Begriff „Central Intelligence", so wie ihn Leary in Anspielung auf die CIA gebraucht, spielt in Verbindung mit einer allgemeinen mystischen „Vorschung" eine zentrale Rolle in Science-fiction-Romanen. Leary war ein begeisterter Verehrer dieser Literaturgattung.

Das in diesen Romanen, wenn auch unter abgewandelten Bezeichnungen immer wieder auftauchende Konzept der Central Intelligence oder allgemeinen Vorsehung stammte von H.G. Wells, in dessen Werken auch ein sogenanntes „one-world brain" (Weltgehirn) auftaucht, wobei es sich in seiner materialisierten Form um eine Behörde handelt, die mit Hilfe einer weltweit einsetzbaren Gedankenpolizei das Fühlen, Denken und Wollen der Menschen kontrollieren kann.[26]

Geht man noch weiter zurück, stößt man auf die von gnostischen Sekten aufgebrachte Idee einer sogenannten Weltseele, die das Verhalten der Menschen an imaginären Fäden lenkt.

Diese Idee spielt auch bei dem Geheimbund der Rosenkreuzer eine wichtige Rolle, der davon überzeugt ist, von der Weltseele zu seinen gesellschafts- und kulturpolitischen Aktivitäten in bevorzugter Weise beauftragt zu sein.

Daß Leary selbst diesen Kreisen nicht so fern stand, zeigen seine Äußerungen über „konservative Kreise", die sich gegen die Rauschgift- und Gehirnwäsche-Experimente an der amerikanischen Elite-Universität sperrten.

> „Wir rannten gegen die jüdisch-christliche Festlegung auf einen Gott, eine Religion, eine Realität an, die seit Jahrhunderten wie ein Bann auf Europa und seit der Gründung auch auf Amerika liegt. Drogen, die den Geist für mannigfaltige Realitäten öffnen, führen unvermeidlich zu einer polytheistischen Sicht des Universums. Wir dachten, daß die Zeit für eine neue humanistische Religion gekommen sei. Sie sollte sich auf einen wohlmeinenden Pluralismus und ein wissenschaftlich begründetes Heidentum gründen."[27]

Drogen seien der Schlüssel für diese notwendige geistige Wende, bemerkte Leary in einem Brief an Huxley. Aber wie bekomme man die Leute dazu, Rauschgift zu nehmen, fragt er weiter. Huxley antwortete darauf:

> „Diese Angelegenheit unterliegt der Evolution. Man kann sie nicht erzwingen. Arbeite im Privaten weiter. Führe Künstler, Schriftsteller, Dichter, Jazzmusiker, elegante Lebedamen, Maler, reiche Bohemiens in diese Welt ein. Sie werden dann die intelligenteren Reichen mit sich bringen. Deine Rolle ist sehr einfach. Werde der führende Propagandist der Evolution. Das ist genau das, was ich tue, und was mein Großvater vor mir getan hat. Die Bewußtseinsdrogen, die in chemischen Labors massenweise hergestellt werden können, werden gewaltige Veränderungen der Gesellschaft auslösen... Der einzige Widerstand gegen die Evolution, Timothy, ist die Bibel."[28]

Drogen für Strafgefangene

Ein Teil des Psychedelischen Forschungsprogramms fand indes nicht in den Studierstuben der Doktoranden und Studenten, sondern in den Gefängnissen der Umgebung statt. Ausgewählte Gefangene erhielten nicht nur direkt Rauschgifte, sondern man brachte sie dazu, Drogen auch an Mithäftlinge weiterzugeben und über deren Verhaltensänderungen zu berichten.

„Indem wir sie entsprechend behandelten und ihnen die Testergebnisse erklärten, trainierten wir die Strafgefangenen in Psychodiagnose... Die Gefangenen wurden ihre eigenen Psychologen. Sie mochten das. Wir führten mit den Verurteilten hitzige Diskussionen über Charakteristiken der Persönlichkeit, während wir mit ihnen psychiatrische Spiele trieben. Damit planten wir die nächste Phase unserer Forschung.
Die Verurteilten hatten neue Rekruten für die Gruppe auszuwählen. Dabei mußten sie lernen, wie man mit psychologischen Tests umgeht, und konnten so das Projekt in eigene Hände übernehmen. Das Gefängnis wurde auf diese Weise zu einem Trainingslager. Neue Studenten der oberen Semester wurden hinzugezogen, um mit den Insassen unter ihrer Führung und Anleitung zu experimentieren. In Sitzung auf Sitzung leiteten die Gefängnisinsassen die Harvardstudenten an und umgekehrt.
Die Energien, die diese Sitzungen freisetzten, spürte man auch außerhalb der Gefängnismauern. Schauplatz waren die Räume der Besserungsanstalt. Besucher, die nach Cambridge kamen, um sich über psychedelische Drogen zu informieren, brachten wir in die Gefängnisse. Dort sprachen die Gefangenen unter anderem auch mit Gerald Heard, Allan Watts und Aldous Huxley über ihre mystischen Erfahrungen. Dabei verfolgten wir die Strategie, alles uns Mögliche zu tun, um ihren Stolz anzuregen und in ihnen das Gefühl zu wecken, etwas erreicht zu haben. Alles das, was wir den Verurteilten auf diese Weise mitgaben, wurde zu einer Sehne ihres Selbstbewußtseins.
Im Herbst 1962 hatten wir mehr als 35 Gefangene und 15 Harvardstudenten in der Gruppe. Die Leute wurden allmählich auf Bewährung freigelassen, etwa zwei bis drei pro Monat. Daher begannen wir mit dem ‚Projekt Contact'. Wir führten ehemalige Strafgefangene und Harvardstudenten in sogenannten ‚buddy systems' (Kameradschaften) zusammen. Dazu suchten die Harvardstudenten die ehemaligen Gefangenen an ihren Schlafplätzen auf. Es wurde auch ein Telefondienst rund um die Uhr für Notfälle eingerichtet."[29]

Soweit die Darstellung, die Leary und andere von ihren Rauschgiftexperimenten im Gefängnis gaben. Zu ihrer Rechtfertigung führten sie an, sie hätten dadurch das Selbstwertgefühl der Gefangenen gestärkt und die Rückfallquote gesenkt. Das ist offensichtlicher Unsinn. Es gehört nicht viel Beobachtungsgabe dazu, um festzustellen, daß sich unter Strafgefangenen besonders viele Personen mit Hang zu Gewalttätigkeit oder persönlicher Instabilität befinden. Wenn man diesen Leuten Rauschmittel verabreicht, die Schübe von Schizophrenie auslösen können, dann stärkt man dadurch nur ihre Neigung, gegen die Gesellschaft gerichtete Verbrechen zu begehen. Und das könnte auch jemand versucht haben, der sich ein „Instrument" wie Charles Manson schaffen wollte.

Leary experimentierte zunächst nur mit dem Psilocybin der magischen Pilze. Als er zum ersten Mal selbst LSD nahm, erlebte er nach eigenen Worten so etwas wie eine „Bekehrung". Sie habe sein ganzes bisheriges Leben von Grund auf verändert, bekennt er. Aus diesem Erlebnis stammte auch die Begeisterung, mit der er schließlich für LSD warb.

Das „Harvard Psychedelic Project" spielte eine wichtige Rolle im gesamten MK-Ultra-Projekt. Timothy Leary erregte aber mit seiner flammenden Propaganda für psychedelische Drogen bald soviel öffentliches Aufsehen, daß von einem gewissen Punkt an die Geheimhaltung des gesamten Projekts gefährdet erschien. Eines Tages erschien Mary Pinchot, die Frau des CIA-Führungskaders Cord Meyer, bei Leary und ließ ihm ausrichten:

> „Da die Drogenforschung für die Nachrichtendienste dieses Landes von vitaler Wichtigkeit ist, wird man Ihnen erlauben, Ihre Experimente fortzusetzen, aber nur, solange Sie dies in aller Stille tun. Sie verrichten Kundschaftertätigkeit, die die CIA in den fünfziger Jahren zu leisten versuchte. Daher ist die CIA mehr als glücklich, in Ihnen jemanden zu haben, der diese Forschung für sie ausübt, allerdings nur solange die Forschung dabei nicht außer Kontrolle gerät".[30]

Da aber Leary seine Forschungsergebnisse weiter in hoher Auflage veröffentlichte, freimütig über seine Arbeit redete und auch noch rücksichtslos jeden, der ihm in die Finger kam, unter Drogen setzte, wurde er unhaltbar. Man schätzte ihn als „loose cannon" ein, als jemanden, der sich selbständig gemacht hatte und wahllos in der Gegend herumballerte. Im Spätsommer 1963 wurde Timothy Leary von der Universität Harvard gefeuert. An seine Entlassung schloß sich später ein Prozeß an, wonach sein Ansehen und seine Glaubwürdigkeit in der Öffentlichkeit schlagartig absank. Wegen Drogenbesitzes brachte er sogar einige Jahre im Gefängnis zu.[31]

Anmerkungen

1. Executive Intelligence Review Editors, *Dope, Inc., The Book that Drove Kissinger Crazy*, Washington, D.C., 1992, S. 542. Vgl. auch Jay Stevens, *Storming Heaven, LSD, and the American Dream*, London, Collins Publishing Group, 1989, S. 202. Huxley war am MIT als Centennial Carnegie Visiting Professor in Humanities tätig, hielt dort neun Wochen lang Vorlesungen und bekam dafür 9000 Dollar. Stevens berichtet auch, daß Huxley nebenbei noch abends Veranstaltungen abgehalten habe: „Die öffentlichen Vorlesungen am Abend verursachten ähnlich wie die Sportwettkämpfe zwischen Harvard und Yale Verkehrsprobleme."
2. Timothy Leary, „Mushrooms for Lunch," 1960, in Michael Horowitz und Cynthia Palmer, Hrsg., *Aldous Huxley: Moksha, Writings on Psychedelics and the Visionary Experience, 1931-1963,* Penguin Books, 1983, S. 222ff. Auf deutsch *Moksha — Auf der Suche nach der Wunderdroge*, München, R. Piper, 1983, S. 192. *Moksha* ist eine Sammlung von Aufsätzen Huxleys und seiner Mitarbeiter in der Drogenforschung. Sie erschien zuerst 1980 bei Chatto & Windus, London. Den Bericht über Huxleys Einfluß auf das Harvard Psychedelic Project schrieb Timothy Leary kurz nach seiner ersten Begegnung mit Huxley in Cambridge, Massachusetts.
3. ebenda, dt., S. 190.
4. ebenda, dt., S. 190ff.
5. Über die Rolle, die Richard Alpert bei dem Projekt spielte, vgl. Timothy Leary, *Flashbacks*, Los Angeles, J.P. Tarcher, 1983 S. 21, 71. Alpert (1931-) ist ein amerikanischer Psychologe und Philosoph, der an der Universität Stanford in Kalifornien promovierte. Er folgte 1963 Frank Barron, stellvertretender Direktor des Harvard Psychedelic Drug Research Program. 1967 wurde er während einer Pilgerreise nach Indien Jünger des Neem Karoli Baba, eines hinduistischen Gurus, der sich später Baba Ram Dass nannte. Mit seinen berühmt gewordenen öffentlichen Vorlesungen und seinen Büchern, besonders mit *Be Here Now*, führte er fernöstliche Vorstellungen und Meditationspraktiken in Amerika ein.
6. Horowitz und Palmer, Hrsg., *Moksha*, dt., a.a.O., S. 190ff.
7. Psilocybin wurde vor allem auf Empfehlung Barrons in den ersten beiden Jahren des Harvard-Projekts offiziell eingesetzt. Darüber be-

richtet Learys Autobiographie *Flashbacks*, a.a.O., ausführlich. Albert Hoffmann, der Entdecker von LSD-25, bestätigte 1958 seine Begabung als Chemiker, als es ihm auch gelang, Psilocybin synthetisch herzustellen. Es handelte sich um den Wirkstoff in jenen Pilzen aus Mexiko, mit denen Barron zuvor seine Erfahrungen gemacht hatte. Psilocybin, das Alkaloid Tetrahydrooxydimethyltryptamin, ist nach dem mexikanischen Pilz *Psilocybe mexicana* benannt. Sein Genuß ruft Wahrnehmungsveränderungen hervor, die Halluzinationen sehr ähnlich sind. Sie wurden von Aldous Huxley in *The Doors of Perception* beschrieben. In dem Buch fordert er die Leser auf, „gelegentlich durch eine chemische Pforte in der Wand eine Reise in die Welt transzendentaler Erfahrungen zu unternehmen."

8. ebenda, S. 20f.
9. Vgl. Leary, *Flashbacks*, a.a.O., S. 78, 158. Im Frühjahr des ersten Jahres hatte Leary *offiziell* rund 200 Studenten Psilocybin gegeben. Nach Learys eigenen Worten „kamen aus der ganzen Welt Experimentatoren angereist, um unsere Arbeit zu verfolgen. Die Drogenbegeisterung der Harvardstudenten verfolgte uns weiter. In diesem, dem dritten Jahr unserer Forschungen (Winter 1963, C.G.), kochte der Hof (Harvard-Campus, C.G.) vor Drogenbewußtsein über. Wenn wir uns aus kluger Vorsicht weigerten, sie anzumachen, so war das für sie kein Problem. *Sie besorgten sich Nachschub aus Boston oder New York.* Einige unternehmerische Studenten richteten bei sich zu Hause chemische Laboratorien ein, um den Stoff selbst herzustellen. Auf weite Strecken schien sich die Drogenepidemie, die Harvard heimsuchte, wohltuend auszuwirken. Hunderte von Studenten haben auf diese Weise ihr Bewußtsein erweitert ..."
10. Siehe auch Schrenk-Notzing, *Charakterwäsche, die amerikanische Besatzung in Deutschland und ihre Folgen*, Stuttgart, Seewald, 1965.
11. Leary, *Flashbacks*, a.a.O., S. 378.
12. ebenda.
13. ebenda, S. 16-22.
14. ebenda, S. 29.
15. ebenda, S. 37.
16. ebenda, S. 91f.
17. ebenda, S. 153f.
18. ebenda, S. 19 und 36.
19. ebenda, S. 37.
20. Denis Brian, *The Enchanted Voyager: The Life of J.B. Rhine*, New Jersey, Prentice-Hall, 1982, S. 4 und 50.
21. Anton Chaitkin, *Treason in America, from Aaron Burr to Averell Harriman,* New York, New Benjamin Franklin House, 1984, S. 452-465. Chaitkin berichtet über die genannte britische und amerikanische Gesellschaft: „Während der achtziger Jahre des 19. Jahrhunderts hatte sich in England und Amerika eine sehr seltsame transatlantische Gesellschaft gebildet. Sie zählte in ihren Reihen alle führenden

Persönlichkeiten, die Beziehungen zur Anthropologie in Amerika hatten. Dieser Club bediente sich aller neuen Techniken der Psychologie und Organisation und diente den alten europäischen Feudalisten als Vorhut im Krieg gegen das amerikanische System.." Die Funktion okkulter Praktiken im Dienst der Politik beschrieb bereits Friedrich Schiller in seiner zwischen 1783 und 1798 entstandenen Erzählung *Der Geisterseher*.

22. Brian, *Enchanted Voyager*, a.a.O., S. 24ff., 80 und 148-152.
23. Jonathan R. Beckwith, „Science of Rascism," in John Trumpbour, Hrsg., *How Harvard Rules: Reason in the Service of Empire*, Boston, South End Press, 1989.
24. Putzi Hanfstaengl, *Zwischen Weißem und Braunem Haus*, München, R. Piper, 1970, S. 15.
25. Martin A. Lee und Bruce Shlain, *Acid Dreams, The CIA, LSD, and the Sixties Rebellion*, New York, Grove Press, 1985, S. xvi.
26. Editors of Executive Intelligence Review, *Dope, Inc.*, a.a.O., S. 538.
27. Leary, *Flashbacks*, a.a.O., S. 109.
28. ebenda, S. 43f.
29. ebenda, S. 79 und 83-89.
30. ebenda, S. 155. Dazu auch Lee and Shlain, *Acid Dreams*, a.a.O., S. 85f.
31. Im Mai 1963 wurde zuerst Prof. Alpert entlassen, weil er die Abmachung, keine psychedelischen Drogen an Studenten der unteren Semester auszugeben, verletzt hatte. Kurz danach traf es Leary. Leary berichtet in seiner Autobiographie *Flashbacks*, daß er und seine Gruppe bei vielen Verwaltungsbeamten der Universität Harvard große Unterstützung fand. Das entsprach auch der Feststellung von Lee und Shlain in *Acid Dreams*, Harvard sei zu einem Dorado für die Rauschgift- und Verhaltensänderungsprogramme der CIA geworden.

    Dazu auch John Trumpboar, „Harvard, the Cold War, and the National Security State," in John Trumpbour, Hrsg., *How Harvard Rules: Reason In The Service of Empire*, a.a.O., S. 51-128.

    Die Verbindungen der CIA zu Harvard wie übrigens auch zu anderen amerikanischen Universitäten reichen Jahre zurück. Wörtlich schreibt er: „Trotz der Enthüllungen und der Rebellion der sechziger Jahre muß bemerkt werden, daß sich die radikale Ansicht, die Forschungen der CIA müßten von den Universitäten ferngehalten werden, praktisch nirgends durchsetzen konnte. Dagegen setzte sich die liberalere Auffassung durch, daß die Forschungen der CIA so lange zu dulden seien, wie sie ‚offen' betrieben wurden. Nach liberaler Auffassung zerstören geheime Forschungen den Geist der Universität, weil diese der Auffassung John Stuart Mills zuwiderlaufen, wonach die Universität ein freier Markt der Ideen sein solle. Die Militärforschung und die Unterordnung der Universität unter die Prioritäten der Nationalen Sicherheit stimmten damit überein, solange sie offen betrieben werden konnten. So verhält es sich prinzipiell heute noch, auch wenn Bok (der Präsident von Harvard, C.G.) sich gelegentlich blumig über Harvards ‚Notwendigkeit' ausläßt, die Öffentlichkeit davon zu überzeugen, ... daß ‚wir *keine* Instrumente der Nationalen Sicherheit sind,' wie er ausdrücklich in einer Rede im September 1986 sagte (Hervorhebung im Original, C.G.)."

6. KAPITEL

Science-fiction, der direkte Weg in die Traumwelt

„Ich denke, es war schon immer der einfachste Weg, jemanden zum Töten zu bewegen, indem man ihn davon überzeugt, er sei ein Fremder, die anderen seien die anderen, und wir sind wir, und daß die anderen ganz anders sind als wir. Es gab immer dieses Verhaltensmuster: Sie gegen uns,"[1] so der Psychiater Dr. Joel Hochman, der im Manson-Verfahren Gutachten über die Mördermädchen angefertigt hat.

Vieles spricht dafür, daß Manson im Gefängnis genau einem solchen Programm unterzogen wurde. Dazu paßt sowohl die extreme Feindseligkeit Mansons gegen alles, was mit den Bewährungsauflagen zusammenhing, wie zuvor bereits sein plötzlicher Widerstand gegen die Entlassung aus dem Gefängnis.

Es gibt viele Mittel, Menschen ihrer Umwelt zu entfremden, und dazu sind nicht immer Rauschmittel erforderlich. Eines der gängigsten Mittel ist der immer wieder angestellte Versuch, verunsicherten Menschen eine Traumwelt anzubieten, in die sie sich wie zu einem Urlaub von der schlechten Realität zurückziehen können. Die Flucht in den Traum wurde zuerst von den sogenannten erotischen Schriftstellern der Antike politisch motiviert und bewußt eingesetzt, etwa von Heliodor und Appuleius oder in „Romanen" wie „Daphnis und Chloe" und ähnlichen trivialisierten Kultbüchern antiker Mysterien. Das Wesentliche daran war, daß die Reise ins Traumland nicht mehr gemeinschaftlich erfolgen mußte, sondern die angebotene Traumreise stand jetzt jedem offen, wenn er ein Bedürfnis danach verspürte. Im ausgehenden Mittelalter kamen entsprechend die sogenannten Ritterromane auf. In unserer Zeit besorgt die unübersehbare Flut von Liebes- und Romantikromanen und ihre Fortsetzung in entsprechenden Filmen und Fernsehserien ähnliches.

Oberflächlich betrachtet scheinen die sogenannten Science-fiction-Romane in die gleiche Richtung zu zielen. Ihre Traumwelt ist allerdings komplexer, sie ist bewußter ausgerichtet und sie wird von einer subtileren Absicht bestimmt. Daß der Science-fiction-Roman auch im Fall Manson eine wichtige Rolle gespielt hat, zeigt ein Artikel, der am 19. Januar 1970 im amerikanischen Magazin *Time* unter der Überschrift „Ein Modell vom Mars“ erschien. Darin heißt es unter anderem:

> „In einem psychotischen Geist vermischen sich Realität und Phantasie beliebig. Die Grenzen zwischen der wirklichen und der nur vorgestellten Welt sind für ihn äußerst verschwommen oder verschwinden sogar. Die meisten Irren erfinden sich ihre eigene Welt. Wenn die Vorwürfe gegen Charles Manson wahr sein sollten, daß er mit fünf anderen Mitgliedern seiner selbsterkorenen Familie Sharon Tate und sechs weitere Personen ermordet hat, so zeigte Manson wenig Einfallsreichtum. In den Wochen seit seiner Anklage haben Personen, die sich mit seinem Fall beschäftigten, entdeckt, daß Manson beim Morden einem Drehbuch gefolgt sein könnte. Es handelt sich um das Buch von Robert A. Heinlein *Ein Mann in einer fremden Welt*. Dieser abgehobene Science-fiction-Roman war unter Hippies weit verbreitet.
>
> Der Held des Buches ist ein Valentine Michael Smith, ein Mensch, der wie Kiplings Mogli von Nicht-Menschen aufgezogen wurde. In seinem Fall waren es Marsmenschen. Im Laufe der Zeit erlangte er hypnotische, magische Kräfte. Er kommt auf die Erde und wird von einem Mann namens Jubal erzogen. Danach setzt er sich das Ziel, als selbsternannter Gott die Menschen vor sich selbst zu retten. Er verkündet eine seinem Äußeren entsprechende neue Herrenrasse und beseitigt freudig alle, die ihm im Weg stehen. Manson nannte eines seiner unehelichen Kinder Valentine Michael Smith und gab seinem Bewährungshelfer den Spitznamen Jubal. Das war jedoch nur ein Anfang.
>
> In dem Buch baut der Marsmensch eine Art religiöse Kolonie auf, die er ‚Familie‘ oder ‚Nest‘ nennt. Sie ähnelt durchaus der Kommune, die Manson auf einer verlassenen Filmranch führte. Im Roman praktizieren die Bewohner des Nestes freien Sex und pflegen nackt herumzulaufen. Auch dies ähnelt dem Lebensstil, der auf Mansons Ranch gepflegt wurde. Im Buch wie im Leben der Kommune wurden Mitglieder allgemein durch sexuelle Unterwerfung gezwungen, — das war ja der entscheidende Punkt (wie Manson seine Mädchen beherrschte, C.G.) — ihre persönliche

Identität völlig aufzugeben und an den allmächtigen Führer auszuliefern. Der Romanheld Smith und der reale Manson teilten offenbar den Glauben, sie seien eins mit Gott. ‚Unter den Marsmenschen,' sagt der Held Heinleins, ‚gibt es nur eine Religion — keinen »Glauben«, denn es ist ja Gewißheit —, wenn wir sagen: Ihr selbst seid Gott!'. Manson wurde oft von seinem Gefolge Gott, Jesus oder auch Satan genannt.
Die Parallele zwischen Mansons Leben und dem Roman, die am meisten beunruhigt, betrifft die Einstellung zum Tod. Heinleins Marsmensch predigt eine bizarre Reinkarnationslehre. Lebewesen sterben nicht, sie werden schlicht ‚entkörpert' und an das Ende der Warteschlange zurückgeschickt, damit sie es noch einmal versuchen können. Einer seiner weiblichen Nachfolger wird z.B. dazu gebracht, ihm dabei zu helfen, einige Gegner des Kultes zu ‚entkörpern'. Der Marsmensch stellt eine Liste von Personen auf, die entfernt werden sollen. Danach werden an einem Abend 450 Personen umgebracht. Die Polizei glaubt, daß Manson seine Frauen wie jener Marsmensch dazu benutzt hat, um eine furchtbare Rache zu nehmen. Dazu hatte er im letzten Sommer die Gruppe um Sharon Tate ausersehen. Nach Aussagen von ermittelnden Personen im Prozeß hatte Manson eine marsartige Liste von Feinden zusammengestellt, die für die Exekution vorgesehen waren."[2]

Der Realitätsbezug der Manson-Familie war gering. Daher konnte so etwas wie Heinleins Science-fiction-Roman weitreichenden Einfluß auf ihr Selbstverständnis gewinnen. *Manson nannte sogar sein erstes Kind in der „Familie", das er mit Mary Brunner hatte, nach dem Helden aus Heinleins Roman Valentine Michael.* Dies bestätigt auch Dr. David Smith von der Haight-Ashbury-Klinik.

„Sklaverei war für Charlie nicht der einzige Beweggrund, seine Familie zu gründen. Er war Kindern zugetan, weil er glaubte, die Welt werde von einer Art neuem Christuskind erlöst. Deshalb hielt er seine Mädchen an, Kinder von ihm auszutragen und aufzuziehen. Diese Idee wich von der damals in Haight-Ashbury von vielen jungen Mädchen akzeptierten Praxis ab, Schwangerschaften abzutreiben. Die Mädchen gehorchten Manson bereitwillig, weil viele den Roman *Ein Mann in einer fremden Welt* gelesen hatten. Wie der Romanheld und ihr wirklicher Führer glaubten auch sie, daß ein Kind sie auf den Weg zu einer weltweiten Familie bringen würde. Und sie würden in dieser Familie dann eine besondere Rolle spielen."[3]

Der Science-fiction-Autor Heinlein hat entschieden allen Behauptungen widersprochen, die ihn nur im entferntesten mit der Manson-Familie in Verbindung brachten. Er bemühte sogar einen Rechtsanwalt in dieser Sache, der Manson im Gefängnis aufsuchte und zu der Aussage bewegte, er, Manson, habe den Roman *Ein Mann in einer fremden Welt* nicht gekannt — auch nicht von ferne.

Heinleins Frau Virginia sieht das anders. Sie schrieb in einem anderen Zusammenhang:

> „Robert (Heinlein, C.G.) hat immer bedauert, daß es die Geschichte mit der Verbindung zu Manson gab. Sie tauchte zum ersten Mal im *San Francisco Chronicle* auf. Er hat die Quelle, aus der sich die Geschichte verbreitete, nie herausfinden können. Auch erhielt er von einem der ‚Manson-Mädchen' einen Brief — von einer Manette oder Nanette. Sie schrieb ihm, daß die Polizei sie mit Helikoptern verfolgte. Robert rief daraufhin das Büro des Sheriffs in Inyo County an, um herauszubekommen, was los sei, und ob er Abhilfe schaffen könne ... Nach dem 7. Januar 1970 wurde er krank und die Geschichte fand von da an ein Ende."[4]

Das einzige Manson-Mädchen, auf das der Name, an den sich Virginia Heinlein erinnerte, in etwa zutreffen könnte, war Lynette „Squeaky" Fromme. Fromme übernahm die Führung der Familie, nachdem Manson im Oktober 1969 verhaftet worden war. Sie hatte sich kurz nach den Morden an Tate und LaBianca telefonisch und schriftlich an Heinlein gewandt und um Hilfe gebeten. Und Heinlein war, nach Aussagen seiner Frau, sogar bereit gewesen, Hilfe zu besorgen.

Ein anderer Science-fiction-Autor, Rudy Rucker, bestätigte den Einfluß von Heinleins Roman auf Manson. In der Besprechung einer späteren Auflage des Romans bemerkte Rucker:

> „1961 veröffentlichte Robert Heinlein den Science-fiction-Roman *Ein Mann In einer fremden Welt*, der in den 60er Jahren zur Lieblingslektüre der Studenten wurde und daher lange Zeit ein Bestseller war. Der Roman erzählt von den Abenteuern des auf dem Mars geborenen Kultführers Valentine Michael (Mike) Smith... Hineingeboren in eine auseinanderfallende menschliche Marskolonie, wurde Mike von Marsmenschen aufgezogen. Das waren hochentwickelte Lebewesen, die wie Eisboote aussehen und dem

Tod wie mächtige Geister widerstehen. Die Marsmenschen verbringen Jahrhunderte damit, sich über so nette Probleme den Kopf zu zerbrechen wie dem, ob sie durch Psychokinese den Planeten Erde zur Explosion bringen sollen oder nicht. Interessant genug, daß jeder Mensch, der die Marssprache lernt, damit auch die Fähigkeit zur ‚außersinnlichen Wahrnehmung' und Psychokinese erwirbt.
Eines der am häufigsten gebrauchten Wörter aus (Heinleins, C.G.) Marssprache hat inzwischen einen festen Platz im amerikanischen Englisch gefunden: Das Wort *grok*, es bedeutet Verstehen — und zwar so grundlegend verstehen, daß der Beobachter selbst noch am Prozeß des Beobachteten teilhat. Es verbindet die Bedeutungen von ‚verschmelzen, sich vermischen, sich verheiraten, seine persönliche Identität in der Gruppenerfahrung verlieren'. Mikes Marsphilosophie ist ein mystischer Monismus: Du bist Gott. Ich bin Gott. Alles, was ‚groked', ist Gott.
Mike tötet jeden, der den Kult herausfordert, indem er ihn in die vierte Dimension versetzt, obwohl das eigentlich ein ‚verlorenes Essen' sei. Normalerweise essen die Marswesen ihre Leichen. ‚Wenn ich dich zerhacke und ein Gulasch aus dir kochte, dann würden du und der Gulasch, alles, was darinnen war, groken — und wenn ich dich äße, würden wir zusammen groken und nichts ginge verloren, und es käme nicht darauf an, wer von uns beiden den anderen zerhackte und äße.' Einer der vielen Hippiefans des Romans *Ein Mann in einer fremden Welt* war niemand anderes als Charles Manson. Nach Ed Sanders Buch *Die Familie* wurde einer von Mansons Söhnen sogar Valentine Michael getauft, und der Spitzname innerhalb der Familie für Charlies Bewahrungshelfer war Jubal. Als Manson in Death Valley verhaftet wurde, befanden sich in Mansons Rucksack 64 Kinomagazine und eine Ausgabe von *Ein Mann in einer fremden Welt*. Das Buch hat also seine Geschichte." [5]

Science-fiction als Ersatzreligion

Die Romangattung Science-fiction entwickelte sich in England im Literatenkreis um H.G. Wells, der darin nicht nur eine neue Art Trivialliteratur, sondern auch ein Instrument kultureller Kriegführung sah. Ganz ähnlich wirken heute Phantasiespiele wie „Dungeons and Dragons", auch wenn diese zum Teil mit einer mittelalterlich gefärbten Fabelwelt aufwarten. Die

Leser und Spieler sollen ihre Gefühle, ihre Überlegungen und ihr Handeln möglichst stark an die sehr realistisch ausgemalten alternativen Realitäten binden und sich in ihrer Vorstellung mehr und mehr in dieser Phantasiewelt einrichten.

Diese Art Unterhaltung kann durchaus ein Verhalten ausbilden, das an bestimmte Schizophrenieformen erinnert, welche mit halluzinogenen Rauschgiften hervorgerufen werden können. Das gleiche bewirken Science-fiction-Romane bei Menschen, die dafür anfällig sind. Zwar ist ihre Wirkung schwächer als die der Spiele, da der Leser nicht direkt aufgefordert wird, Rollen in der Geschichte zu übernehmen. Aber auch die Romane wecken Vorstellungen von „anderen Welten", „anderen Realitäten", „prinzipiell anderen Denkformen" usw., die beim intensiven Lesen allmählich das Bewußtsein überschwemmen. Das Überwissenschaftliche und Übertechnische der Science-fiction-Romane unterscheidet sich übrigens in nichts von dem Magischen und ins Unerklärliche Entrückte der Mysterien- oder Phantasieromane. Science-fiction-Romane sind im Unterschied zu den Mysterienromanen auf den jugendlichen Konsumenten ausgerichtet, der sich normalerweise für Wissenschaft und Technik begeistern würde.

Die Wirkung der Science-fiction-Lektüre stellt sich erst allmählich ein. Zunächst werden die „anderen Welten" als lustige Gegenbilder zur scheinbar hinlänglich bekannten Realität konsumiert. Allmählich nisten sie sich in der Vorstellungswelt des engagierteren Leser ein. Hält die Begeisterung für solche Stoffe an, dann bauen sie sich im Bewußtsein dieser Menschen zu einer Institution auf, die das Denken und Empfinden begleitet und kommentiert. Der Leser beginnt mehr und mehr damit zu rechnen, daß an der „anderen" Realität „etwas dran" sein könnte. Die Science-fiction-Romane unterstützen das, indem sie vorgeben, ihrer Zeit und in zukünftigen Welten weit voraus zu sein.

Die Seele wird in ein Traumland reiner, bunt ausgeschmückter Phantasterei entführt. Zunächst gaukelt diese Vorstellungswelt dem Leser ein scheinbares Überlegenheitsgefühl vor, wenn er sich ironisch über das Dargebotene erhebt und es von oben herab parodiert findet. Bleibt er dem Gegenstand verhaftet, wird ihm das Ausschwärmen in die Phantasterei unmerklich immer mehr zum Bedürfnis. In der Regel sind es unerfreuliche Lebensumstände, unter denen sich Menschen aus der Realität in eine Traumwelt flüchten, und das um so intensiver, wenn sie von Angst oder unbewußter Versagensfurcht getrieben werden.

In der vorgestellten Fluchtwelt geht es dann geradewegs umgekehrt zu. Der Geängstigte setzt nun selbst andere in Furcht und Schrecken, der Kleingeist vermag Berge zu versetzen und der Erfolglose verkehrt persönlich mit dem Weltgeist. So bilden sich Keime einer Schizophrenie, die im Extremfall zur Psychose ausarten können.

Heinlein selbst sah in seinen Werken nicht nur Unterhaltung. Auf dem Klapptitel der frühen englischen Ausgaben von *Ein Mann in einer fremden Welt* heißt es in einer Anmerkung des Verlags:

> „Obwohl er wußte, daß dieses Ziel unmöglich vollständig zu erreichen sei, verfolgt Heinlein in diesem Roman die Absicht, jeden wichtigen Grundsatz der westlichen Kultur zu überprüfen, Zweifel daran zu wecken und — wenn möglich — zu erreichen, daß die Antithese zu jedem dieser Grundsätze nicht nur möglich erscheint, sondern sogar wünschenswert, jedenfalls aber nicht mehr undenkbar ist." [6]

Ganz deutlich wird dieser Aspekt daran, wie Heinlein in dem Roman die Frage des Kannibalismus aufgreift. Er „enttabuisiert" Kannibalismus nicht nur, sondern wertet ihn sogar überhöhend auf. Der Verzehr eines lieben, toten Freundes gilt als große Ehre für den Verstorbenen. Heinlein kannte natürlich animistische Praktiken sogenannter primitiver oder degenerierter, kulturell zurückgefallener Stämme und Völker, die sich mit dem Essen von Körperstücken einer toten Person auch deren besondere Persönlichkeitskraft einverleiben wollten. Ähnliche Vorstellungen werden heute in satanischen Zeremonien wie etwa denen des Santeria-Kults wiederbelebt, der 1989 nach Aufdeckung der furchtbaren Matamoros-Morde ins Gerede kam. Mitglieder dieses Kults hatten an der mexikanisch-texanischen Grenze einen amerikanischen Studenten entführt, geschlachtet und als Teil eines satanischen Rituals gegessen.

Natürlich schrieb Heinlein seinen Roman nicht als Propagandastück für Kannibalismus oder sexuelle Perversion und dergleichen. Er hätte auf eine solche Vorhaltung wohl geantwortet, er wollte mit seinen Greulichkeiten nur eine beißende Satire auf die Scheinheiligkeit christlicher Moral in der heutigen Welt schreiben. Die Gegenkultur hat indes die Botschaft in Heinleins Werk begriffen. Ihr geht es ja, wie Heinlein selbst, um den antichristlichen Impuls, den sie in der westlichen Kultur verstärken wollte.

Science-fiction als Antiwissenschaft

Heinlein war der meistgelesene und bekannteste Autor der Science-fiction- und Phantasieszene. Er starb 1988. Das amerikanische Science-fiction-Magazin *Locus* würdigte Heinlein in einem Nachruf mit folgenden Worten:

> „Heinlein war ein außerordentlich erfolgreicher Autor. Zum Zeitpunkt seines Todes waren 44 seiner 54 Bücher im Druck. Dies ist ein Rekord, der von keinem anderen Autor auch nur annähernd erreicht wird. Er hat über 40 Millionen Exemplare verkauft ... In den vierziger Jahren erweiterte er die Popularität von Science-fiction dadurch, daß er vier Kurzgeschichten an die *Saturday Evening Post* verkaufte. Sie alle verherrlichten die Raumfahrt. Einige Jahre später sollten seine Bücher einer jüngeren Generation die Begeisterung für Raumfahrt verkaufen.
> Der 1948 entstandene Roman *Raumkadett* wurde populär, als ihn das Fernsehen unter dem Namen ‚Tom Corbett' übernahm... Eine Generation später, nach der Gründung der NASA und der Landung von Neil Armstrong auf dem Mond, war es sehr schwierig, einen Raketenwissenschaftler oder Astronauten zu finden, der nicht schon als Teenager ein Fan Heinleins gewesen und nicht aufgrund seiner Bücher in die Raumfahrt eingestiegen wäre."[7]

Häufig wurde darauf verwiesen, Heinlein hätte in seinen Werken die Wissenschaft geradezu verherrlicht. Doch das ist ein flüchtiges und oberflächliches Urteil, vor allem wird es Heinleins eigentlichen Absichten nicht gerecht.

Heinlein stammte ursprünglich aus dem sogenannten „linken" politischen Spektrum. Dann hatte er so etwas wie ein Damaskus-Erlebnis und mauserte sich zu einem sogenannten „rechten" Sozialdemokraten. Er besuchte besonders gerne Einrichtungen der Freikörperkulturbewegung, gründete sogar selbst eine solche Gruppe und sammelte pornographische Erzeugnisse. Vorübergehend betätigte er sich sogar selbst als Pornophotograph. Seine literarische Spezialität war es, die Themenbereiche „Sex“ und „Science-fiction“ miteinander zu verquicken, was unschwer auch an dem *Mann in einer fremden Welt* zu erkennen ist. Dabei mag ihn zunächst durchaus ein geschäftliches Interesse geleitet haben, denn die Kaufkraft der Jugendlichen war gerade entdeckt worden, und auf typische Probleme der Jugendlichen zielte beides, Sex und Science-fiction.[8]

Doch bleiben wir bei der „Botschaft“ des Romans, die angeblich Begeisterung für Wissenschaft und speziell für die Raumfahrt wecken soll. In *Ein Mann in einer fremden Welt* verkündet Jubal ähnlich wie Friedrich Nietzsche, und der Held Valentine Michael folgt ihm darin, daß das Christentum eine Religion für geistig schwache Menschen sei, weil nur diese an eine Erlösung durch Gott glauben müßten. Dagegen setzen die Akteure eine eigene gnostische Religion der Kraft, die an eine gewisse Art „Disziplin“ gebunden ist. Durch sie lernt man, bestimmte Kräfte zu meistern, vor allem die Telepathie — die Fähigkeit, im Geist anderer Menschen zu lesen, ohne mit ihnen sprechen zu müssen. Als zweites lehrt Smith seinen meist jüngeren Anhängern die Telekinese — die Fähigkeit, auf Gegenstände physisch einzuwirken, sie zum Beispiel durch den Raum zu bewegen, ohne sie berühren zu müssen. Die dritte und höchste Stufe ist die „Entkörperung“ — die Fähigkeit, Feinde durch unsichtbare Krafteinwirkung zu töten.

An solchen Kraftvorstellungen, die lediglich auf eingebildeten Allmachtgefühlen spielen, ist nichts Wissenschaftliches, denn sie lassen sich weder durch harte Arbeit noch durch außergewöhnliches Wissen erwerben. Sie sind rein magischer Natur und stammen aus der animistischen Theologie. In degenerierter Form durchziehen sie die gängige okkulte und spiritistische Literatur. Doch gerade das Okkult-Spiritistische machte diese Schriften bei einem Großteil genau der Jugend so beliebt, der sich der Gegenkultur öffnete, LSD und andere psychedelischen Substanzen schluckte und sich in eine ganz andere Welt, die ihnen ohne Mühe und Arbeit magische Kräfte bescheren sollte, hinsehnte. Die Bücher erwiesen sich als viel erfolgreicher als entsprechende Anstrengungen professioneller Magier und Okkultisten der alten spiritistischen Szene.

Heinlein veröffentlichte seine ersten dahin zielenden Romane, noch bevor die psychedelische Szene überhaupt entstanden war. Trotzdem fällt auf, wie eng sich die Hippie-Drogen-Szene an das hängte, was Heinlein unter anderem in seinem *Ein Mann in einer fremden Welt* beschwor. Dr. David Smith sagte dazu einmal auf einer Mitarbeiterbesprechung in Haight-Ashbury, bei der regelmäßig die Fortschritte bei der Ausforschung der Hippiebewegung besprochen wurden:

> „Ein anderes bedeutsames Charakteristikum des Individuums, das chronisch LSD konsumiert und das ‚psychedelische Syndrom' entwickelt, ist der Glaube an *Magie*. Mentale Telepathie, Astrologie, außersinnliche Wahrnehmung, Mystizismus und Telekinese sind Bestandteile dieses Glaubenssystems. Das Individuum glaubt, daß sein Geist mit anderen kommunizieren und selbst in seiner physischen Umgebung Veränderungen bewirken kann, weil ihm seine LSD-Erfahrungen dies vortäuscht. *Der ‚Acid Head' entwickelt einen Lebensstil, der fest in dieser Glaubensstruktur wurzelt.*"[9]

Science-fiction funktionierte in der Hippiebewegung wie eine säkularisierte Religion. Sie breitete sich über die Subkulturen hinweg aus und erzeugte in ihr „Nester" für neue Gläubige.

Der Romanhelde Valentine Michael Smith predigte die neue Science-fiction-Religion mit folgender Botschaft: „Folge mir, zerreiße deine realen Familienbande, lebe dich in freiem Sex aus und liebe in der erweiterten Familie der neuen Gläubigen. Lerne diese besonderen Kräfte, und du wirst persönlich erfüllt werden." Pfeife auf alle Realitätsanforderungen, die die Gesellschaft an dich stellt — könnte man noch ergänzen.

Was Heinlein in *Ein Mann in einer fremden Welt* dem Christentum entgegensetzt, ist infantil bis primitiv. Wenn es zum Beispiel im Christentum heißt, der Mensch sei als Abbild des lebendigen Gottes geschaffen, so wird bei Heinlein daraus eine Art Supermann. Und wenn der Mensch, obwohl er die Vollkommenheit Gottes nie erreichen wird, mit der Gnade Gottes immerzu an der Vervollkommnung seiner Erkenntnis und seiner Menschlichkeit arbeitet, dann ist das etwas ganz anderes, als wenn er sich magische Kräfte ergaunert.

Ein Mann in einer fremden Welt verschaffte sogar einer selbsternannten, heidnischen „Kirche aller Welten", die in den USA entstanden war, die „Theologie". Tom Williams, ein Priester dieser

„Kirche aller Welten" und in dem Jahrzehnt nach der 68er Jugendrevolte der wichtigste Organisator der neuheidnischen, religiösen Bewegung in den USA, bemerkte einmal, daß Science-fiction der Religionsersatz im New Age sei. Heinlein selbst diente in den 70er Jahren dieser „Kirche" als inoffizieller Berater.

Diese neuheidnische Bewegung leitete unmittelbar in den aus Großbritannien stammenden „Gaia-Kult" über, der eine „Mutter Erde", eine archaische Erdgöttin verehrt. Die modernen Gaia-Anbeter bildeten weltweit die Avantgarde der radikalen Ökologiebewegung. Inzwischen bekennen sich sogar anerkannte „Wissenschaftler" und namhafte Mitglieder der besseren Gesellschaft öffentlich zum Gaia-Kult.

Über den geistigen Hintergrund seiner neuheidnischen Religionsgründung schrieb Williams in seiner Zeitschrift im März 1975:

> „Die Zeichen stehen auf Umbruch. Welt und Gesellschaft, wie wir sie gekannt haben, kommen zum Stillstand, und überall gibt es die Erwartung von Veränderung, eines neuen Zeitalters (New Age) ... Seit dem Auftreten solch widersprüchlicher Kritiker wie Marx und Nietzsche hat sich in der westlichen Gesellschaft die dumpfe Ahnung verbreitet, daß ihr Zusammenbruch bevorstehe. Zwei katastrophale Weltkriege und unzählige kleinere Unglücke in diesem Jahrhundert sind Vorboten und Fanfarenstöße für den nahenden Zusammenbruch. Weder Nietzsche noch Marx konnten vorhersehen, wie sich der Wandel vollziehen würde. Aber beide waren sich darüber im klaren, daß die alte Weltordnung in ihrer bisherigen Form *keinen Bestand* haben würde. Und jetzt sind wir weit über Marx und Nietzsche hinausgelangt. Nietzsche forderte die ‚Umwertung aller Werte'. Und, wie wir heute wissen, hat er schon gewußt: Das neue Zeitalter wird neu sein, eine totale Transformation der Kultur, der Weltanschauung und der Mythologie.
> Wir und alle, die ein Gespür für New Age haben und sich danach sehnen, suchen nach Bildern und Eindrücken des Neuen. Dabei hilft uns eine bestimmte Literaturgattung sehr. Science-fiction-Phantasie ist keine ganz neue Form, aber eine, für die unsere Zeit jetzt reif geworden ist. Menschen auf der Suche nach den Bildern, um die ungeheure Fülle von neuen Möglichkeiten zu verstehen und hervorzubringen, kann sie als Mythologie dienen, um die Morgendämmerung des Zeitalters des Wassermanns heraufzubeschwören.

Ich habe die westliche ‚Zivilisation' als ‚Realitätskonstrukt' beschrieben. Dieses Konzept hilft uns, die Wechselwirkung zwischen dem Mythos und der Welt und die Rolle der Science-fiction/Phantasie zu untersuchen. Der Begriff ‚Konstrukt' deutet darauf hin, daß das, was wir normalerweise für Realität halten, *gemacht* und nicht vorgegeben ist, daß es das Produkt oft unausgesprochener Meinungen und Annahmen ist. Die Realitäten erscheinen als unveränderbar, weil sie einfach nie hinterfragt werden ... Es ist meine Überzeugung, daß die Realität zwei Seiten hat. *Eine davon ist subjektiv und/oder auf allgemeine Übereinstimmung gegründet.* Und die kann erst durch den überwältigenden Konsens aller zur objektiven Realität gerinnen. Die Mythologie der Science-fiction/Phantasie befreit uns von der Unterdrückung durch jene Realitätskonstrukte, die nur auf dem überwältigenden Konsens der meisten basieren. Die Mythologie erreicht dies auf zwei Wegen: erstens bietet sie uns — und das ist der offensichtlichste Weg — alternative Realitätskonstrukte an; und zweitens offenbart sie uns die *Methode, nach der Realitäten gemacht werden*" *(Hervorhebungen im Original).*[10]

Margot Adler, die Enkelin des berühmten Psychoanalytiker Alfred Adler, die selbst in diese Kreise eingeweiht war, bestätigte, daß Robert Heinlein mit *Ein Mann in einer fremden Welt* das Gründungsdokument der „Kirche aller Welten" geschrieben hat.[11]

Auch Tim (Otter) Zell, ein anderes Gründungsmitglied der „Kirche aller Welten" erklärte einmal, daß der Roman auf junge amerikanische Intellektuelle in den 60er Jahren wie ein Lebenselixier gewirkt habe.

Die meisten Science-fiction-Klassiker, die bei der Hippiegeneration ankamen und von ihr „verschlungen" wurden, arbeiteten mit ähnlichen Stilmitteln und dem gleichen literarischen Material. Zwei der wichtigsten Kollegen Robert Heinleins waren die Autoren Arthur C. Clarke und Theodore Sturgeon, der eigentlich Edward Hamilton Waldo hieß. Clarkes Phantasieroman *Das Kindheitsende* beschreibt eine Generation von Superkindern, die einen so hohen Entwicklungsstand und so starke mentale Kräfte haben, daß ihre Eltern sie als un- bzw. überreal von sich stoßen. Am Ende des Buches besteigen sie als gottgleiche Übermenschen ein Raumschiff und verlassen den zum Untergang geweihten Planeten endgültig.

1953 erschien Theodore Sturgeons Roman *Mehr als mensch-*

lich, der während der gesamten sechziger Jahren sehr populär war. Er handelt von einer Gruppe mißratener Menschen, die entdeckt, daß sie sich telepathisch zusammentun kann, um gemeinsam eine zusammengesetzte, aber dafür um so mächtigere Persönlichkeit zu bilden.[12] Die Werbebroschüre, die der Verlag für *Mehr als menschlich* verbreitete, könnte auch für die Manson-Familie Reklame gemacht haben:

> „Jeder einzelne für sich ist nur ein irrsinniger Junge, ein entlaufenes Mädchen, ein weit zurückgebliebenes Baby, ein Zwillingsmädchen mit einem Wortschatz von wenigen Wörtern. Aber sobald sie sich mysteriös vereint haben, entsteht aus dieser Gruppe von Mißratenen etwas, was sich vom Rest der Menschheit sehr, sehr unterscheidet. Stößt zu dieser Gruppe nur noch ein verbittertes Waisenkind, so erreicht sie ein grenzenloses Potential *sowohl zum Guten wie auch zum Bösen*".[13]

In diesem Zusammenhang sind die Erkenntnisse des Psychiaters Dr. Dernburg aufschlußreich, der bei den Hippies von Haight-Ashbury Anzeichen von „psychologischer Plateaubildung" feststellte, d.h. den Hippies sei es nicht gelungen, über die Pubertät hinaus zu reifen. Stattdessen diagnostizierte er bei ihnen Merkmale eines extremen „protoplasmischen Bewußtseins", sie hätten den Drang, sich wie Kletten aneinanderzuhängen, eben wie „Protoplasma" ineinanderzufließen. Genauso hatte es Sturgeon in seinem Roman beschrieben und Heinlein an den Nestinsassen seines Romans dargestellt.

Dieses Symptom, dessen Ursache in der unter dem Einfluß der psychoanalytischen Doktrin veränderten Familienstruktur zu suchen ist, wird durch psychedelische Rauschgifte und die entsprechende soziale Umgebung drastisch verstärkt. Dr. David Smith schrieb darüber:

> „Wenn LSD in einer psychedelischen Umgebung genommen wird, in der andere Individuen dieselbe Erfahrung machen, dann verstärkt das die Interpretation der psychedelischen Realität. Wiederholte LSD-Erfahrungen mit Freunden, die eine positive Interpretation der LSD-Erfahrung unterstützen, ruft einige sehr dramatische psychologische Veränderungen in dem ‚Acid Head' hervor. Ich habe diese charakteristische Veränderung bei chronischen LSD-Konsumenten als ‚psychedelises Syndrom' beschrieben."[14]

Heinleins Botschaft, das Individuum solle seine Identität in der Gruppenidentität aufgehen lassen, ist höchst gefährlich, wenn sich die falschen Leute dieser Methoden bedienen. Auch in Heinleins Roman handelt es sich nicht um eine beliebige führerlose Gruppe. Heinleins Held Valentine Michael Smith ist der absolute Führer des Kultes und der Gruppe, der ähnlich wie Manson die Rolle des absoluten Vaters spielt. Sein Einfluß ist um so größer, wenn es sich bei den Gruppenmitgliedern um Menschen handelt, die in der Pubertät stecken geblieben sind. Wenn in dieser Gruppe individuelle Verantwortung nicht existiert oder kaum zählt, dann kann der Kultführer zu einem Gruppenmitglied sagen: „Morde!", und das Mitglied mordet ohne viele Gewissensbisse.

Wie der Vater für das Kleinkind laut Sigmund Freud das Über-Ich, die gültige Werteordnung, darstellt, so repräsentiert der Kultführer für sein Gefolge das neue, bisher nur vage erkennbare Wertesystem der heraufziehenden neuen, alternativen Welt. Und gerade diese Funktion verleiht ihm jenen in allen einschlägigen Romanen auffälligen Anstrich der Gottähnlichkeit. Dr. Joost Meerloo, der in seinem Buch *Vergewaltigung des Bewußtseins* darüber schreibt, wie totalitäre Weltanschauungen das Vaterbild ersetzen, sagt dazu folgendes:

> „In einer Studie über ‚living by proxy' beschrieb ich die Unterbrechung der emotionalen Entwicklung, die entsteht, wenn der Vater seine normale Rolle nicht spielt oder nicht da ist. Ein Kind, das in einer solchen emotional fehlerhaften Atmosphäre aufwächst, sucht fortwährend nach starken Figuren, die als Ersatz für die normalen Beziehungen, die das Kind unter normalen Bedingungen erlebt hätte, dienen kann. Die potentielle psychologische Dominanz des Vaters kann ein Segen, aber auch ein Fluch sein. Denn die emotionale Haltung des Kindes zu seinem Vater wird der Prototyp seines Verhaltens zu zukünftigen Führern und zur Gesellschaft selbst."[15]

Wie sich das im Falle der Manson-Familie auswirkte, beschrieb Dr. David Smith sehr eindrucksvoll:

> „Die meisten Vielehen-Kommunen, die längere Zeit überdauern, haben eine ‚Vaterfigur' als geistigen Führer der Gruppe. Die hier behandelte Vielehen-Kommune hatte auch eine solche ‚Vater-Figur',

Charlie ... Er war nie wegen eines Gewaltverbrechens verhaftet oder verurteilt worden und legte während der Studie sogar eine Philosophie der Gewaltlosigkeit an den Tag. — Er war ein extrovertiertes, überzeugendes Individuum, der dieser Vielehen-Kommune als absoluter Führer vorstand. Was er zuließ, wurde vom Rest der Gruppe gutgeheißen, was er ablehnte, war verboten.“[16]

In den 50er Jahren waren in Amerika sogenannte „Comics“ mit ihren surrealen Superhelden wie „Plastikmann“, „Kapitän Marvel“ oder „Die menschliche Fackel“ verbreiteter Lesestoff für Kinder. Jay Stevens sagt dazu: „Sie (die Comics, C.G.) waren die neuen Mythen, und in dieser mythischen Umwelt agierten die Helden extrem unangepaßt.“ Ken Kesey nennt sie sogar die einzigen amerikanischen Mythen.[17]

Die Ursache für den Erfolg dieser Mythen sieht Jay Stevens darin, daß sich die Eltern damals mehr und mehr aus der Realität heraushielten, obwohl die fünfziger Jahren wirtschaftlich zu den erfolgreichsten in Amerika gehörten. Er schreibt:

„In einer Zeit, in der die Eltern davor zurückschrecken, sich mit den großen Fragen der Zeit auseinanderzusetzen, verschlangen die ‚Baby Boomers' (Kinder vor dem Pillenknick, C.G.) Geschichten über Durchschnittsamerikaner, die durch einen Schicksalsschlag oder einen Unfall zu übermenschlichen Kräften gelangt waren. Sie benutzten ihre neuen Kräfte nicht, um ihr Bankkonto aufzubessern, sondern um die Mächte des Bösen und der Ungerechtigkeit zu bekämpfen.“[18]

Kinder, die getrennt von der Realität unter einem schwachen, meist gar nicht in Erscheinung tretenden Vater aufwachsen, sind mit oder ohne Rauschgift für eine sogenannte „geistige Vaterfigur“ anfällig. Martin A. Lee und Bruce Shlain gehen darauf ausführlich in ihrem Enthüllungsbuch *LSD-Träume – Die CIA, LSD und die Rebellion der 60er Jahre* ein.In bezug auf Publikationen der Gegenkultur, in denen neben anderen okkulten Klischees häufig auch über Ufos und Außerirdische berichtet wird, schreiben sie:

„Der Appetit nach geistiger Transzendenz, die Sehnsucht, über sein ‚schwitzendes Selbst' hinauszuwachsen, wie Huxley es beschreibt, ist ein unstillbarer Trieb. Er kann viele Formen annehmen: die Form einer verrückten, religiösen Sekte, die Form der Parapsychologie, des Okkulten usw. Während solche Phänomene die Leser nicht notwendigerweise in die Irre treiben müssen, wohnt ihnen dennoch die Gefahr inne, daß man alles auf einen Schlag, wie es Nietzsche ausdrückte, haben will, sei es mit Hilfe einer Pille oder eines perfekten geistigen Meisters. Diese verzweifelte Sehnsucht macht Individuen hochgradig anfällig für Manipulationen durch totalitäre Persönlichkeiten. Es war schließlich Charles Manson, der einen Song mit dem Titel ‚Das Ego ist ein überflüssig Ding' geschrieben hat."[19]

Wie das funktioniert, läßt sich bei Dr. David Smith nachlesen. Er schreibt, daß Charlie vor allem fasziniert hat, wie der Roman *Ein Mann in einer fremden Welt* „sein gebrechliches Ego aufgerichtet und seinen Mädchen einen Sinn des Leben gegeben hat, den sie woanders nicht gefunden hatten". Weiter heißt es dort:

„Obwohl Roger Smith sich nicht sicher war, ob Charlie Heinleins Roman im Gefängnis oder in Haight-Ashbury kennengelernt hat, war er davon beeindruckt, wie genau er seine Phantasien nach dem Inhalt dieses Buches ausrichtete. Bei Charlie hatte der christusartige Charakter von Valentine Michael Smith einen tiefen Eindruck hinterlassen. Er hatte ihn angeregt, sich in Haight-Ashbury als eine Art Retter aufzuspielen. Charlie war für Mystisches empfänglich, er besaß musikalische Fähigkeiten und damals eine betont pazifistische Einstellung, eine scheinbare Weichheit und eine besondere Bewunderung für Kinder.

Zu den Mädchen gehörten Mary Brunner, eine frühere Studentin der Universität von Kalifornien, Patricia Krenwinkel, eine 20jährige Ex-Studentin aus Los Angeles, Sandra Good, die Tochter eines Börsenmaklers aus San Diego, die die meiste Zeit ihres Lebens in Internaten verbracht hatte, während — wie sie sagte — ‚meine Mutter versuchte, in die Klatschspalten der Presse zu gelangen,' und Susan Atkins, das Produkt einer zerrütteten Familie in San Jose. Fräulein Atkins hatte eine Bewährungschance verspielt und war Stripteasetänzerin geworden. Sie wurde, als sie in die Familie kam, in Sadie Mae Glutz umbenannt. Charlie sprach von ihr als ‚meine rechte Hand' ... Obwohl alle Mädchen von durchaus wohlhabenden Familien abstammten, teilten sie alle Charlies *Gefühle des Ausgestoßenseins und der Entfremdung von der Gesellschaft*.

Zusammen mit den eigentlichen Hippies und Valentine Michael Smith glaubte Charlie, daß die Menschen von Geburt an durch ge-

Herausgeber der Zeitschrift *Journal of Psychedelic Drugs.*"

10. Tom Williams, „Science-Fiction/Fantasy: A Contemporary Mythology," *The Green Egg*, Vol. VIII, No. 69, 21. März 1975, S. 5f.
11. Margot Adler, *Drawing Down the Moon: Witches, Druids, Goddess-Worshippers and Other Pagans in America Today*, Boston, Beacon Press, 1986. Keine andere Veröffentlichung legt so einsichtig und interessant dar, wie die „Kirche aller Welten", Zell und die übrigen neuheidnischen Gruppen Amerikas aus der Science-fiction-Bewegung hervorgegangen sind. Frau Adler arbeitete in den Vereinigten Staaten als Reporterin für den nationalen öffentlichen Rundfunk und war selbst Priesterin eines „Wicca"-Hexenbundes. Sie schrieb das umfassendste wissenschaftliche Werk über polytheistische Religiosität in den USA. Es hat sich übrigens gezeigt, daß die Ideen ihres Großvater Alfred Adler wesentlichen Einfluß auf die *Process Church*, einen in den sechziger Jahren in Europa und den Vereinigten Staaten verbreiteten satanischen Kult, hatten. Auch Charles Manson stand, wie das nächste Kapitel zeigen wird, unter dem Einfluß dieser Sekte.
12. Jay Stevens, *Storming Heaven: LSD and the American Dream*, London, Collins Publishing Group, 1989, S. 327f. Die Originalausgabe erschien 1988 bei William Heineman in England.
13. Theodore Sturgeon, *More than Human*, London, Victor Gollancz, 1986, S. 1. Sturgeon, Jahrgang 1918, beschäftigte sich vor allem mit psychologischen Themen. Er veröffentlichte zahlreiche Kurzgeschichten und Romane. Die bekanntesten sind *The Dreaming Jewels* und *Venus Plus X*. In der Zeitschrift *Locus* vom Juni 1988, wo die Nachrufe auf Heinlein veröffentlicht wurden, heißt es: „Er (Heinlein, C.G.) ging großzügig mit seiner Zeit und seinem Geld um. Einmal gab er Phil, Dick und Theodore Sturgeon einen größeren Kredit. Als der letztgenannte einmal auf dem Trockenen saß, schickte ihm Heinlein zwei Seiten mit Ideen für Handlungen, die er über die Jahre aufgelesen hatte." Sturgeon starb bereits 1985.
14. Smith, „Changing Drug Patterns in the Haight-Ashbury," a.a.O., S. 154f.
15. Joost A.M. Meerloo, *The Rape of the Mind: the Psychology of Thought Control, Menticide, and Brainwashing*, New York, Grosset and Dunlap, 1961, S. 189f.
16. Luce and Smith, *Love Needs Care*, a.a.O.
17. Ken Kesey ist ein bekannter psychedelischer Autor der sechziger Jahre. Sein berühmtester Roman war *One Flew Over The Cuckoo's Nest*, London, Pan Books, 1973. Daraus wurde der berühmte Film mit Jack Nicholson „Einer flog über das Kuckucksnest". Kesey lebte in einer Kommune mit Namen „Merry Pranksters", sie reiste in den Vereinigten Staaten umher, warb für LSD und andere psychedelische Rauschgifte und predigte neben den antiautoritären auch die übrigen Werte der Gegenkultur. Kesey war wie viele andere zuerst

am Veterans Hospital in Menlo Park in Kalifornien durch das staatlich finanzierte LSD-Forschungsprogramm auf Rauschgift gestoßen worden. Wie bei dieser Gelegenheit üblich, erhielt er für seine Teilnahme am Experiment eine finanzielle Zuwendung.

18. Stevens, *Storming Heaven,* a.a.O., S. 145f.
19. Martin A. Lee und Bruce Shlain, *Acid Dreams: the CIA, LSD, and the Sixties Rebellion*, New York, Grove Press, 1985, S. 185f.
20. Luce und Smith, *Love Needs Care*, a.a.O., S. 258-263.
21. Bugliosi, *Helter Skelter*, a.a.O., S. 656.
22. Russell Miller, *Bare-Faced Messiah: The True Story of L. Ron Hubbard*, London, Michael Joseph, 1987, S. 109f.

7. KAPITEL

Manson und Scientology

Als Manson 1961 ins Bundesgefängnis McNeil Island im Staat Washington eingeliefert wurde, trug er in der Gefängniskartei unter Religionszugehörigkeit „Scientology" ein. Er beschäftigte sich damals mit den verschiedensten Religionen und psychoanalytischen Schulen und war durch Freunde im Gefängnis auf diese Sekte gestoßen. Bei seiner Entlassung aus dem McNeil-Gefängnis hatte er über 150 Kurse der Scientology Church absolviert und sich dadurch für den höchsten Rang der Scientologen, den „Theta Clear", qualifiziert.[1]

Im Gespräch mit seinem Biographen Nuel Emmons erklärte Manson:

> „Ich wollte meinen eigenen Geist kennen und verstehen lernen. Gefängnispsychologen haben mir oft genug erklärt, ich hätte Verfolgungs- und Minderwertigkeitskomplexe, aber sie haben niemals etwas unternommen, diese Mängel zu beheben ... Ins Gefängnis paßt jede Art von Weltanschauung. Einige mögen gut sein, andere weniger gut. Was für den einen gut und richtig ist, muß nicht notwendigerweise auch für den anderen gut und richtig sein. Daher habe ich mir alles angesehen. Ich richtete meine Aufmerksamkeit sowohl auf einzelne Personen als auch auf ihre Weltanschauungen. Wenn ich einen Kumpel traf, der offensichtlich oben auf war und sich im Griff hatte, dann folgte ich seinen Überzeugungen, um zu sehen, ob auch ich mich durch sie stärken kann. So begann ich die verschiedenen Gruppen, die von der Verwaltung nicht völlig sanktioniert waren, zu studieren.
>
> Ich studierte Hypnose und Psychiatrie. Ich las alle Bücher, die ich finden konnte, wenn sie von der Entwicklung des Geistes handelten. Ein Zellenkollege brachte mich auf Scientology. Mit ihm und einem anderen Typ stieg ich ziemlich tief in Dianetik und Scientology ein.

Dadurch und durch meine anderen Studien kam ich aus meinem depressiven Zustand heraus. Ich verstand mich selbst besser, hatte eine *positive* Lebenseinstellung und wußte, wie ich meine Energien auf jeden Tag und jede Anstrengung richten mußte. Ich hatte mehr Vertrauen zu mir und wählte den Weg, den ich gehen wollte, während ich früher immer darauf angewiesen war, zuzuhören und zu folgen.“[2]

Einige Autoren, vor allem Bugliosi, glauben, Manson sei nach einiger Zeit der Scientology „überdrüssig“ geworden und habe sie aufgegeben. Zu anderer Einsicht gelangte Ed Sanders nach ausführlichen Interviews mit Bekannten von Manson: „Charlie sprach bei seinem Gerede immer wieder über Scientology“.[3] Manson schickte später Bruce Davis, der in der Kommune so etwas wie die Rolle des Manson-Stellvertreters einnahm, nach London zum Welthauptquartier der Scientologen, wo Davis für einige Monate angestellt wurde.[4]

Es gibt aber noch ein anderes Argument gegen Bugliosis Annahme. Scientology legt es darauf an, die Persönlichkeit ihrer Mitglieder von Grund auf zu verändern. Wenn man sich der Sekte, wie Manson, mit einigem „Erfolg“ ausgeliefert hat, kann man ihre „Lehren“ nicht so einfach wieder fallen lassen. Schließlich hat Manson unübersehbar die Methoden der Scientology noch beim Aufbau seiner Familie angewandt. Er hätte das sicher nicht getan, wenn er Scientology, aus welchen Gründen auch immer, fallengelassen hätte.

Was ist Scientology?

1950 wurden vor allem an der amerikanischen Westküste Hunderttausende in den Bann einer neuen Mode geschlagen, die Heilung von allen nur denkbaren mentalen und psychischen Problemen versprach. Nach einer Art Selbstanalyse sollte jeder befähigt sein, als „Auditor“ auch andere heilen zu können. Eine besondere Ausbildung wäre dazu nicht nötig. Es genügte, ein Buch zu kaufen — den Titel des Science-fiction-Autors L. Ron Hubbard *Dianetik — die moderne Wissenschaft der geistigen Gesundheit*. Für seine Verbreitung machte sich vor allem die Zeitschrift *Astounding Science Fiction* stark, die in ihrer Maiausgabe 1950 umfangreich und begeistert für Dianetik warb. Endlich gebe es ein System, das uns auf den Weg zur völligen Gesundheit führe.[5]

Als Hubbard in die Dianetik einstieg, gab noch ein anderer erfolgreicher Science-fiction-Autor, Alfred van Vogt, seine Schriftstellerkarriere auf, um sich ganz der Dianetik, die bald in Scientology umbenannt wurde, zu widmen. Die beiden taten sich zusammen, um eine neue synthetische Religion zu begründen.

Eine aufschlußreiche Quelle zum Studium der Anfänge der Scientology Church und ihrer Verbindungen zur Science-fiction-Bewegung ist der frühere Soziologieprofessor William Sims Bainbridge von der Universität Harvard, der 1970 selbst sechs Monate lang Mitglied der Scientology war und 1971 in die Process Church überwechselte. In einem unveröffentlichten Forschungsbericht mit dem Titel „Wissenschaft, Technik und Religion — Der Fall Scientology" schrieb er:

> „Science-fiction ist beides: Propaganda für Wissenschaft und ihre Verdrehung im öffentlichen Bewußtsein ... Obwohl die Anhänger der Subkultur, welche die Science-fiction hervorgebracht hat, konventionelle Religionen meist ablehnen, sind Geschichten, in denen (Pseudo-)Religiöses eine Rolle spielt, durchaus üblich. Science-fiction-Fans akzeptieren Dinge wie außersinnliche Fähigkeiten, die als übernatürlich betrachtet werden, und sie trugen selbst zur Gründung mehrerer neuer Religionen bei, von denen Scientology nur das bekannteste Beispiel ist ... Obwohl sich die Science-fiction-Subkultur nicht besonders gerne an Hubbard erinnert, versorgte sie ihn mit einem *grundlegenden Vorrat alternativer Kultur*, aus dem er schöpfen konnte, um seine neue (pseudo-) wissenschaftliche und technologische Religion zu stiften."[6]

Nach Bainbridge ist es wahrscheinlich, „daß Science-fiction alle ein bis zwei Generationen einen neuen blühenden Glauben hervorbringen wird".[7]

Hubbard lehnte sich eng an frühere Modekulte in den USA an und hielt sich zur Beschreibung seiner Techniken weitgehend an den Jargon der Psychoanalyse.

Sein Mitstreiter van Vogt hatte sich intensiv mit dem polnischen Semantiker Graf Alfred Korzybski befaßt, vor allem mit dessen 1948 erschienenen Buch *Allgemeine Semantik*, das beim Entstehen des New Age eine wichtige Rolle spielte. Marilyn Ferguson nennt Korzybski einen wichtigen Vordenker der Verschwörung des Wassermannes.[8] Korzybski habe gezeigt, wie die jüdisch-christliche Kultur die europäischen Sprachen geprägt und durchsetzt habe. Wolle man diese „einschränkende" Denkweise überwinden, dann sei es zwingend erforderlich, auch diese Sprachen von Grund auf zu transformieren.

Diese Gedanken des polnischen Semantikers beeindruckten van Vogt so, daß er sich vornahm, durch eigene Veröffentlichungen an der Veränderung der in der Sprache verkörperten geistigen Denksubstanz zu arbeiten. Das Buch, das sich ausdrücklich dieser Aufgabe widmete, erschien unter dem Titel *Die Welt des Null-A.*[9] Um Korzybskis Theorien zu verbreiten, plante van Vogt bereits, eine eigene „Kirche der allgemeinen Semantik" zu gründen.

Doch nun bot sich für van Vogt in der Scientology-Kirche die Möglichkeit, an seinem Sprachenprojekt zu arbeiten, um die Menschen für neue Weltanschauungen und Realitätsempfindungen aufzuschließen. Diese Idee spielte auch im Alltag der Manson-Kommune eine ganz wesentliche Rolle, wie wir bereits bei dem Spiel mit dem Wort „groken" gesehen haben.

Bainbridge und Cooper berichten, daß es Anfang der 70er Jahre zu den wichtigen Übungen von Scientology-Novizen gehörte, ein sogenanntes „Alice-Spiel" zu spielen, das sich auf das Buch von Lewis Carroll *Alice im Wunderland* bezieht.[10] Der „Lehrling" wird dabei aufgefordert, in seine normalen Unterhaltungen und Gespräche absurde Sätze und Wortverbindungen einfließen zu lassen und so zu tun, als sei das ganz normal und vielsagend. Empfohlen werden zum Beispiel Verse aus *Alice im Wunderland* wie: „Vier mal fünf ist zwölf und vier mal sechs ist dreizehn", oder „Die Frage ist, was der Erzbischof fand ..." oder „Der Meister sagt, du mußt den Kamin hinunter".

Heute bieten sich mit sogenannten Computerspielen, die als Gameboy fast in jedem Kinderzimmer herumliegen, weit wirksamere Methoden, um die gleiche Sprachverwirrung oder Sprachreduzierung bei weitaus mehr Menschen zu bewirken. Wer häufig solche Spiele spielt, gewöhnt sich daran, Aussage und Bedeutungsgehalt zu trennen, die sprachliche Formulierung wird zur leeren Informationshülse. Solche Sprachspiele sind die Tür zur Welt des Irrationalen und Absurden. Für Alice im Wunderland wird alles komisch, einfältig, witzig. Nichts hat für sie irgendeinen Aussagegehalt, nichts bedeutet für sie eine Herausforderung. Sie braucht sich überhaupt nicht mehr die Mühe zu machen, etwas verstehen oder gar begreifen zu wollen. Der unmittelbare, zufällig ausgelöste Gag ist das einzige, worauf diese Sprachspiele noch hinauslaufen.

Bugliosi berichtet, daß solche Spiele in der Manson-Familie zur Unterhaltung beitrugen. Die Familie liebte es, sich immer wieder neu zu kostümieren und aus dem Stegreif szenische Stücke aufzuführen, die aus dem absurden Theater stammen konnten. Manson veranlaßte auch, daß sich seine Kommunarden immer wieder neue Namen zulegten. Die bei den Tate-Morden besonders aktive Susan Atkins nannte sich unter anderem Sadie Mae Glutz.

Die Scientologen versprachen ihren Anhängern, neurotische Eigenschaften durch eine Reihe psychologischer Techniken vollkommen zum Verschwinden zu bringen. Darüber hinaus könne der Betreffende noch in die Lage versetzt werden, Bereiche seines Gehirns und geistigen Potentials zu mobilisieren, die bisher durch die Vorherrschaft des abendländischen Denkens blockiert wären. Auf diese Weise ließe sich der Intelligenzquotient um mindestens 135 Punkte anheben, verschüttete schöpferische Vorstellungskräfte zurückbilden, das Erinnerungsvermögen ausweiten und die Willenskräfte stärken. Es winke eine glänzende Gesundheit, die jeden zu einer anziehenden Persönlichkeit mache und einem eine unerschütterliche Selbstbeherrschung verleihe.[11] Eine solche Person nennt sich dann „Clear“, was soviel bedeutet wie „geklärt“ oder auch „gehirngewaschen“.

In seine eigenen der Psychiatrie und Psychoanalyse entlehnten Verfahren übersetzte Hubbard in eine phantastische Science-fiction-Sprache, die in manchem an die Sprache von Computerfreaks erinnert. Zum Beispiel ist das „E-Meter“ eine primitive Ausgabe des Lügendetektors. Es wird vom „Auditor“ eingesetzt, um den Anwärter aus dem neurotischen Zustand des „Pre-clear“ zum neurosefreien Zustand des „Clear“ zu führen. Bei der Behandlung soll der Anwärter intime Einzelheiten seiner Vergangenheit enthüllen und die dabei beobachteten Probleme mit seinem Auditor diskutieren.[12] Auf diese Weise werden ausgefeilte psychologische Profile der Adepten gewonnen und in späteren Sitzungen immer wieder aufgegriffen.

Vor 1968 gehörte es zur üblichen Vorgehensweise von Scientology, die Adepten einen detaillierten Fragebogen ausfüllen zu lassen, der später aber aus Angst vor rechtlichen Konsequenzen aufgegeben wurde. Er enthielt Fragen wie: „Was hältst Du von Sex? Hast Du schon einmal jemanden vergewaltigt? Wurdest Du selbst vergewaltigt? Hattest Du schon Gruppensex? Hast Du schon einmal Kannibalismus praktiziert? Hast Du schon einmal Homosexualität oder Sodomie getrieben?" usw. Schließlich sollte in dem Fragebogen noch beantwortet werden: „Was hast Du getan, worüber sich Deine Mutter schämen würde, wenn sie es erführe? Was geht in Dir vor, während ich das alles von Dir erfahren will? Hast Du schon einmal versucht, Dich wie ein normaler Mensch zu verhalten?" Nach Angaben von Scientology wurde der Fragebogen 1968 zwar abgeschafft, ob damit auch derartige Fragen unterblieben, steht dahin.[13]

Nach einem derartigen Verhör drängt der Auditor den Anwärter, sich an Ereignisse vor der Geburt zu erinnern, und macht ihn allmählich glauben, seine neurotischen Schädigungen (Engramme) stammten aus Erlebnissen in früheren Leben, also vor dieser oder einer anderen Reinkarnation. Nun wird das Opfer aufgefordert, diese Engramme durch sogenanntes „Auditing" oder in „Verarbeitungssitzungen" auszulöschen. Dazu müssen diese „früheren Leben" aufgearbeitet und nachvollzogen werden. Dem Opfer wird in Aussicht gestellt, es könne schließlich, wenn es nur fleißig mit solchen Übungen fortfahre, bis zum „Operant Thetan" oder „OT" aufsteigen, das seien körper- und wesenlose Geister, die seit Ewigkeit in einem von Materie frei gebliebenen Universum existieren.

Scientologen glauben dementsprechend, daß im Grunde jeder Mensch ein in die schlechte Welt der Materie herabgestiegener Thetan oder Gott sei. Der einzelne müsse nur diese Seite in sich wieder entdecken und freilegen. Genau das war es, was auch Manson für sich in Anspruch nahm und predigte. Hierbei ist ein wesentlicher Unterschied zur christlichen Auffassung zu beachten. Scientologen glauben nicht, daß der Mensch einen göttlichen Funken oder eine Seele habe, sondern daß er selbst diese göttliche Geistseele sei. Sein Körper gehöre wie die Materie einer letztlich unwirklichen Einbildungs- oder Scheinwelt an.

Die Bezeichnung Scientology führte Hubbard 1952 ein, um sie von der Dianetik abzuheben, nachdem letztere wegen einiger Skandale in Verruf geraten war. In diesem Zusammenhang trennte sich Hubbard von seiner Frau, die er zuvor als „ersten Clear der Welt" hingestellt hatte. Nun erklärte sie öffentlich, Hubbard sei krank und brauche dringend psychiatrische Behandlung.

Doch unbeirrt organisierte Hubbard seine Scientologen zu einer straffen Kirche, der Scientology. Zur Unterscheidung von Dianetik und Scientology sagte Hubbard folgendes:

> „Dianetik befaßt sich mit dem Körper, Scientology mit dem Geist ... Daher wird die Dianetik angewandt, um Krankheiten zu besiegen und ungewollte Gefühle, Fehlleitungen, Schmerz u.ä. zu bekämpfen. Scientology wird nie für derartiges benutzt. Scientology wird eingesetzt, um die geistige Freiheit zu vergrößern, Intelligenz zu befähigen, um Unsterblichkeit zu erzeugen".[14]

Die Werbemethoden der Scientology Church ähneln denen sehr deutlich, die Manson bei der Mitgliederwerbung für seine Kommune verwendete. Dazu William Bainbridge:

> „Technianity überzeugt ihre Anhänger von ihrer Anschauung langsam, läßt sie eine ‚Realitätswanderung' ausführen. Dieser Ausdruck stammt von Roger selbst, eignet sich aber auch für den sozialwissenschaftlichen Gebrauch bestens. Realitätswanderung meint eine abgestufte Einführung in eine neue Ideologie. Schritt für Schritt durchmißt man eine Reihe immer befremdlicherer Erfahrungen und schreitet zu immer abwegigeren Ideen fort. Die therapeutischen Maßnahmen von Scientology zogen meinen Freund langsam auf immer tiefere Stufen kultischer Überzeugungen hinunter. Sie begannen ihn allmählich zu fesseln und entfernten ihn immer weiter von den Überzeugungen, die von Außenstehenden im allgemeinen vertreten werden."[15]

Bainbridges Begriff „befremdlich" ist durchaus zutreffend, denn das Gefühl der Fremde spielt auch in der Lehre der Scientologen eine wichtige Rolle. Die Mitglieder sollen sich in dieser Welt nicht nur in der Fremde fühlen, sie sollen sich als etwas ganz anderes als andere Menschen sehen und fühlen. Ein solches Gefühl ist — wie der Psychiater Dr. Joel Hochman schrieb — die Voraussetzung, um einen Menschen zum Mörder an anderen Menschen werden zu lassen.

Die Protestsubkultur hatte ähnlich wie die Jugendbewegung der zwanziger Jahre das Gefühl, „anders als die anderen" zu sein. Science-fiction verstärkte dieses Grundgefühl noch und bezog es auf vermeintlich andere Realitäten. Die Lebenseinstellung der älteren Generation wird gar nicht mehr pauschal abgelehnt, sondern es entwickelt sich das Gefühl, als lebte man bereits in einer ganz anderen Realität als die „ewig gestrigen" Erwachsenen. Scientology überhöht die damit verbundene Vorstellungswelt metaphysisch. Die Adepten sollen der Überzeugung sein, daß sie wie die Akteure in Heinleins Roman *Ein Mann in einer fremden Welt* selbst Außenseiter und Fremde seien und den feindlichen anderen entsprechend begegnen müßten.

Die australische Regierung ließ 1965 einen Bericht über die Scientology-Sekte anfertigen. Darin heißt es, viele Anhänger der Sekte glaubten, in ihrem früheren Leben selbst Außenseiter gewesen zu sein. Sie wollten Weltraumbewohner, Rächer, Einsiedler und ähnliches gewesen sein. Sie glaubten, von anderen Planeten erzählen zu können, und berichteten schreckliche Dinge, die mit ihnen geschehen seien. Sie phantasierten „von Kriegen zwischen Welten und von Himmelsreisen zwischen den Universen, deren Existenz vor der Zeit Hubbards nicht einmal erahnt wurden".[16]

Die Techniken, die von Scientology wie der Manson-Kommune angewandt wurden, gleichen in auffallender Weise auch denen, die Valentine Smith, der Held aus Heinleins Roman *Ein Mann in einer fremden Welt* benutzte.

1. Telepathie. Smith liest die Gedanken anderer Menschen. Die Sitzungen der Scientology leitet ein sogenannter Telepath, der angeblich in den geheimen Wünsche und Vorstellungen der Gruppe liest, ohne mit den Mitgliedern darüber zu sprechen.

2. Telekinese. Smith bewegt Gegenstände, ohne sie zu berühren. Auch bei Scientology kennt man Routineübungen, die CCH3 und CCH4 genannt werden. CCH steht für Communication, Control and Havingness (Kommunikation, Kontrolle und Einbeziehung). Die Übungen bestehen aus einer Reihe roboterartiger Befehle und breakdanceartiger Ausführungen. Sol-

che Übungen sollen die „PCs" (Pre-clears) in die Gegenwartszeit bringen. Das Ziel dabei ist, dem Adepten glauben zu machen, er könne allein durch seinen Willen in der Umgebung Wirkungen hervorrufen. Darüber schreibt Steward Lamont:

> „Bei den CCH3 und CCH4 soll der PC die Bewegung der Hände des Auditors nachahmen und Bewegungen eines Buches nachvollziehen, das der Auditor hält und bewegt. Ein weiteres Stadium erfordert, daß der PC sein Bewußtsein auf eine Wand richtet und in seiner Vorstellung eine Ecke neben die andere stellt... Der PC muß mit Aschenbechern und Stoffpuppen reden, ihnen Befehle erteilen und Dinge gemäß dieser Befehle bewegen. Zum Beispiel ging ich in einem Flur in Clearwater in Florida (dort befindet sich das amerikanische Hauptquartier der Scientology, C.G.) entlang. Dort sah ich, wie ein junger Mann einen Stuhl anschrie und damit herumhantierte. ‚Lassen Sie sich davon nicht stören', sagte mir mein Begleiter, ‚er führt gerade eines unserer Trainingsprogramme aus'. Das Reden mit Aschenbechern zieht sich sehr lange hin, so lange, bis der PC an dem Punkt anlangt, an dem er die Realität mit seinen Bewußtseinswünschen soweit durchdrungen hat, daß Absicht und Vorstellung zusammen die Aktion hervorbringen".[17]

3. Hypnose. Manson experimentierte mit Hypnose bereits an seinen Mitgefangenen im Gefängnis, um ihnen unter der Schwelle ihres Bewußtseins seinen Willen aufzwingen zu können. Ed Sanders schreibt darüber in seiner Manson-Biographie:

> „Er entschloß sich offensichtlich dazu, sie (Hypnose) zu seinem Vorteil zu benutzen, um Kontrolle über andere zu gewinnen. Ein Mithäftling Mansons im Bundesgefängnis McNeil erinnerte sich lebhaft an Aktionen, die Manson mit dem Kopfhörer ausführte. Mit Hilfe der gefängniseigenen Radiostation wollte Manson seinen Mitgefangenen in McNeil nachhypnotische Suggestionen — so nannte es der Zellennachbar — einpflanzen.
>
> Jeder Häftling war mit der Station durch Kopfhörer, die an den Zellenbetten hingen, verbunden. Manson entwickelte einen geheimen Plan, nach dem er die Rundfunkstation veranlaßte, um drei Uhr morgens Botschaften über die Kopfhörer zu verbreiten. Die Botschaften und Anweisungen wurden immer und immer wieder wiederholt.
>
> Manson gewann einen Gesangswettbewerb im Gefängnis, indem er den schlafenden Häftlingen suggerierte, er sei der Gewinner. Ein

> anderes Mal will er so im Gefängnis Wetten für den von ihm bevorzugten Sportverein beeinflußt haben."[18]

Der erwähnte Bericht der australischen Regierung widmet ein ganzes Kapitel dem Mißbrauch, den die Scientologen mit Hypnose treiben. Daraus zitiert Paulette Cooper in *Der Skandal Scientology*:

> „Der Bericht schließt mit der Feststellung, daß die verschiedenen Übungen wie eine Art Hypnose wirken ... Der australische Bericht zieht daraus den Schluß, daß Hubbard Hypnosetechniken eingesetzt hat, aber die verschiedenen Phänomene der Hypnose mit eigenen, selbsterfundenen Namen belegt. Er betont, daß es üblich war, daß die Auditoren ihre Pre-clears nach der Sitzung fragten, ob sie mit der Sitzung zufrieden gewesen seien. Da sie erwarten mußten, daß der Auditor diese Frage stellte, wenn sie aus dem hypnotisierten Trance erwachten, während die hypnotische Verbindung noch zum Teil weiterbesteht, wirkt das wie eine hypnotische Suggestion. Der Pre-clear glaubt also, daß die Ziele erreicht wurden und die Sitzung erfolgreich war. Diese Suggestion, die Sitzung sei erfolgreich gewesen, wird in der Regel nach der Beendigung der Sitzung fortbestehen."[19]

Heinleins Romanheld verfügte über weitere Fähigkeiten, die zwar nicht bei den Scientologen auftauchen, dafür aber von Manson in dessen Kommune praktiziert wurden.

Er soll zum Beispiel auch das „Zeitreisen" erlernt haben, d.h. er konnte Millionen von Jahren in der Zeit nach vorne oder nach hinten durchqueren. Er konnte sich durch den Raum unbegrenzt „teleportieren", also sich dorthin versetzen, wo er gerade zu sein wünschte. Und er konnte „entkörpern", also Menschen durch seine unsichtbare Krafteinwirkung „verschwinden" lassen.

Paul Watkins, einer von Mansons Kommunarden, erzählte, wie er und Charlie eines Tages einer Klapperschlange begegneten und Manson ihn dazu brachte, sich direkt vor die Schlange zu setzen, um sie „wegzubeamen".[20] Watkins sollte also die Schlange so „entkörpern", wie das Smith in Heinleins Roman mit unbequemen Menschen zu tun pflegte.

Eine „Kirche“ im Dunstkreis der Scientology

Manson nahm auch zu der von dem ehemaligen Scientologen Roger Moore de Grimston und seiner Frau Mary Anne MacLean gegründeten „Process Church of Final Judgement“ (Prozeßkirche des Jüngsten Gerichts) Verbindung auf.[21] Beide waren 1967 von London nach San Franzisko gekommen, und ihnen eilte das Gerücht voraus, bei ihren Ritualen würden Tiere und Menschen geschlachtet und geopfert.[22]

Das Hauptquartier dieser Kirche befand sich seit 1967 in 407 Cole Street, mitten im Stadtteil Haight-Ashbury. Von April bis Juli 1967 lebten Manson und eine Familie schräg gegenüber in 636 Cole Street.[23] In der Zeitung der Process Church veröffentlichte Manson mehrere Artikel zum Beispiel „Über den Tod“.[24]

Schließlich deutet auch Bugliosi auf die vielen Ähnlichkeiten hin, die zwischen den Lehren Mansons und denen der Process Church bestanden.

> „Beide predigten, daß in naher Zukunft ein fürchterliches, gewalttätiges Armageddon bevorstünde. Dabei würden alle Menschen bis auf wenige Auserwählte vernichtet. Beide beriefen sich dabei ähnlich wie die Zeugen Jehovas auf die Bibel, das Buch der Offenbarung. Beide glaubten, Motorradbanden wie die Hell's Angels seien die Truppen der Auserwählten in dieser letzten Schlacht und versuchten sie daher für sich zu organisieren.
> Die drei großen Götter des Universums waren laut Prozeßkirche Jehova, Luzifer und Satan. Dabei sollte Christus der große Vermittler sein, der die drei miteinander aussöhnen würde. Manson beschränkte sich auf eine einfacherere Dualität. Seine Anhänger kannten ihn als Satan und als Christus ... Mansons Haltung zur Angst war so eigenartig, daß ich sie für einmalig halte. Jedenfalls glaubte ich dies, bis ich eine Sonderausgabe der Mitteilungen der Prozeßkirche las, die der Angst gewidmet war. ‚Angst', hieß es da, ‚ist wohltuend ... Angst ist der Katalysator für Aktion. Sie ist die Kraftmaschine, die Waffe, die in das Spiel von Anbeginn eingebaut worden ist. Sie ermöglicht es einem Wesen, eine Wirkung über sich selbst zu erzeugen, sich selbst zu neuen Höhen hinaufzutreiben und die Bitterkeit des Scheiterns hinwegzufegen'. Wenn auch in den Formulierungen voneinander abweichend, so war dies genau das, was Manson predigte...[25]
> Manson nannte die Angst wiederholt das bodenlose Faß, den Pro-

zeß der bodenlosen Leere. Im Innenverhältnis sprach die Prozeßkirche (jedenfalls bis 1969) von sich als ‚der Familie', ihre Mitglieder nannten sich Brüder, Schwestern, Mütter und Väter.
Auch, das Symbol, das sich die Prozeßkirche auswählte, ähnelt auffallend dem Hakenkreuz, das Manson auf die Stirn tätowiert war. Es ist allerdings nicht mit ihm identisch."[26]

Bugliosi schließt mit dem Hinweis:
„Ich habe nur einige der Parallelen zwischen Manson und der Prozeßkirche gefunden. Sie reichten aber aus, um mich davon zu überzeugen, daß Manson selbst dann, wenn er kein Mitglied der Prozeßkirche mehr war, vieles von diesem satanischen Kult übernommen hatte."[27]

Nach seiner Verurteilung sprach Manson oft über und von der Prozeßkirche. Das hörte erst auf, als ihn zwei Mitglieder der Kirche im Gefängnis besuchten. Was sie mit ihm gesprochen haben, ist trotz der Tatsache, daß in den USA Gespräche von Gefängnisinsassen mit Besuchern in der Regel mitgehört werden, nicht bekannt geworden. Aber seit diesem Besuch wollte Manson plötzlich nicht mehr über die Prozeßkirche reden.[28]

Der Schlüssel zu dem, wie die Prozeßkirche ihre Mitglieder kontrollierte, ist Angst und eine dadurch induzierte Paranoia. Das geht aus dem mit Neulingen durchgeführten Ritual hervor, das Roger Moore 1965 entwickelte und 1968 noch einmal veränderte. Danach fragt der Gruppenleiter den Novizen:

„Frage: Was ist dein intensivster Gefühlszustand?
Antwort: Paranoia.
Frage: Warum ist Paranoia dein intensivster Gefühlszustand?
Antwort: Ich werde beobachtet.
Frage: Woher stammt deine Paranoia?
Antwort: Ich muß mich selbst isolieren.
Frage: Warum stammt deine Paranoia aus einem Isolationsbedürfnis?
Antwort: Das hält meine Aufmerksamkeit auf mich selbst gerichtet.
Frage: Woher stammt das Bedürfnis, dich zu isolieren?
Antwort: Ich sehe die Dinge anders als andere.
Frage: Woher stammt dein Wissen über die Zukunft?
Antwort: Die Welt kommt an ihr Ende.
Frage: Warum rührt dein Wissen um die Zukunft aus der Tatsache, daß die Welt ans Ende kommt?

Antwort: Es wurde mir offenbart.
Frage: Woher stammt die Tatsache, daß die Welt zu Ende geht?
Antwort: Aus dem Nichts. Sie endet.
Frage: Warum stammt die Tatsache, daß die Welt endet, aus dem Nichts?
Antwort: So ist es eben.“[29]

Auch Manson entwickelte eine eigene Philosophie „des Sichfürchtens und der Angst“, die er als höchst nützlich und begrüßenswert empfand. Ed Sanders berichtet darüber:

> „Manson befürwortete einen Geisteszustand, den er Kojotenoia nannte. Und dies ist die Grundaussage Mansons über Kojotenoia: Christus am Kreuz ist wie der Kojote in der Wüste, genau dasselbe. Der Kojote ist schön. Er bewegt sich leise durch die Wüste. Er hört jedes Geräusch, wittert jeden Geruch, sieht alles, was sich bewegt. Er ist immer im Zustand totaler Paranoia, und totale Paranoia heißt totale Aufmerksamkeit. Man kann von einem Kojoten lernen, wie man von einem Kind lernen kann. Ein Baby wird in einen Zustand der Angst hineingeboren. Völlige Paranoia und Angst ...“[30]

„Völlige Paranoia und Angst“ war auch die klinische Beschreibung für den Zustand, den die Einnahme psychedelischer Rauschgifte hervorruft.

Manson arbeitete ganz bewußt mit der Angst. Er soll immer ein Klappmesser bei sich gehabt haben, um damit seine Familienmitglieder völlig willkürlich zu bedrohen.

> „Charlies größter Einfluß auf die Mädchen war die Angst. Seine Drohung, ihnen die Brüste abzuschneiden, war eine besonders beliebte Form seiner Aggression. Er verstand es immer wieder so einzurichten, daß er irgendwelche Grausamkeiten vor ihren Augen begehen konnte. Er täuschte ihnen Verwicklungen in Mordsachen vor, zwang sie dann irgendwelche blutigen Kleider zu beseitigen und Häuser zu reinigen, um die Fingerabdrücke irgendwelcher Verbrechen zu löschen, und er beschäftigte sie damit, Schecks zu fälschen oder irgendwelche Überfälle vorzubereiten“.[31]

1958 erschien Aldous Huxleys Essaysammlung *Anmerkungen zu Schöne Neue Welt*, worin er sich breit über die Rolle der Angst bei der Gehirnwäsche ausließ und auch auf die Methoden eingeht, mit denen der russische Verhaltensforscher Pawlow seine Hunde zu programmieren pflegte. Huxley blieb bei der Überzeugung, daß sich etwas Ähnliches auch beim Menschen erreichen ließe.

„Des weiteren fand er (Pawlow) heraus, daß die bewußte Induktion von Furcht, Wut oder Angst die Beeinflußbarkeit der Hunde deutlich erhöhte. Wenn diese Gefühle hinreichend lange und hinreichend intensiv aufrechterhalten werden, dann beginnt das Gehirn zu ‚streiken'. Tritt das ein, dann lassen sich neue Verhaltensmuster mit größter Leichtigkeit einpflanzen ... Die Wirksamkeit religiöser und politischer Propaganda hängt von den angewandten Methoden ab, nicht aber von ihrer Doktrin. Die Doktrin kann wahr oder falsch sein, wohltätig oder verwerflich, das macht weniger als keinen Unterschied aus. Wenn die Indoktrination auf die richtige Art und Weise und im angemessenen Stadium der nervlichen Erschöpfung vorgenommen wird, wird sie funktionieren. Unter geeigneten Umständen kann im Grunde jeder von praktisch allem überzeugt werden."[32]

Bei Manson stellt sich die gleiche Ansicht so dar:

„Man kann jeden von allem überzeugen, wenn man ihn nur ständig damit konfrontiert. Er glaubt es dann vielleicht nicht gerade hundertprozentig, aber er formt sich bereits seine Meinung daraus. Das klappt dann besonders, wenn er keine weiteren Informationen hat, um sich daraus seine Meinung zu bilden".[33]

Anmerkungen

1. Vincent Bugliosi (mit Curt Gentry), *Helter Skelter*, New York, Bantam Books, 1975, S. 635. Vergl. auch Ed Sanders, *The Family: The Story of Charles Manson's Dune Buggy Attack Battalion*, New York, E. Dutton and Co., 1971, S. 29.
2. Nuel Emmons, *Manson in His Own Words as Told to Nuel Emmons*, New York, Grove Press, 1986, S. 68ff.
3. Ed Sanders, *The Family*, a.a.O., S. 29.
4. Bugliosi, *Helter Skelter,* a.a.O., S. 635. Dort heißt es: „Einer der wichtigsten Jünger Mansons, Bruce Davis, arbeitete sehr eng mit Scientology zusammen. Eine Zeitlang, von November oder Dezember 1968 bis April 1969 war er in ihrem Londoner Hauptquartier angestellt. Nach Angaben eines Sprechers von Scientology habe man ihm

wegen Rauschgiftmißbrauch gekündigt. Er kehrte zu Mansons Familie zurück und kam gerade noch rechtzeitig, um an den Morden an Hinman und Shea auf der Spahn-Ranch teilzuhaben."

5. *Astounding Science Fiction*, Mai 1950.
6. William Sims Bainbridge, „Science, Technology and Religion: The Case of Scientology," unveröffentlichter Konferenzbeitrag, Cambridge, Massachusetts, Harvard University, ohne Datum, im Katalog unter dem Namen des Verfassers geführt, S. 2 und 11. In seinem Buch *Satan's Power, a Deviant Psychotherapy Cult*, University of California Press, 1968, beschreibt William Sims Bainbridge auf S. 5-11, nach welchen Methoden er Scientology und Process Church untersucht hat. Für beide Organisationen benutzte er Kodenamen, für Scientology „Technianity" und für Process Church „Power" (Macht).
7. Bainbridge, „Science, Technology and Religion: The Case of Scientology," a.a.O., S. 11.
8. Marilyn Ferguson, *The Aquarian Conspiracy: Personal And Social Transformation in the 1980s,* Los Angeles, J. P. Tarcher, 1980, S. 51, 149, 420. Dieses Buch führt auch auf, wer aus Naturwissenschaft, Medizin, Literatur und Philosophie sich in Amerika nach 1960 dem „New Age" zuwandte.
9. A. E. van Vogt, *The World of Null-A*, London, Sphere Books, 1971, S. vii-xiii. Van Vogt, Jahrgang 1912, bezeichnet seine Theorien und ihre Auswirkungen als „general semantics". Er versuchte sich zuerst mit Erfolg als Autor von Kurzgeschichten, die auch in der Zeitschrift *Astounding Science Fiction* erschienen. In den vierziger Jahren zog er von Kanada in die Vereinigten Staaten um, wo sein erster Roman, *Slan*, erschien. In der Einleitung zu *The World of Null-A* behauptet van Vogt, ihm sei es zu verdanken, daß sich auch in Frankreich ein Markt für Science-fiction gebildet habe. 1969 sei er in Frankreich der populärste Schriftsteller mit der höchsten verkauften Auflage gewesen.
10. Bainbridge, *Satan's Power*, a.a.O., S. 207ff., und Paulette Cooper, *The Scandal of Scientology,* New York, Tower Publications, 1971, S. 137.
11. Cooper, *The Scandal of Scientology*, a.a.O., S. 13f.
12. Über die heutige Vorgehensweise der Dianetik, vgl. L. Ron Hubbard, *Dianetics, The Modern Science of Mental Health*, Los Angeles, Bridge Publicatons, 1986. Bridge ist der hauseigene Verlag der Scientology. Das Buch wird dort offiziell als Handbuch für Dianetik angepriesen.
13. Cooper, *The Scandal of Scientology*, a.a.O., S. 85-92. Cooper berichtet auch, bis wohin sich der Glaube der Scientologen an die Wirkung ihres E-Meters versteigt: Wenn das E-Meter zum Beispiel anzeigt, daß ein Novize Kannibalismus praktiziert habe, dieser das aber strikt verneint, „würden sie, um die Maschine nicht ins Unrecht zu setzen, eher annehmen, daß der Pre-clear Kannibalismus *in einem*

seiner früheren Leben praktiziert habe" (Hervorhebung im Original). Cooper fährt fort: „Die Scientologen versuchten ihr Image in der Öffentlichkeit zu verbessern. Sie erklärten am 29. November 1968, sie hätten den Bekenntnischarakter ihrer Tests geändert. Der Bericht (der australischen Regierung, C.G.) erörtert dann auch die Behauptung der Scientologen, ihre Politik geändert zu haben. Man hatte der Untersuchungskommisssion mitgeteilt, daß verschiedene Praktiken nicht mehr angewandt und andere nicht so lang und so intensiv praktiziert würden, wie es früher den Anschein gehabt hatte ... Das von der Scientology in Umlauf gebrachte verwässerte Bild von sich selbst, konnte die Kommission allerdings nicht täuschen ... Nach Abschluß der Untersuchung könnten alle die schädlichen Praktiken, die diese Untersuchung veranlaßt hatten, ohne weiteres wieder zum Vorschein kommen, solange sich Opfer zur Ausbeutung finden ließen."

14. Stewart Lamont, *Religion Inc., The Church of Scientology*, London, Harrap, 1986, S. 25. Lamont behauptet, er habe obige Aussage auf S. 209 des offiziellen Bulletins der Gruppe mit dem Titel „What is Scientology" gefunden. Lamont bezieht sich auch auf eine Darstellung von Hubbards Sohn, der sich von seinem Vater getrennt hatte. Dieser bezeichnet Hubbard als Sadist und ausgekochten Okkultisten, „trotzdem halten ihn seine Jünger für ein Genie, der eine Religion wiederentdeckt habe, welche die antiken Mysterien der Mutter Erde mit westlicher Technologie und Psychotherapie verbinde." Lamont erörtert auch die Möglichkeit, daß Hubbard schon einige Jahre früher gestorben sein könnte, als dies die Sekte 1986 offiziell eingestanden hätte. Lamont ist Rundfunkreporter und Journalist, der sich auf religiöse Themen spezialisiert hat. Vor dem Buch über Scientology erschienen schon drei andere Veröffentlichungen von ihm über religiöse Themen, darunter *Is Anybody There?*. Das Material dazu hat er in sechs Filmreportagen über das Paranormale gesammelt. Er war in dieser Sache zweifellos kompetent.
15. Bainbridge, *Satan's Power*, a.a.O., S. 205f. „Technianity" ist das Kodewort für Scientology und „Roger" steht für Hubbard.
16. Vgl. Cooper, *The Scandal of Scientology, a.a.O., S. 40, dort mehr über die Hintergründe der Untersuchung in Australien.*
17. *Lamont,* Religion Inc., The Church of Scientology, a.a.O., S. 41.
18. Sanders, *The Family*, a.a.O., S. 28.
19. Cooper, *The Scandal of Scientology*, a.a.O., S. 142f.
20. Sanders, *The Family*, a.a.O., S. 128f.
21. „The Process Church of the Final Judgement," in *Good News*, Dallas, Texas, Christian BBS, 1989.
22. Maury Terry, *The Ultimate Evil*, New York, Bantam Books, 1989, S. 472-640. Terry behauptet, Manson habe in direkter Verbindung zu der Process Church gestanden, und die Process Church sei direkt aus Scientology hervorgegangen. Vgl. auch Bugliosi, *Helter Skelter*,

a.a.O., S. 646f. Dort wird berichtet, daß es während oder kurz nach den Morden an Tate und den LaBiancas zwischen der Process Church, der Solar-Loge, Scientology und Manson zu Auseinandersetzungen gekommen sei. Mansons Gruppe soll aus Eifersucht und Neid wenigstens zwei Jünger der Scientology-Sekte umgebracht haben. Ed Sanders schreibt dazu in *The Family*, a.a.O., S. 197: „In seinen Verzückungen hat Charlie immer wieder über Scientology gesprochen, es ist also nicht verwunderlich, wenn sich einige seiner Jünger dafür zu interessieren begannen. Etwa Mitte Juni (1969, C.G.) schieden zwei Mitglieder der Familie, ein Junge und ein Mädchen, aus, um einen Trainingskurs der Scientology-Kirche zu besuchen."

23. ebenda, S. 636.
24. Vgl. Bainbridge, *Satan's Power*, a.a.O., S. 121ff. Dort findet man Einzelheiten über den Artikel, den Manson 1971 für die Zeitschrift der Process Church geschrieben hat. Bainbridge und Terry behaupten beide, daß die Process Church den Verlag E.P. Dutton, in dem Ed Sanders Buch erschien, wegen der Behauptung verklagt hätte, Manson habe Beziehungen zu dem Kult unterhalten und der Kult sei gewalttätig. Die Kirche soll den Prozeß in den USA gewonnen haben. Daraufhin wurde in den weiteren Ausgaben jeder Hinweis auf den Kult entfernt. 1974 kam es mit einem ganz anderen Ergebnis in England zu einem Prozeß gegen den dortigen Verleger des Buches. Die Process Church verlor und mußte sogar noch die Gerichtskosten tragen.
25. Bugliosi, *Helter Skelter*, a.a.O., S. 637f.
26. ebenda, S. 638.
27. ebenda, S. 638f.
28. ebenda, S. 535ff.
29. Bainbridge, *Satan's Power*, a.a.O., S. 218f.
30. Sanders, *The Family*, a.a.O., S. 129.
31. ebenda, S. 199.
32. Aldous Huxley, *Brave New World Revisited*, London, Chatto & Windus, 1959, S. 87-93.
33. Bugliosi, *Helter Skelter*, a.a.O., S. 655. Bugliosi meint, Manson habe dies während des Verfahrens geäußert.

8. KAPITEL

Satanismus und Siegmund Freud

> „Tue, was Du willst, soll das ganze Gesetz sein ... Mitleid ist Königen ein Laster. Tritt den Krüppel und den Schwachen! Das ist das Gesetz des Starken. Das ist unser Gesetz und die Freude der Welt."
>
> Aleister Crowley,
> in *Das Buch des Gesetzes*, 1904.

Im Satanismus und seinen vielfältigen Erscheinungsformen findet eine Verknüpfung von Triebdynamik, Haß auf Vernunft sowie einer bewußten Irrationalität einen pseudoreligiösen Ausdruck. Vor diesem Hintergrund wollen wir den Einfluß von Satanismus auf den Fall Manson und die Umgebung, die ihn geprägt hat, untersuchen.

Paul Fitzgerald, der Verteidiger des Kommunemitglieds Patricia Krenwinkel, sagte während des Manson-Prozesses, er habe nicht das Gefühl, daß überhaupt der Versuch gemacht worden sei, die wirklichen Mechanismen, die Manson und seine Leute gesteuert hätten, zu erkennen und zu verstehen. ,,Es gibt dabei zu viele ungeklärte Dinge."[1]

Einige dieser „ungeklärten Dinge" haben wir bereits in den vorangegangenen Kapiteln angesprochen:

• Rauschgift. — Das MK-Ultra-Projekt hat gezeigt, wie mit psychedelischen Drogen schizoide Zustände induziert und Personen für Suggestionen empfänglich gemacht werden können.[2] Manson selbst pflegte geringere Dosen Rauschgift zu nehmen als seine Kommunarden, um deren Trips kontrollieren zu können.[3]

• Hypnose. — Manson wendete im Gefängnis erlernte Hypnosetechniken an seinen Kommunarden an, wenn Rauschgifte sie für Suggestion besonders empfänglich gemacht hatten.[4]

• Angst. — „Mit Furcht erzielte Charlie die wirksamste Kontrolle über seine Mädchen". Er drohte ihnen des öfteren an, er werde sie verstümmeln.[5] Auch Huxley sagte, daß das menschliche Gehirn bei langanhaltenden Angstzuständen überflutet und damit „umprogrammierbar" werde.[6]

• Rockmusik. — Texte der Beatles, besonders Songs aus dem sogenannten „Weißen Album", haben beim Programmieren von Mansons Mordgehilfen eine wichtige Rolle gespielt. Auch das „Helter Skelter", das sie mit dem Blut der Opfer an die Wände schmierten, stammte aus einem Beatlessong dieses Albums.[7] Besonders an „Heavy metal" wird heute deutlich, welche Bedeutung Rockmusik bei satanischen Ritualen spielt. Auf ihren Einfluß lassen sich eine Reihe von Morden und Selbstmorden zurückführen.[8]

• Gruppentherapie. — Ihre Methoden wurden vom Tavistock-Institut in London entwickelt und unter der Bezeichnung „Kritik und Selbstkritik" erstmals im kommunistischen China erfolgreich eingesetzt. Später fanden sie im Milieu der angeblich Progressiven und ihrer Psychologen Eingang.[9] Ziel der Sitzungen ist es, daß das Individuum sein Ich, sein rationales, unabhängiges Denken aufgibt und sich der herrschenden Gruppenmeinung anschließt. Ed Sanders hat darauf hingewiesen, daß Manson „Gruppentherapiespiele anwandte, die dazu entwickelt wurden, die Seele zu befreien."[10]

• Kontrollierte Umgebung. — Zu den Voraussetzungen der Gehirnwäsche gehört das Gefühl völligen Ausgeliefertseins. Alle sinnlichen Eindrücke des Opfers müssen von den Gehirnwäschern kontrolliert und beeinflußt werden können. Manson hielt seine Familie auf einer unzugänglichen Farm. Sie lag eine Tagereise mit dem Landrover weit von der übrigen Zivilisation entfernt inmitten einer unzugänglichen Wüste.

Solche Techniken spielten bei der Vorbereitung der Morde eine wichtige Rolle. Sie erklären aber noch nicht ausreichend den Grad der Gefühllosigkeit, bis zu dem die Kommunarden in sich die Hemmschwelle gegen das Töten ausschalteten. Erst die satanischen Aktivitäten der Gruppe erhellen das Verschwinden aller Regungen von Reue und der letzten Reste von Schuldgefühl.

Manson begegnete Teufelsanbetern bereits im Gefängnis. Dort machten ihn Mitgefangene mit Werken bekannt, die sich mit Magie, Astrologie und Okkultismus befaßten. Vor allem ein Mitgefangener versorgte ihn mit satanischer Literatur, er schickte auch noch nach seiner Entlassung Manson einschlägige Bücher ins Gefängnis.[11]

Ende 1967 tauchten Manson und seine Familie regelmäßig im sogenannten Spiral Staircase Haus in San Franzisko auf, wo die Sonnen-Loge des Orienttempelordens (Ordo Templis Orientis, OTO) ihren Kultraum hatte.[12] Auch Aleister Crowleys Kreis rechnete Manson damals zu seinen Eingeweihten.[13]

Manson interessierte sich bekanntlich für Kundalini-Yoga und praktizierte eine Variante von Kundalini, tantrischen Sex.[14] Er nannte sich in diesem Zusammenhang wie sein Vorbild Aleister Crowley „Gott des Beischlafes", so wie bezeichnenderweise auch die Heldenfigur Valentine Michael Smith in Heinleins Sciencefiction-Roman *Ein Mann in einer fremden Welt*. Von Gerald Suster, dem Biographen des Satanisten Regardie, auf den wir noch zu sprechen kommen, stammt eine Bemerkung über die Rolle, die Rauschgift und Sex spielen, um Gewalttäter hervorzubringen. Er bezog sich dabei insbesondere auf tantrisches Yoga:

> „Experimente haben ergeben, daß, wenn Kundalini-Sex unter dem Einfluß starker bewußtseinserweiternder Drogen, die Visionen auslösen können, praktiziert wird, in zunehmender Häufigkeit Vorstellungen eines besonderen sexuellen Charisma in Verbindung mit einem messianischen Sendungsbewußtsein weckt; außerdem fördert er die Neigung zu gewalttätigem Verhalten und Auflösungserscheinungen der Denkfähigkeit. Man kann annehmen, daß etwas Derartiges auch Charles Manson, dem selbsternannten Messias und Massenmörder, widerfahren ist. Er gehörte früher der Sonnen-Loge in Los Angeles an, einem degenerierten Magierzirkel."[15]

Während des Jahres 1968 intensivierten sich die Beziehungen zwischen der Manson-Kommune und satanischen Zirkeln. Die Kommune nahm auch Verbindungen zu Motorradgangs wie den „Satan Slaves", den „Jokers Out of Hell", den „Straight Satans" und anderen auf. Sanders schrieb dazu:

„Es ist nicht zu leugnen, daß der zunehmende Kontakt mit einigen der Clubs, die höllische Namen führten, bei Manson die wachsende Neigung zu Gewalttätigkeit widerspiegelte."[16]

Sanders stieß bei seinen Interviews auf Leute, die behaupteten, Manson habe zwischen 1967 und 1970 in den Bergen von Santa Cruz südlich von San Franzisko wie auch im Santa-Ana-Gebirge südlich von Los Angeles zusammen mit diesen Kultgruppen satanische Messen gefeiert.[17]

Die Zelebrierung habe ein „Grand Chignon" vorgenommen, der darauf spezialisiert gewesen sei, satanische Zeremonien im Freien abzuhalten, und sich für diesen Zweck einen tragbaren hölzernen Altar und ein Sakralschwert mit sechs Klingen angefertigt habe. Auch Tiere sollen dabei rituell geschlachtet worden sein. Manson war nicht selbst dieser „Grand Chignon". Trotzdem hätten die Familienmitglieder Manson öfters so genannt.[18]

Erwiesen ist, daß die Kommune Filme über rituelle Opfer gedreht hat. Dabei ging es zunächst um Tieropfer, vor allem wurden Hunde geschlachtet, später sollen auch Menschenopfer filmisch festgehalten worden sein. Sanders hat jemanden ausfindig gemacht, der bei solchen Zeremonien auf der Spahn-Ranch dabei war und darüber folgendes berichtete:

„Es war wie ein Alptraum. Die Beteiligten saßen im Kreis, und eine Katze schlich heran, und es war um die Gespenstersiunde, sie nahmen ihren Trip, genauso! Als man so zusammensaß, brachte plötzlich jemand etwas Blutiges heran. Jeder bekam einen Schlag. Dann ließ er über jeden einzelnen Blut laufen. Sie zerschnitten einen Hund. Dann brachten sie ein Mädchen herein, nein zwei Mädchen. Sie zogen ihnen die Kleider aus und ließen das Blut des Hundes über sie laufen. Sie hielten den geschlachteten Hund über die Mädchen, ließen das Blut über sie laufen und legten die Leichenteile auf sie. Danach hat jeder die beiden Mädchen sexuell mißbraucht."[19]

Solche satanischen Rituale ließen die Kommune immer weiter verrohen. Sanders schrieb dazu:

„Das Leben auf der Spahn-Ranch unterschied sich in einer Hinsicht wesentlich von den früheren Jahren der Kommune. Mord trat von nun an in den Mittelpunkt ihrer Gedankenspiele. Um ihn drehten sich mehr und mehr die Unterhaltungen der Kommune.

'Immer sprachen sie vom Töten,' erinnerte sich ein junger Mann aus der Nachbarschaft."[20]

Andere Interviewpartner von Sanders berichten, sie hätten Filme über Menschenopfer gesehen, auf denen man Mitglieder der Manson-Kommune deutlich erkennen konnte.[21]

Spuren des Satanismus entdeckt man im Fall Manson überall. Mansons Jünger nannten den Meister abwechselnd Jesus oder Satan.[22] Als Mansons Mordkommando vor der Wohnung von Sharon Tate Polanski ankam, soll der Kommandoleiter Tex Watson ausgerufen haben: „Ich bin der Teufel und bin gekommen, um des Teufelswerk auszuführen!"[23] Das schlimmste unter den Manson-Mädchen, Susan Atkins, war, bevor sie zur Kommune Mansons stieß, Mitglied der „Kirche Satans" des Anton LaVey gewesen.[24] Schließlich soll Manson später im Gefängnis beteuert haben: „Ihr könnt sagen, ich sei wie Satan. Wenn ich hier rauskomme, dann werde ich wie Satan sein. Es gibt für mich noch eine Menge zu tun."[25]

Um zu verstehen, wie Menschen zum Morden ohne Schuldgefühl und Reue programmiert werden können, muß man sich einen Begriff von dem Geistes- und Bewußtseinszustand von Satanisten machen, davon, wie ihr Geist arbeitet, wo ihre Identität liegt und welche Motive sie bestimmen. Der amerikanische Autor Lyndon LaRouche definiert einen satanischen Geist so:

> „Was geschieht mit den geistigen Kräften eines Menschen, der sein Menschsein aufgibt und zum Teufelsanbeter wird? Wer sind diese Satanisten, und worauf müssen wir uns angesichts der Ausbreitung dieser Kulte gefaßt machen?
> Ein Schwerverbrecher ist jemand, der während eines Raubes auch vor Gewalt gegen sein Opfer nicht zurückschreckt. Sein entscheidendes Ziel ist aber der Raub. Man vergleiche einen solchen Täter nun mit einem Kriminellen, der zwar den gleichen Raub begeht, dessen Hauptmotiv jedoch das orgiastische Vergnügen an dem verübten Sadismus ist, und der Raub selbst nur an zweiter Stelle steht. Letzterer Täter ist vielleicht kein professioneller Satanist, aber der Unterschied zwischen beiden Tätertypen hilft uns verstehen, wie es im Kopf eines Satanisten aussieht".[26]

Diese Einschätzung bestätigt spiegelbildlich Max Horkheimer von der Frankfurter Schule, der 1936 schrieb:

„Die Fähigkeit zu unmittelbarer Lust ist vielmehr durch die idealistische Predigt der Veredelung und Selbstverleugnung geschwächt, vergröbert und in vielen Fällen ganz verdorben... Doch gibt es in neuerer Zeit Anzeichen, die in eine und dieselbe Richtung einer Lösung weisen. Einige Schriftsteller haben sich nämlich wieder offen zum Egoismus bekannt und zwar nicht zu jener abstrakten und jämmerlichen Fiktion, in welcher er bei manchen Nationalökonomen und bei Jeremias Bentham eine Rolle spielt, sondern zum Genuß, zum Höchstmaß an Glück, *in das auch die Befriedigung grausamer Regungen eingeschlossen ist*" (Hervorhebung von mir, C.G.).[27]

Ein Egoismus, der sich die Freiheit nimmt, auch der „Befriedigung grausamer Regungen" zu dienen, ist der Wesenskern des Satanismus, ob er nun zeremoniell gefeiert oder nur verhohlen praktiziert wird. Satanismus ist die Einstellung, die das eigene Bedürfnis statt der eigenen schöpferischen Leistungsbereitschaft zum letzten und höchsten Lebenszweck erhebt. Er ist also viel mehr als nur die Zelebrierung absurder Zeremonien.

Offener als ihre Gesinnungsgenossen sprach es Susan Atkins aus, als sie einer Mitgefangenen noch vor dem Urteilsspruch im Tate-Mordprozeß vorschwärmte:

„Ich habe mich so gut gefühlt, als ich zum ersten Mal auf sie einstach. Und als sie mich anschrie, da hat das etwas in mir ausgelöst, hat mich mit einem Schauer der Erregung durchzogen. Und so habe ich wieder und wieder auf sie eingestochen. Es ist wie eine sexuelle Entspannung, besonders wenn du dann das Blut hervorquellen siehst. Es ist besser als ein Orgasmus."[28]

Eine ganz andere Moral

Zwar sind nicht alle überführten Massenmörder Mitglieder einer satanischen Sekte, doch zeigen sie in der Regel das gleiche sadistische Verhalten und teilen die gleichen Glaubensvorstellungen. Sie sehen in anderen Menschen nur noch Mittel und Instrumente, die ihren perversen Lüsten und Bedürfnissen dienen. Selbst Menschen, die ihnen scheinbar nahe stehen, werden oftmals zu Opfern ihrer Lustbefriedigung.

Die Kriminologen und Schriftsteller James Alan Fox und Jack Levin haben darauf hingewiesen, „daß inzwischen viele Amerikaner, besonders Männer, keine inneren Widerstände mehr verspüren, andere Menschen auf die grausamste Art zu behandeln. Ihnen scheint jeder Sinn für Reue oder Mitgefühl abhanden gekommen zu sein. Ein solcher Soziopath wird bedenkenlos Mädchen vergewaltigen und quälen, um seine sexuellen Phantasien auszuleben. Solche Phantasien mögen viele Männer haben, leben diese aber deshalb noch nicht aus. Ein Soziopath kann aber eine ganze Familie umbringen, sogar die eigene, wenn ihm gerade der Sinn danach steht."[29]

Die Autoren sehen die Ursache für diese Einstellung „zum großen Teil in einem *Krieg*, der in der amerikanischen Kultur seit Jahrzehnten *gegen das Schuldgefühl* geführt wird".[30] Dieser „Krieg" stehe mit der psychologischen Revolution, die Siegmund Freud zu Anfang des Jahrhunderts ausgelöst hat, in engem Zusammenhang, denn hier liege der Ursprung der sogenannten „permissiven Gesellschaft". Besonders zu der Zeit, als die CIA die amerikanische Jugend mit LSD zu überziehen begann, galt es allgemein als progressiv, durch eine Veränderung der Sexualmoral die angeblich in der Bevölkerung ruhenden „faschistoiden" Tendenzen zu verändern, worunter man aber nichts anderes als die vorherrschenden bürgerlichen Moralvorstellungen verstand.[31]

Wissenschaftler im Gefolge Siegmund Freuds meinten, damit ließen sich die Verkrampfungen der Gesellschaft lösen, kriminelle Tendenzen abbauen und vor allem den Vorurteilen gegen Juden, Fremde oder Andersartige entgegentreten.[32]

Die Auswirkungen dieser „sexuellen Revolution" brachten jedoch auf fast allen Gebieten genau das Gegenteil dessen hervor, was man sich von ihr versprochen hatte. Besonders die Kriminalität stieg seitdem deutlich an. In diesem Zusammenhang tragen einige Passagen aus dem Buch *Die Freudsche Täuschung* von E.M Thornton wesentlich zum Verständnis der hier angesprochenen Entwicklungen bei.

> „Anfang der sechziger Jahre sammelte sich eine Gruppe von Akademikern und Schriftstellern. Sie setzte sich das Ziel, ganz dringend das bestehende Sozialverhalten abzuändern, um noch rechtzeitig einen ‚Zusammenbruch der Zivilisation' abzuwenden. Wie schon zu Beginn des Jahrhunderts gebärdeten sich viele Begeisterte freudianischer als Freud. Sie führten einen Kreuzzug, um alle sexuellen Tabus vollständig abzubauen. Sie machten damit

auch nicht vor Inzest und eher abartigem Sexualverhalten halt. Sie begannen eine Kampagne gegen die Feigenblätter und die Zensur, gegen gewisse Vierbuchstabenwörter (des Englischen, C.G.) und klagten darüber, daß der Mittelklassensprache die Wörter der Sexual- und Fäkaliensprache fehle. Verheirateten empfahlen sie ‚therapeutischen Ehebruch' (Frauentausch), zur Aufklärung der Jugend schlugen sie den Familien vor, ihr Familienleben als Nackedeis auszuleben.

Sie traten für die Sexualerziehung an den Schulen ein, um die Kinder früh mit der Freudschen Sexuallehre vertraut zu machen, bei der auch Abartigkeiten nicht ausgeklammert werden sollten. Ihre schwedischen Zeloten verlangten sogar, Kindern schon im Alter von drei Jahren Pornographie zugänglich zu machen. Diese Neofreudianer glaubten, jeder Mensch sei bisexuell, und behaupteten, die Geschlechterrollen würden in der Kindheit von den Eltern übernommen und gehörten nicht zu den angeborenen Elementen der Persönlichkeit. Sie ließen auch den Todesaspekt (Thanatos) nicht aus. Freuds Lehren über den sogenannten Todestrieb und seine Aspekte wurden mystifiziert. *Eine besessene Darstellungssucht von Grausamkeit und Aggressivität auf Bühne und Leinwand galt als reinigend und heilsam. Die Werke de Sades wanderten aus den Buchläden von Soho in die Bibliotheken der Akademie.*

Die Neue Linke bemächtigte sich der Psychiatrie und brachte eine Schule mit Namen ‚Radikale Psychiatrie' hervor. Ihre Führer waren T.S. Szaz und R.D. Laing. Sie machten hauptsächlich die ‚schuldige Gesellschaft' für geistige Verwirrung verantwortlich.

Der Rauschgiftkult der sechziger Jahre war eines der ersten Ergebnisse dieser ‚Jagd nach rascher geistiger Gesundung' im Zuge der Freudschen Revolution. Psychoanalytiker führten ursprünglich LSD in die Psychiatrie ein. Seine Verwendung sollte die Analyse beschleunigen und im Handumdrehen Ergebnisse herbeiführen, wofür man bei der herkömmlichen Analyse Monate oder gar Jahre gebraucht hätte. Der Gebrauch von psychedelischen Drogen wurde zum Intellektuellenkult. Sie galten als ‚bewußtseinserweiternd', weil man mit ihrer Hilfe verborgene Tiefen des Unterbewußtseins bloßzulegen können glaubte. Der Messianismus, mit dem diese Rauschgifte eingeführt wurden, sorgte für ihre rasche Verbreitung. Der Schlachtruf des Harvard-Akademikers Timothy Leary: ‚Turn on, tune in, drop out', hallte von allen Universitäten wider.

In der Rückschau erscheint die permissive Gesellschaft als eine Art spontanes Experiment, darauf angelegt, die Freudsche Theorie praktisch zu überprüfen. Ende der sechziger Jahre hatten die Ver-

treter der ‚neuen Moral' alle ihre ursprünglich aufgestellten Ziele erreicht. Es bestanden weder soziale noch legale Schranken, welche die vollständige Umsetzung der Freudschen Sozialphilosophie vereiteln konnten. Aber hat die auf ganz neue Weise befreite Generation ihre Geisteskräfte optimal realisieren können, wie man es ihr versprochen hatte? Die verfügbaren Fakten, die Rate der Selbstmordversuche zum Beispiel, oder die Anzahl der in Nervenheilanstalten Eingewiesenen deuten an, daß der erwartete Ausbruch geistiger Gesundung ausgeblieben ist. Eher das Gegenteil ist geschehen. Selbstmord wurde in den siebziger Jahren zur häufigsten Todesart an den amerikanischen Universitäten. Die Kriminalstatistik explodierte nach oben und die Zahl der in Erziehungsheime eingelieferten Kinder vervielfältigte sich. Diese Zahlen machen es schwer, an eine glücklichere Gesellschaft zu glauben ...
Ende der siebziger Jahre schritten die Freudianer über den sogenannten Eros (Bedürfnisbefriedigung) hinaus zum Thanatos (Todeskult) weiter. Die enorme Verbreitung von Büchern über Tod und Sterben (das letzte Tabu) zeigte die Stimmung der Tage und ist für die tödliche Krankheit dieser Bewegung symptomatisch. Der Beginn der achtziger Jahre erlebte dann eine freudlose Gesellschaft, die unter den sozialen Problemen, die ihr die permissive Gesellschaft aufgebürdet hatte, zu ächzen begann. Das verheißene Land hat sich als steinige Wüste erwiesen, und Siegmund Freud, der Führer ins gelobte Land, war nichts als ein falscher Prophet."[33]

An der Umsetzung der sexuellen Revolution Siegmund Freuds und des dadurch ausgelösten Kulturpessimismus haben in den Vereinigten Staaten Satanisten an führender Stelle mitgewirkt. Der moderne Satanismus stammt jedoch aus England, von wo aus er um 1914 nach Amerika hinüberdrang, als Aleister Crowley (1875-1947) sich für kurze Zeit dort aufhielt.[34] Crowleys 1904 veröffentlichtes *Buch des Gesetzes*, das zur Bibel des modernen Satanismus wurde, enthält alle seine wesentlichen „Botschaften". Crowley selbst versteht sich als Prophet einer Neuen Zeit (New Age), das er das Zeitalter des Horus nennt.

Die alten „Sklavenreligionen", das Christentum, aber auch der Islam und der Buddhismus, sollen in diesem Zeitalter von Crowleys neuer Religion hinweggefegt werden. Das moralische Prinzip der Neuen Zeit sei die absolute Selbstverwirklichung, denn „jeder Mann und jede Frau sind wie ein Stern, der sich unabhängig von den anderen entwickelt und entfaltet... Tue, was

Du willst, soll das ganze Gesetz sein. Denn Du hast kein anderes Recht, als Deinen Willen auszuführen... Denn der Welt Sünde ist die Zurückhaltung."[35]

Es ist wenig verwunderlich, daß sich viele Anhänger satanischer Bewegungen, darunter zahlreiche Massenmörder und auch die Anhänger des Faschismus, auf Friedrich Nietzsche (1844-1900) berufen. Nietzsche selbst soll Mitglied des Ordo Templis Orientis (OTO), einer der Mutterlogen des modernen Satanismus, gewesen sein.[36] Und vor allem sprach Nietzsche für die Herrenmenschen, die sich über die mit Sklavenmentalität behafteten Knechtnaturen zu erheben hätten.[37]

Crowley greift besonders jenen Aspekt der jüdisch-christlichen Morallehre an, wonach Sexualität nur ein Mittel der Liebe und der Fortpflanzung sei. Crowley erhebt die Sexualität zum Selbstwert. Sie solle ausschließlich dem egoistischen Genuß des Individuums dienen. Sexualität und das rücksichtslose Ausleben der eigenen Triebregungen sollen das grundlegende Prinzip des Neuen Zeitalters sein.

Crowleys System schreibt dem Adepten eine Reihe okkulter und körperlicher Übungen vor,[38] die darauf abzielen, die von der bürgerlichen Moral aufgebauten Scham- und Ekelgefühle zu beseitigen.[39] In fast allen Übungen spielen dabei mehr oder weniger perverse Sexualpraktiken eine wichtige Rolle. Zum Beispiel soll auch die Abneigung gegen Homosexualität gebrochen werden.[40] In einem eigens als Hauptquartier des Ordens eingerichteten „Kloster Thelema" in Cefalu auf Sizilien sollen schon in den zwanziger Jahren sexuelle Magie und Tieropfer zelebriert worden sein.[41]

1937 trennten sich Crowley und sein Privatsekretär Israel Regardie. Regardie ging in die Vereinigten Staaten,[42] wo er die Organisation „Goldene Dämmerung" aufbaute und Crowleys Vorstellungen weiterentwickelte.

Regardie war einer von Crowleys wichtigsten Schülern und Propagandisten.[43] Er griff insbesondere auf die Lehren des Freud-Schülers Wilhelm Reich zurück, wonach der neurotische Normalmensch verklemmt, entartet und eingepanzert sei, weil die sexuelle Unterdrückung der bürgerlichen Gesellschaft in seinem Körper physiologische Veränderungen, besonders im Muskelbereich hervorrufe. Regardie vertrat die Auffassung, daß ein

Individuum ohne die Reichsche Sexualtherapie oder eine ähnliche Form der Psychotherapie nicht wirklich an den Ritualen der „Goldenen Dämmerung“ teilhaben könne.[44] Auch er glaubte, der Idealmensch sei wie Horus in der ägyptischen Trias Isis-Osiris-Horus ein bisexueller Kriegsgott.

Die frühen satanischen Organisationen waren in der Regel kleine Elitezirkel, deren Mitglieder ihre „geistigen Kräfte“ stärken wollten. Später öffnete sich diesen Zirkeln durch die Science-fiction- und Rauschgiftwelle in Verbindung mit der Freudschen Sexualrevolution ein ganz neues, viel breiteres Feld zur Anwerbung von Rekruten. Aus diesem Grund lobte Regardie Timothy Leary und Aldous Huxley wiederholt für ihre wesentlichen Beiträge zur Sache des Satanismus:

> „Manch einen Fortgeschrittenen mag die Enthüllung schockieren und erschrecken. Aber es ist wohl mehr als deutlich, daß die psychedelischen Rauschmittel die Hauptfaktoren zum Umsturz der bisher gültigen moralischen, religiösen und gesellschaftlichen Standards bei der Umwertung aller Werte gestellt haben. Sie lieferten den Auftakt für die nun möglich gewordene Entwicklung eines grundsätzlich neuen Verhaltenskodes und damit eines radikal neuen Typs der Gesellschaft, den das Buch des Gesetzes angekündigt hat.“[45]

An anderer Stelle heißt es:

> „Timothy Leary identifizierte sich zum Beispiel so vollständig mit der durch Crowley begonnenen Bewegung und fand ‚eine umfassende Parallele und Übereinstimmung zwischen seinem und meinem Leben‘, daß er eines seiner Lebensziele darin erblickte, das Werk zu vollenden, das Crowley begonnen hatte, nämlich die Welt auf ein neues, kosmisches Bewußtsein vorzubereiten.“[46]

Es war nur folgerichtig, daß Leary und Crowleys Privatsekretär Regardie eng zusammenarbeiteten. Später übte Regardie allerdings aus Furcht, wie Leary ins Gefängnis zu wandern, gegen seinen Weggefährten eine größere Zurückhaltung.[47]

Satanische Sekten in den USA

1888 bildete sich in dem Rosenkreuzerzweig der spekulativen britischen Freimaurerbewegung eine Gruppierung, die sich den

Namen „Isis-Urania-Tempel der Hermetischen Jünger der Goldenen Dämmerung“ zulegte. Crowley trat der Gruppe 1898 bei. 1907 spaltete er eine eigene Gruppe davon ab. 1912 ließ er sich in den erwähnten Ordo Templis Orientis initiieren, der sich ebenfalls von der „Goldenen Dämmerung“ abgetrennt hatte, und übernahm bald deren Führung in Großbritannien und 1925 die Führung des internationalen OTO-Ordens.[48] Regardie wurde 1928 in Paris Crowleys Privatsekretär, ohne selbst in den Orden einzutreten.

Regardie gab den Ritualen und Vorstellungen Crowleys in seinen in den USA verfaßten Büchern *Der Baum des Lebens* und *Das vollständige System der Goldenen Dämmerung* eine systematische Form. Er trug wesentlich dazu bei, daß die okkulte Tradition in den Vereinigten Staaten wiederbelebt und dafür ein breites Interesse geweckt wurde.[49]

Die Nachfolger Crowleys nutzten die mit der Freudschen Sexualrevolution eingeleitete kulturelle Wende und gründeten 1966 mit der „Kirche Satans“ in Kalifornien die erste Sekte, die sich ausdrücklich auf Satan bezog. Sie gab vor, mit Zeremonien und Überzeugungen „persönliche Energien“ zu stärken.[50]

Die Kirche Satans, die im wesentlich auf die Initiative Anton LaVeys und seine Schriften zurückgeht, hat bewußt und mit Methode ihre wirkliche Bedeutung und ihren tatsächlichen Einfluß herunterzuspielen versucht. Von ihr haben sich allerdings praktisch alle wesentlichen satanischen Organisationen und Kirchen ganz oder teilweise abgesondert. LaVeys Schriften, dazu gehören vor allem *Die Satanische Bibel* und *Satanische Rituale*, waren auf lange Zeit die einzigen Bücher, die das satanische Weltbild und seine Praxis darlegten und einer breiten Öffentlichkeit zugänglich waren.[51] Zwar halten viele „ernsthafte“ Satanisten LaVey für einen Zirkusclown, trotzdem „verdanken“ sie ihm, daß er mit seinen populären Darstellungen das öffentliche Interesse am Satanismus geweckt hat.[52]

LaVey arbeitete auch durch andere Medien an der Verbreitung des Satanismus. Er erklärte das Jahr 1966 öffentlich zum „Jahr Satans“ und fungierte auch als Berater für den Kultfilm „Rosemarys Baby“,[53] dessen Drehbuch von Ira Levin stammt. Ed Sanders beurteilte diesen Film als bisher mit Abstand erfolgreichste Propaganda für Satanismus.[54]

Was die „Kirche Satans" für unseren Zusammenhang besonders interessant macht, sind ihre engen Verbindungen zum Fall Manson. Auch wenn LaVey immer wieder behauptet, er habe mit dem Fall Manson überhaupt nichts zu tun, gibt es mehr Verbindungen als die Tatsache, daß Mansons ärgstes Mördermädchen Susan Atkins Mitglied dieser Kirche war.[55] Auch Roman Polanski, der Ehemann des prominentesten Manson-Opfers Sharon Tate und Regisseur von „Rosemarys Baby", stand in Beziehung zu dieser Kirche.[56]

Die Kirche Satans hat sehr ähnliche Ziele und Vorstellungen wie die Theosophie, denn Crowley wie auch Regardie waren ähnlich wie der Anthroposoph Rudolf Steiner aus der Theosophischen Gesellschaft hervorgegangen. Die Theosophie ist sozusagen die Mutter aller neueren satanischen und luziferischen Bewegungen, wie übrigens auch der wichtigsten Trends in der sogenannten „modernen Kunst".[57] Die Beziehung Mansons zur Theosophie geht aus Bemerkungen Nikolas Schrecks hervor, der sich selbst zum Satanismus bekannte und mit der Tochter LaVeys, einer Priesterin der Kirche, intim befreundet war. Er schreibt:

> „Revolution! Im Schicksalsjahr der Kali (Göttin des Todes im Hinduismus, C.G.) 1969 war das der Schlachtruf Tausender unzufriedener und aufgerührter Jugendlicher. Noch zwei Sommer zuvor war ‚Liebe' das Schlagwort, das der neu erwachten Generation als geheiligtes Instrument der Subversion diente. Inzwischen hat sich ein militanterer Geist geregt, und es scheint, daß nur Gewalt zu dem totalen Umsturz führen kann, der so verzweifelt herbeigesehnt wird. Eine entscheidende *schwarze Strömung* ist in den psychedelischen Untergrund eingesickert.
>
> Tatsächlich, nie wieder seit den Tagen des Fin de Siècle, als der Orden der Goldenen Dämmerung aus Blavatskys Theosophie hervorging und die Ariosophen (Verherrlicher der arischen Rasse, C.G.) in Österreich und Deutschland blühten, hat sich eine derartige Erneuerung antiker Mysterien gezeigt, wie in den sechziger Jahren. Sekten wie die Londoner Prozeßkirche des Jüngsten Gerichts und die Kirche Satans in San Franzisko predigen eine Überwindung der jüdisch-christlichen Moral. Ihre Jünger schwelgen in instinktbedingten Impulsen und erreichen *Zustände der Ekstase*, die Leute ohne Initiation sich niemals vorstellen können.

Zu Beginn dieser Periode wurden die Werke Aleister Crowleys, die sich jetzt als prophetisch erweisen, aus der Versenkung hervorgeholt. Crowleys Motto: ‚Tue was du willst, sei das ganze Gesetz', wird zum philosophischen Imperativ. Eine schicke Allianz mit dem Teuflischen spinnt sich von den Halbweltdamen der Neureichen Hollywoods bis zu den Kommunen der sogenannten Gegenkultur. *Satan war plötzlich in*".[58]

Die Theosophie knüpfte bewußt an heidnische Mysterien der Antike an. Schreck hat also Recht, wenn er den modernen Satanismus mit religiösen Strömungen der Antike in Verbindung bringt, wobei der wichtigste Bezugspunkt hier die antike Gnosis ist. Das Grundprinzip der alten Gnosis ist ihr Dualismus, eine doppelte Gottheit. Luzifer war der „gute" Gott und Christus der negative; was Christen als Verbrechen erschien, war für die Gnosis eine von allem Irdisch-Materiellen reinigende Tugend. Dem christlichen Dogma stand ein gnostisches Mythengebäude gegenüber. Basilides von Alexandria, einen der ersten Lehrer dieser Gnosis, beansprucht der Ordo Templis Orientis als seinen eigentlichen Gründer.[59]

Die Kirche Satans verbreitet eine ähnliche Lehre wie diese Gnosis. Das erklärt, weshalb LaVey direkt dazu aufrief, Verbrechen zu begehen: „Was sind die sieben Todsünden?", fragt er. „Wollust, Völlerei, Geiz, Trägheit... Das sind Antriebe, die jedermann wenigstens einmal am Tag spürt... Solange ein Individuum sich an die Gesetze hält und niemandem sonst Schmerzen zufügt, soll es auch alle sexuellen oder anderen Aktivitäten genießen dürfen, die es für lustvoll hält."[60] Satan sei nicht böse, er sei nur das Symbol für Verstand und Fleischlichkeit des Menschen, wie Milton es gesehen habe.[61] Seine Religion sei, sagt LaVey, die „des Egoismus und daher wirklich satanisch."[62]

LaVey leugnet jede Verantwortung dafür, daß in einigen Fällen Individuen bei satanischen Kulten gequält oder geschunden wurden. Kultische Mörder gehörten nicht zu seiner Kirche, auch wenn sie deren Vorstellungen teilen. LaVey führt ihr Verhalten auf „Rauschgiftkonsum, fanatische Verehrung von Rockmusik — meist Heavy-Metal-Rock und satanische Rituale zurück. Sie haben wenig mehr verstanden, als im Vollrausch einige Passagen aus LaVeys Satanischer Bibel laut vorzutragen, während dazu vom Band Ozzy Osborne spielt".[63]

Trotzdem teilen jugendliche Kultmörder mit der Kirche Satans gleiche Vorstellungen. Und es bleibt die Tatsache, daß die Kirche Satans den Nihilismus von Crowley und Nietzsche in breite Schichten der aufbegehrenden Jugend hineingetragen hat. Hierzu schreibt einer der führenden Anhänger Aleister Crowleys, Robert Anton Wilson:

> „Dieses Buch hatte ursprünglich die Überschrift ‚Sex, Rauschgift und *das Okkulte*', weil es sich mit dem Zusammenwirken aller drei Intensitätsgrade der Erfahrungen und nicht nur mit deren zwei befaßt. Es verletzt daher auch alle Tabus des durchschnittlichen Lesers der Mittelklasse ... Ich befasse mich hierbei mit Rauschgiften, die sich zentral auf das höhere Nervensystem auswirken und die Gestalt des Egos verändern, speziell die Kanäle, durch welche die Realität wahrgenommen wird. Das sind also Rauschgifte, die ‚transzendentale' oder transpersonale Zustände auslösen. *Es ist offensichtlich, daß das Zusammenwirken von Sex und Rauschgift stärkere, außergewöhnliche Erfahrungen des übernormalen Transpersonalen auslösen können, als dies mit Sex oder durch Rauschgifte allein möglich ist.* Das war das alte tantrische Geheimnis. Vorliegendes Buch diskutiert dies zum ersten Mal in Amerika ausdrücklich, ohne seine Aussagen mit alchemistischen oder sonstigen Kodes zu verdunkeln. Auf diese Verfahren haben im Grunde so verschiedene Schriftsteller wie Thomas Vaughn, Titus Burkhardt, Arthur Waite, Aleister Crowley und Israel Regardie zurückgegriffen. Zurückschauend bin ich weder ärgerlich noch überrascht, daß die Buchhändler die erste Ausgabe in den Keller statt in den Laden legten. Ich glaube, das hat mir das Glück beschieden, nicht in der Zelle gleich neben Dr. Leary und Charley Manson gelandet zu sein" (Hervorhebungen im Original).[64]

Francis King, ein führender Historiker des Okkultismus, analysierte, bis zu welchem Grad satanische Ideen in der neueren amerikanischen Gesellschaft verbreitet sind. Besondere Beachtung schenkte er dabei dem Einfluß, den Crowleys Jünger auf die Jugendbewegung der sechziger Jahre und besonders auf die Rockmusik hatten. Er schreibt:

> „Abgesehen von den organisierten Aktivitäten der orthodoxen Crowley-Sekte und ihren Abweichlern haben die dreißig Jahre seit dem Tode Crowleys ein wachsendes Interesse an seinem Leben, besonders an seinen Schriften und an Magie im allgemeinen her-

vorgebracht. Dieses Interesse setzte mit der Veröffentlichung der Crowley-Biographie John Symonds im Jahr 1951 ein. Obwohl das Buch seinen Gegenstand eher feindlich behandelt, zeigt es doch Crowleys Verachtung für die rechtgläubigen Religionen und die normalen Verhaltensweisen. Er tat dies so, daß sich Leute meistens aus der jüngeren Generation, die von der verbiesterten, puritanischen Enge der vierziger Jahre abgestoßen waren, angezogen fühlten. Crowleys Veröffentlichungen, die zum Teil zum Altpapierwert zu haben waren, wurden nun ernsthaft gesammelt. Individuen und kleine Gruppen taten sich zusammen, um sie zu studieren und ‚Magick' zu praktizieren.

So ist während der fünfziger Jahre das Interesse an Crowley langsam bei denen gewachsen, die sich in der westlichen Gesellschaft und ihren ethischen Werten fremd fühlten. In den nächsten zehn Jahren hat sich dieses Wachstum beschleunigt. Crowleys Philosophie und die Berichte über seine Aktivitäten, nicht zuletzt die über seine libertäre Einstellung gegenüber Sex und Rauschgiftkonsum, sprachen die ‚Beats', ‚Hippies' und die ‚Blumenkinder' an, die allmählich in dem ‚Großen Tier' den Propheten ihrer Gegenkultur, ihres irrationalen Weltbildes und ihrer Rebellion gegen alle Werte, die ihren Eltern heilig waren, erkannten. Crowleys lange auf Lager liegende Werke mußten nachgedruckt werden, man grub zerfledderte Manuskripte in privaten Sammlungen aus und veröffentlichte sie zum ersten Mal. Science-fiction und Phantasy-Literatur bezogen sich auf Crowley — so Heinleins *Ein Mann in einer fremden Welt* zum Beispiel. Selbst die Beatles erlagen dem Charme Crowleys und setzten seine Photographie als einen derer, ‚die uns nahe stehen', auf die Plattenhülle ihres Albums ‚Sergeant Pepper'. Andere Rockmusiker verehrten Crowley. Einer von ihnen, ein inzwischen verstorbener Bandleader, gab an, Crowleys unehelicher Sohn zu sein. Jimmy Page, der Chefgitarrist der weltberühmten Band Led Zeppelin, kaufte den alten Wohnsitz Crowleys in Schottland und gab einen beachtlichen Betrag zu seiner Restaurierung aus.

Heute sind die Blumenkinder und die Beatniks fast vollständig verflogen. Einige sind tot, einige leben ein einfaches Leben in Wohngemeinschaften und einige — das ist die überwältigende Mehrheit — sind in die Gesellschaft zurückgesunken. Aber trotz allem hat das Interesse an Crowley überlebt. Als Toter hat er weit mehr Schüler, als er je in seinem Leben hatte, und es ist unwahrscheinlich, daß wir schon das letzte von dem Tier 666 und seinen Jüngern gehört haben."[65]

Die meisten der Intellektuellen und Autoren des ausgesprochenen Satanismus sind mit Ausnahme LaVeys und weniger anderer tot. Crowley starb 1947, Regardie 1985, Heinlein 1988. Trotzdem lebt der OTO als eine weltweite Mitgliederorganisation fort, und die Bewegung Crowleys wirkt nach wie vor direkt auf die Institutionen der Massenkultur ein, was ursprünglich ihr erklärtes Ziel gewesen war. Leary wirkte in die Freudsche Sexualrevolution hinein, Aldous Huxley und Robert Heinlein in das Science-fiction-Milieu und die Kirche Satans auf die Filmindustrie und die Rockmusik.

Der Ordo Templis Orientis beschäftigt sich nicht nur mit der Verbreitung von Rauschgift und Sex, sondern auch mit der Züchtung von Massenmördern. Das deutet Robert Anton Wilson in seinem Buch *Sex and Drugs* an, das nur unter dem Ladentisch verkauft wurde. Wilson war beratender Mitarbeiter Timothy Learys und einer der führenden Propagandisten für Crowleys Ideen. Er schreibt:

> „Die Möglichkeit, Menschen über Rauschgift und Sex zu programmieren, ist in jener Geschichte über Sinan, den dritten Nachfolger auf dem Thron Hasan i Sabbahs, enthalten, der den Orden der Assassinen (Mörder) gründete. Ein Besucher schwärmte ihm von der glühenden Loyalität vor, die sein Herrscher bei seinen Untertanen fand. ‚Du sprachst von Glut?', fragte Sinan zurück. ‚Schau gut zu!'. Daraufhin sprach er den nächststehenden Wächter der Festung an, in der diese Unterredung stattfand. Ohne irgendein Widerwort oder den geringsten Moment des Zauderns sprang dieser von der Mauer den Felsen hinunter in den Abgrund. ‚Das ist Glut', sagte Sinan sanft. Das war die Wirkung, die von der Hintertür zum Paradies ausging, die Hasan i Sabbah mit den Schlüsseln von Sex und Haschisch aufgeschlossen hatte."[66]

Anmerkungen

1. Linda Deutsch, „Saga of Manson Murder Still Incomplete," in *San Francisco Examiner,* 9. August 1979, S. 19.
2. Vgl. Ronald Markman und Dominick Bosco, *Alone with the Devil: Famous Cases of a Courtroom Psychiatrist*, New York, Bantam Books, 1990, S. 230f. Markman schreibt: „Als Leslie und Tex und die anderen ihre Verbrechen begingen, waren ihre Gehirne förmlich in Rauschgift eingelegt." Markman ist ein bekannter amerikanischer Gerichtspsychiater. Er verbrachte mehrere Stunden mit den Ange-

klagten der Manson-Kommune und gelangte zu der Überzeugung, daß die Angeklagten aufgrund ihres Rauschgiftgenusses unzurechnungsfähig waren. Nach damaligem kalifornischen Recht mußte sich der Angeklagte, *voll über die Bedeutung seiner Taten bewußt sein*, um wegen Mordes verurteilt werden zu können. 1970 stand in Kalifornien auf Mord die Todesstrafe.

3. Vincent Bugliosi (mit Curt Gentry), *Helter Skelter*, New York, Bantam Books, 1975, S. 654.
4. Ed Sanders, *The Family, The Story of Charles Mansons Dune Buggy Attack Battalion*, New York, E. Dutton, 1971, S. 68. Sanders führt aus: „Manson pflegte auf dem Sunset Strip herumzulungern. Manson nannte sich damals Chuck Summers. Es gab dort verkommene Bars und Cafés ... wie den Galaxy Club, ...den Chuck Summers 1968 häufig besuchte. Radfahrer, Kleinkriminelle und Pornomodelle trieben sich in den Clubs herum. Chuck Summers bevorzugte den Galaxy Club ... Sein Manager war ein Bühnenhypnotiseur, er eröffnete später etwas, das sich Hollywoods Hypnosezentrum nannte. Mit ihm unterhielt sich Manson oft über Hypnose."
5. ebenda, S. 199 und 224f.
6. Aldous Huxley, *Brave New World Revisited*, London, Chatto and Windus, 1959, S. 87-93.
7. Sanders, *The Family*, a.a.O., S. 150.
8. Harry Shapiro, *Drugs and Rock 'n' Roll*, London und New York, Quartet Books, 1988. Aus dem Englischen übersetzt von Peter Hiess, *Rauschgift und Popmusik*, Wien, Hannibal Verlag, 1989. Shapiro weist nach, wie jede neue Welle der Popmusik eine neue Modedroge mit sich brachte. Der Autor bringt das mit soziologischen Faktoren wie Rassen- und Klassenzugehörigkeit der Musiker und der Einstellung der Gesellschaft zum „fahrenden Volk" in Verbindung. Die Lebens- und Leidensgeschichten prominenter Rauschgiftsüchtiger werden ausführlich beschrieben. Die Bandbreite der berühmten Namen erstreckt sich von Jazzmusikern wie Charlie Parker und Chet Baker über Idole wie die Beatles und die Rolling Stones bis hin zu den Großen auf dem Friedhof der Drogen-Rock-Geschichte wie Jimi Hendrix, Janis Joplin, Jim Morrison und dem Bassisten der Sex Pistols Sid Vicious. Vgl. Jeff Godwin, *Dancing with Demons: The Music's Real Master*, Kalifornien, Chick Publications, 1988. Der Autor dokumentiert, wie sich Satanismus als Religion mit der Rockmusik, besonders bei „rap" und „Christian Rock", wechselseitig durchdringt.
9. Dazu näheres in Citizens for LaRouche, *Stamp out the Aquarian Conspiracy*, Juni 1980, S. 9-23.
10. Sanders, *The Family*, a.a.O., S. 104f.
11. ebenda, S. 28 und 30.
12. ebenda, S. 159-166. Sanders schreibt: „Wenigstens fünf verschiedene Personen behaupteten, von Mitgliedern der abtrünnigen OTO-Loge Braytons gehört zu haben, Manson habe mit der Loge so-

wohl auf ihrer Ranch in der Wüste bei Blythe in Kalifornien als auch in ihrem Kulthaus in Los Angeles nahe dem Universitätscampus zu tun gehabt." Sanders berichtet auch: „Brayton deutete auf John Symonds Buch über Crowley, *The Great Beast*. Aufgrund der Lektüre glaubte Brayton, daß Aleister Crowley in der Zeit, als er die Abtei Thelema auf Sizilien unterhielt, das Blut frisch geschlachteter Tiere als Teil der höheren Rituale des Kultes getrunken habe." An anderer Stelle heißt es: „Sie hatte diesen großen Trick, Leute auf ihrem LSD-Trip zu programmieren, von Manson. Sie entlockt ihnen während ihres Rauschzustandes persönliche Daten und nutzte diese später zu Erpressungen."

13. Gerald Suster, *Crowley's Apprentice: The Life and Ideas of Israel Regardie*, Maine, Samuel Weiser, 1990, S. 123. Suster stand Regardie sehr nahe. Regardie starb 1985 in Arizona.
14. Aleister Crowley, *Secret Rituals of the O.T.O.*, C.W. Webster und Samuel Weiser, 1973. Das Buch enthält Crowleys Instruktionen zur Sexualmagie, die einer tantrischen Vorstellung vom Universum folgen. Das Universum, wie wir es sehen, sei das Ergebnis des Koitus des männlichen Gottes Schiva mit der gleichnamigen weiblichen Göttin und sei Ausdruck und Manifestation sexueller Energie. Daher rührt der Ausspruch Crowleys: „Vom Willen dominierte Liebe (Sex) ist das Gesetz."
15. Suster, *Crowley's Apprentice*, a.a.O., S. 122f.
16. Sanders, *The Family*, a.a.O., S. 68f.
17. ebenda, S. 116f. Sanders bezieht sich darin auf einen Zeitungsbericht, in dem ein gewisser Blaine behauptet, ihm habe Mansons homosexueller Freund im Gefängnis gesagt: „Manson wird einmal ein großer Mann. Warum? Weil er alles über Magie weiß".
18. ebenda, S. 132f.
19. ebenda, S. 230f.
20. ebenda, S. 181. Sanders berichtet auch: „Charlie hatte über einen langen Zeitraum immer wiederholt: ‚Es gibt kein Gutes, es gibt kein Böses.' Nun sagte er plötzlich Dinge wie: ‚Du kannst nicht töten, töte!' oder: ‚Wenn Du nicht getötet werden willst, mußt Du bereit sein zu töten,' und: ‚Es sind die Schweine, die am Kreuz aufsteigen' (als ‚Schweine' galten reiche, etablierte Leute, C.G.)."
21. ebenda, S. 229.
22. Bugliosi, *Helter Skelter*, a.a.O., S. 637, und Joel Norris, *Serial Killers*, New York, Doubleday, 1988, S. 171. Hier findet man mehr zu den Verbindungen, die Manson zu satanischen und okkulten Gruppen unterhielt und welche Verbindungen zwischen ihnen und der Rockmusik-Szene sowie der Unterwelt Hollywoods bestanden. Joel Norris ist beratende Psychologin, die mit zahlreichen Massenmördern gearbeitet hat. Sie war im Vorstand von „Eltern ermordeter Kinder", einer Organisation gegen Kindesmißbrauch in satanischen Ritualen, die Doris Tate, die Mutter von Sharon Tate, gegründet hatte.

23. Markman und Bosco, *Alone with the Devil*, a.a.O., S. 216. Stephen Kay, der Nachfolger Bugliosis bei der Staatsanwaltschaft, begann die Morde mehr und mehr mit satanischen Rituale in Zusammenhang zu bringen. Auch Doris Tate folgte ihm darin. Sie berichtete von dem Ausruf Tex Watsons vor dem Mordhaus. Dazu auch Linda Deutsch, „The 1969 Manson Murders, Metaphor for the Times," in *The Stars and Stripes*, 6. August 1989, S. 17.
24. Arthur Lyons, *Satan Wants You*, New York, Warner Books, 1988, S. 88. Lyons berichtet, daß Susan Atkins als Tänzerin Mitglied der Kirche Satans war. Sie spielte auch die Rolle eines blutsaugenden Vampirs in LaVeys Bühnenstück „Hexensabbat". Auch folgende Querverbindung ist interessant. Der Manson-Kommunarde Beausoleil verkehrte mit Kenneth Anger, der als Untergrund-Filmemacher und Autor des Streifens „Hollywood Babylon" bekannt ist. Anger war Schüler Crowleys und gehörte zu den ersten Mitgliedern des Kreises um LaVey, aus dem die Kirche Satans hervorging. Beausoleil spielte den Luzifer in Angers Film „Invocation of my Demon Brother".
25. Con Coughlin, „Manson: Bad Trip to the 1960's," in *Sunday Telegraph*, 13. August 1989. Coughlin berichtet, daß Manson fast den ganzen Tag damit beschäftigt war, die Post seiner Fans zu beantworten, „die meisten davon sind Satansverehrer". Ein Fachmann, der nicht genannt sein will, sagte der Autorin, daß es noch immer mehrere hundert überzeugte und bewußte Anhänger Mansons in den USA gebe.
26. Lyndon LaRouche, „Wie wird ein Mensch zum Teufelsanbeter?", in Executive Intelligence Review, Hrsg., *New Age und Satanismus: Zeitgeist der Zerstörung*, Wiesbaden, 1989, S. 157. LaRouche ist amerikanischer Wirtschaftswissenschaftler und Philosoph, der ausführlich über die Entwicklungen in der amerikanischen Politik schreibt.
27. Max Horkheimer, „Egoismus und Freiheitsbewegung," in *Zeitschrift für Sozialforschung*, Jg. V, Heft, 2, Paris, 1936, S. 161.
28. Bugliosi, *Helter Skelter*, a.a.O., S. 128f.
29. Jack Levin und James Alan Fox, *Mass Murder: America's Growing Menace*, New York, Berkeley Books, 1991, S. xxv.
30. ebenda.
31. Hierbei spielte die Freudsche Sexualtheorie eine wesentliche Rolle, wie sie seitens der Frankfurter Schule zuerst 1932 von Erich Fromm in *Sachverständigen-Enquete über Sexualmoral*, die damals nicht veröffentlicht wurde, aufgegriffen wurde. Sie führte dann zu Max Horkheimer, Erich Fromm u.a., Hrsg., *Studien über Autorität und Familie*, Paris, Felix Alcan, 1936, und Max Horkheimer und Samuel H. Flowerman *Studies in Prejudice*, die mit Unterstützung des American-Jewish Committee von 1949 an in New York herauskamen. Der wichtigste Band war *Authoritarian Personality* von 1950, der auf deutsch als Theodor W. Adorno, *Studien zum autoritären Charakter*, Frankfurt, Suhrkamp, 1973, erschien.

32. In diesen Zusammenhang gehören vor allem die Ende der fünfziger und in den sechziger Jahren in großen Auflagen verbreiteten Schriften von Siegmund Freud, *Abriß der Psychoanalyse*, Frankfurt, Fischer, 1959, und *Drei Abhandlungen zur Sexualtheorie*, Frankfurt, Fischer, 1964. Den Freudschen Ansatz haben zahllose Wissenschaftler „politisch zu nutzen" versucht. Stellvertretend greifen wir auf die Vorlesungen zurück, die Herbert Marcuse 1950 und 1951 an der Washington School of Psychiatry hielt und in den sechziger Jahren in Buchform auch auf deutsch verbreitete: Herbert Marcuse, *Triebstruktur und Gesellschaft*, Frankfurt, Suhrkamp, 1965.
33. E. M. Thornton, *The Freudian Fallacy, an Alternative View of Freudian Theory*, New York, Doubleday, 1984.
34. Crowley war zwischen 1914 und 1919 in Amerika.
35. Aleister Crowley, *The Book Of The Law*, Maine, Samuel Weiser, 1976.
36. Edith Starr Miller (Lady Queensborough), *Occult Theocrasy*, Kalifornien, The Christian Book Club of America, 1980, S. 679.
37. Francis King, *The Magical World Of Aleister Crowley*, London, Arrow Books, 1987, S. 36.
38. Vgl. Crowley, *Secret Rituals of the O.T.O.*, a.a.O. Crowley vulgarisierte verschiedene Methoden und Ziele des Tantra. Auf diese Weise zog er Leute mit okkulten wie mit kriminellen Neigungen in gleicher Weise an.
39. Christopher S. Hyatt, Hrsg., *An Interview with Israel Regardie, his Final Thoughts and Views*, Arizona, Falcon Press, 1985, S. 49-52.
40. Vgl. King, *The Magical World of Aleister Crowley*, a.a.O., S. 103f. Dort finden sich Zitate aus Crowleys *„Liber Agape" — Tractate of the Great Thing Hidden in the Palace of the King*. Kings Erklärungen sind nützlich, da sich Crowleys Ausführungen oft hinter einer archaischen, mit symbolischen Bezügen befrachteten Sprache verbergen. Mehr über Crowley und seine homosexuellen magischen Praktiken findet man bei Jean Overton Fuller, *The Magical Dilemma of Victor B. Neuburg*, W.H. Allen & Co., 1965. Das Buch ist in großer Feindschaft zu Crowley geschrieben, zeichnet aber dennoch ein recht treffendes Bild.
41. King, *The Magical World of Aleister Crowley*, a.a.O., S. 137-144.
42. Israel Regardie, *The Eye in the Triangle: an Interpretation of Aleister Crowley*, Arizona, Falcon Press, 1989.
43. Israel Regardie, *The Tree of Life, A Study In Magic*, New York, Samuel Weiser, 1972. Regardie ist ein sehr belesener und informierter Interpret der Ideen Crowleys sowie der entsprechenden abendländischen Traditionen.
44. Israel Regardie, „Über Reich," in Christopher S. Hyatt, Hrsg., *An Interview With Israel Regardie,* a.a.O., S. 131-138.
45. Israel Regardie, „Introduction to Aleister Crowley's *The Law is for All*", in Christopher S. Hyatt, Hrsg., *An Interview With Israel Regardie*, a.a.O., S. 89.

46. Suster, *Crowley's Apprentice*, a.a.O., S. 141f., und Timothy Leary und Ralph Metzner, *Psychedelic Experience: A Manual Based on the Tibetan Book of the Dead*, New Jersey, Citadel Press, 1976.
47. ebenda, S. 141f. Leary wurde später aus Harvard entfernt und mußte eine längere Haftstrafe wegen Drogenbesitzes verbüßen.
48. Gerald Suster, *The Legacy of the Beast: the Life, Work and Influence of Aleister Crowley*, Maine, Samuel Weiser, 1989. Crowleys mystisches System vereinnahmte Elemente aus dem Buddhismus, der rituellen Magie, der Kabbalah, Yoga, Tarot und dem Taoismus. Die eigentlichen Elemente seines Systems will Crowley allerdings während einer Vision in Kairo im Jahr 1904 offenbart bekommen haben. Sie fanden ihren Niederschlag in *The Book of the Law*.
49. Israel Regardie, *The Complete Golden Dawn System of Magic*, Arizona, Falcon Press, 1984, und Israel Regardie, *My Rosicrucian Adventure*, Minnesota, Llewellyn Press, 1970.
50. Lyons, *Satan Wants You*, a.a.O., S. 12. Auf S. 93f. berichtet Lyons über den Streit der beiden Autoren Maury Terry, *Ultimate Evil*, New York, Doubleday, 1987, und Ed Sanders in dieser Sache. Lyons sagt: „Auch wenn es keinen ausreichenden Hinweis dafür gibt, daß Manson von der Prozeßkirche beeinflußt wurde, gibt es überhaupt keinen Beweis dafür, daß die Prozeßkirche und der OTO sich in der Mitgliedschaft oder den Ideen überlappen oder daß Manson jemals zum OTO in Kontakt stand". Der Leser mag zuerst Lyons Darstellung lesen, der LaVey und der satanischen Religion überaus gewogen ist, danach Maury Terry und schließlich Ed Sanders, um sich ein eigenes Urteil zu bilden. Dabei sollte er die heftigen gerichtlichen Angriffe auf Ed Sanders, von denen wir berichtet haben, ebenso berücksichtigen wie die Wolke von Angst und Geheimnistuerei, die Manson umgibt. Über sie hatte schon der Strafverteidiger Paul Fitzgerald geklagt.
51. ebenda, S. 12, und Anton LaVey, *Satanic Bible* New York, Avon, 1969.
52. Um zu sehen, daß LaVey mehr ist als ein Zirkusclown, lese man das Interview, das V. Vale unter dem Titel „Anton LaVey" in *Research*, S. 92-95 veröffentlichte. LaVey stellt darin erstaunliche Kenntisse der kulturellen und politischen Probleme Amerikas unter Beweis. Auffällig ist das von ihm vertretene Dogma, besonders den Katholizismus treffe die Verantwortung für die Umweltprobleme und die gefährliche Übervölkerung. *Research* ist ein ausgesprochen satanisches Journal, das offen für Manson und für Massenmord Stellung bezieht. Die Kirche Satans in Amerika und der „Temple of the Order of Psychic Youth" haben großen Einfluß auf *Research*.
53. Sanders, *The Family*, a.a.O., S. 77. LaVey spielte in dem Film die Rolle des Teufels.
54. ebenda, S. 77.
55. Lyons, *Satan Wants You*, a.a.O., S. 88.

56. Sanders, *The Family*, a.a.O., S. 76ff. Roman Polanski stammt aus Polen und hat einige der furchterregendsten und blutigsten Filme gemacht, darunter seine ersten englischen Filme „Repulsion" und „Cul-de Sac." Sharon Tate war Polanskis zweite Frau. Sie spielte in der Regel blonde Schönheiten, allerdings darf nicht übersehen werden, daß sie 1965 auch in dem Film „Eye of the Devil" mitspielte, wo sie die Rolle eines Sektenmitglieds spielte, das durch Menschenopfer eine gute Weinernte erwirken will. Berater dieses Films war Alex Saunders, der „König der Hexen", ein Magier aus England. Saunders behauptet von sich, Crowley habe ihn zu seinem 10. Geburtstag tätowiert. Er behauptet weiter, nicht nur 100 Hexenzirkel zu betreuen, sondern auch Sharon Tate in die Hexerei eingeführt zu haben, und belegt das mit Photos.
57. Vgl. dazu, allerdings mit Schwerpunkt Malerei, den umfangreichen Essayband, der auch als Katalog einer Ausstellung im County Museum von Los Angeles diente: Maurice Tuchmann und Judie Freeman, Hrsg., *The Spiritual in Art, Abstract Painting 1890-1985*, New York, Abbeville Press, 1986. Deutsch: *Das Geistige in der Kunst, Abstrakte Malerei 1890-1985,* Stuttgart, Urachhaus, 1988.
58. Nikolas Schreck, Hrsg., *The Manson File*, New York, Amok, 1988, S. 13.
59. Edith Starr Miller, *Occult Theocrasy*, a.a.O., S. 678.
60. Lyons, *Satan Wants You*, a.a.O., S. 110f.
61. ebenda, S. 12.
62. ebenda, S. 106.
63. ebenda, S. 9f.
64. Robert Anton Wilson, *Sex and Drugs: A Journey Beyond Limits,* Arizona, Falcon Press, 1988, S. xiv, xv. Wilson leitete beim *Playboy* sechs Jahre lang die Abteilung *Playboy Forum*. Der *Playboy* war der Vorreiter der Freudschen Revolution in den USA. Wilson betätigte sich auch als Autor von Science-fiction-Romanen und brachte sogar eine Punk-Rock-Schallplatte heraus („The Chocolate Biscuit Conspiracy"), er war Berater zahlreicher New-Age-Größen und schrieb ein Theaterstück „Wilhelm Reich in Hell", das in Irland aufgeführt wurde.
65. King, *The Magical World of Aleister Crowley*, a.a.O., S. 188f.
66. Wilson, *Sex and Drugs*, a.a.O., S. 84.

9. KAPITEL

Ein „neuer Mensch“ für eine „neue Gesellschaft“

„Dynamit“, antwortete *Richard Helms*, CIA-Direktor von 1966 bis 1973, auf die Frage, was er von LSD halte.[1]

Der Zusammenhang, in dem die Massenmorde der Manson-Kommune stehen, zielt auf den grundsätzlichen Wertewandel unserer Gesellschaft, ihrer Moralvorstellungen und ihrer Verhaltensweisen. Daher wollen wir in diesem Kapitel den Forschungskomplex als Ganzen in den Blick nehmen, in welchem der Fall Manson nur ein Aspekt ist.

Im Mittelpunkt des angestrebten Wertewandels steht das Regierungsprogramm MK-Ultra, auf das wir bei der Untersuchung des Umfelds der Manson-Morde an vielen Stellen gestoßen sind. Zu dem Programm gehörten zahllose Experimente mit Rauschgiften, die an freiwilligen und unfreiwilligen Versuchspersonen in Gefängnissen, in den Slums, aber vor allem auch an den Universitäten Amerikas durchgeführt wurden. Dazu zählten auch die Beobachtung und Ausforschung der Kommunenbewegung in Haight-Ashbury sowie die bis unmittelbar vor ihren gemeinsam verübten Massenmorden anhaltende Betreuung Charles Mansons und seiner Familie.

MK-Ultra, Gehirnwäsche am eigenen Volk

Richard Helms war langjähriger Abteilungsleiter der CIA, bevor er deren Direktor wurde.[2] Nach öffentlich zugänglichen Protokollen stellte die CIA 1973, dem Jahr, in dem Helms die Leitung der Agentur abgab, das MK-Ultra-Projekt ein und beendete offiziell alle Beteiligungen an Experimenten und Maßnahmen, mit Hilfe von Rauschgiften und Chemikalien direkte oder indirekte Verhaltensveränderungen in der Bevölkerung hervorzurufen.

MK-Ultra begann 1953, als die CIA noch von Allan Dulles (1893-1969), dem Bruder von US-Außenminister John Foster Dulles, geleitet wurde.[3] Es gab indes wenigstens zwei weitere ähnlich gelagerte Vorgängerprojekte, nämlich „Project Bluebird" und „Project Artichoke", die 1951 begannen. Es finden sich aber sogar Hinweise darauf, daß ähnliche Versuche bereits Ende der dreißiger Jahre durchgeführt worden waren.

1951 wurden alle Projekte zur Bewußtseinskontrolle, die von der US-Armee, der Flotte, der Luftwaffe und dem FBI betrieben wurden, zentral der CIA unterstellt. Bis dahin hatten die verschiedenen Einrichtungen unabhängig voneinander mit bewußtseinserweiternden Chemikalien experimentiert.[4]

Das MK-Ultra-Projekt erhielt offiziell die Aufgabe, „Methoden der Verhaltenskontrolle, Methoden zur Erzeugung von Verhaltensabweichungen und Schutzmaßnahmen gegen die Anwendung eben darauf zielender Substanzen" zu suchen. Richard Helms schrieb zu Beginn des Projekts:

> „(Das Projekt war ausgelegt), die Entwicklung von Chemikalien zu erforschen, die ohne Vergiftung einen veränderbaren abweichenden Geisteszustand, dessen spezifische Natur für jedes Individuum relativ genau vorhersagbar ist, hervorrufen können. Diese Materialien sollen dazu beitragen, Individuen zu diskreditieren, ihnen Informationen zu entlocken und *ihnen Suggestionen und andere Formen der Kontrolle ihres Bewußtseins einzupflanzen*" (Hervorhebung im Original).[5]

Richard Helms übernahm 1973 persönlich die Verantwortung dafür, daß alle Dokumente über die zwanzigjährige Geschichte des MK-Ultra-Projekts vernichtet wurden.[6] Dazu gehörten neben den unzähligen Personalakten der Versuchspersonen, die auf Schadenersatz hätten klagen können, auch die eigentlich brisanten, welche die Vorgehensweisen und Methoden der Bewußtseinskontrolle betrafen. Die Frage, ob die Akten tatsächlich vernichtet oder nur dem Zugriff der Öffentlichkeit entzogen und an einen unbekannten Ort verbracht wurden, läßt sich nicht eindeutig beantworten. Für die illegale Vernichtung dieser höchst wichtigen Beweismaterialien wurden aber weder Helms selbst noch irgendjemand sonst je zur Rechenschaft gezogen oder gar bestraft. Trotzdem sind aus der riesigen Menge der verschwundenen Unterlagen einige Akten über das Projekt erhalten geblieben, und diese erlauben einen Einblick in den Charakter und das Ausmaß des Projekts.[7]

Zwanzig Jahre Laufzeit ist für ein Forschungsprojekt dieser Art ungewöhnlich lang. Wir nennen diese Zeitspanne die „offizielle“, da nicht klar ist, ob das Projekt unter anderem Namen, anderer Führung und von anderer Stelle über das Jahr 1973 hinaus fortgesetzt worden ist. Genannt wird in diesem Zusammenhang immer wieder ein „Projekt Delta“, das sich mehr mit der Anwendung befaßt haben soll, ohne daß dafür Beweise und Details verfügbar wären.

Wieviele Amerikaner in diesem Projekt mit oder ohne ihr Wissen als Versuchskaninchen beteiligt waren, läßt sich nicht annähernd erfassen. 1953, zu Beginn des Projekts, hatte Allan Dulles beim Hersteller Sandoz in der Schweiz 100 Millionen LSD-Trips bestellt. Allein diese Menge zeigt, in welchen Dimensionen das Projekt angelegt war. Es gab nur ein Problem. Soviel LSD stand dort nicht unmittelbar zur Verfügung. 1954 gelang es der CIA aber, die Menge vom amerikanischen Pharmaunternehmen Eli Lilly in Indianopolis zu beziehen, wo man hinter das Herstellungsgeheimnis der Firma Sandoz gekommen war. Natürlich gibt es keine offizielle Bestätigung für das Geschäft zwischen CIA und Eli Lilly, und der US-Geheimdienst beantwortete auch nie die Frage, was mit dieser ungeheuren Menge LSD tatsächlich beabsichtigt war.[8] Mit Sicherheit handelte es sich um die größte, planvolle Verabreichung gefährlicher Suchtmittel an die Bevölkerung, welche die Geschichte bisher gesehen hat.[9]

Soweit sich feststellen läßt, wurden folgende Fragestellungen untersucht:

- Auswirkungen von Rauschmitteln auf das Verhalten von Menschen,
- Unterschiede im Verhalten, wenn Rauschmittel wissentlich oder ohne Wissen verabreicht wurden,
- Untersuchungen über Hypnose und Elektroschocktherapien,

- Erforschung magisch-religiöser Phantasien, Wahnbilder und sonstiger Praktiken im Zusammenhang mit Rauschgiftkonsum,
- Vergleich der Wirkungen verschiedener Rausch- und Suchtmittel,
- Untersuchung ihrer Auswirkungen auf menschliche Gewebe und Organe usw.

Eines der bekannt gewordenen Projekte gibt eine Vorstellung von der Art der angestellten Experimente. Morse Allen, der bei der CIA Verhaltensstudien durchführte, wurde von MK-Ultra übernommen. Er gewann junge CIA-Sekretärinnen dazu, sich nach Dienstschluß von ihm hypnotisieren zu lassen, und unter Hypnose zwang er sie, z.B. Brände zu legen, geheime Dokumente an ihnen unbekannte Personen zu übergeben oder wildfremden Männern zu folgen. John Marks berichtet über eines dieser Experimente:

> „Am 19. Februar 1954 begann Morse Allen das äußerste Experiment seiner Hypnosearbeit: Es ging darum, einen sogenannten ‚mandschurischen Kandidaten' zu erzeugen, das heißt, jemanden auf Mord oder Selbstmord zu programmieren. Allens Opfer war eine Sekretärin. Er versetzte sie in eine tiefe Trance und befahl ihr, darin zu verharren, bis er ihr andere Befehle gäbe. Danach hypnotisierte er eine andere Sekretärin und befahl ihr, die Freundin aufzuwecken. Er sagte ihr, falls ihr das nicht gelänge, würde ihre Wut so wachsen, daß sie nicht zögern werde, die schlafende Kollegin zu töten. Allen ließ wie zufällig eine Pistole in der Nähe der Szene liegen, von der die Sekretärin nicht wissen konnte, daß sie ungeladen war. Obwohl die Sekretärin zuvor ihre Furcht vor jeder Art Feuerwaffe ausgedrückt hatte, nahm sie die Pistole und wollte damit auf ihre schlafende Freundin schießen. Weiter ließen sich Morse Allens Hypnose-Experimente nicht mehr treiben."[10]

Morse Allens Experimente fielen in die kurze Zeit des „Projekts Bluebird", doch tatsächlich setzte er die Arbeit von George Estabrooks fort, die dieser in den dreißiger Jahren am Fachbereich Psychologie der Colgate-Universität begonnen hatte. Estabrook war der Überzeugung, man könne nur sicher gehen, daß eine hypnotisierte Person auch wirklich töten würde, wenn man sie tatsächlich auch töten ließe. „Jeder Unfall, der sich in dieser Hinsicht während der Experimente ereignete, müßte

nichts zu bieten hätten, weder spezielle Drogen, keine Strahlengewehre, die auf das Gehirn einwirken könnten, oder irgendwelche anderen Techniken dieser Art. Die Sowjets bauten vielmehr auf das sich gegenseitig verstärkende Zusammenspiel physischen und psychischen Drucks und menschlicher Schwäche. Sie verstärkten die Wirksamkeit psychischen Drucks durch herkömmliche Rauschmittel, Hunger, Kälte und die Unterdrückung sinnlicher Wahrnehmungen (sensorische Deprivation). All das war der CIA längst geläufig.[26]

Ein anderes Buch befaßt sich ausführlicher mit dem Betrug, den die angebliche „sowjetische Bedrohung“ darstellt und den die CIA unter anderem auch zur Rechtfertigung ihres MK-Ultra-Projekts mit Erfolg betrieb. Darin heißt es:

> „Die offizielle Version des amerikanischen Geheimdienstes entspricht allerdings nicht der Wahrheit. Sowohl amerikanische wie britische Geheimdienste experimentierten mit psychedelischen Drogen, lange bevor irgendwelche sowjetischen Kapazitäten auf diesem Gebiet zutage traten. Es heißt, die Amerikaner hätten bereits 1939 daran geforscht. Auf jeden Fall steht fest, daß der OSS während des Zweiten Weltkriegs Studien über die Wirkung psychedelischer Drogen betrieben hat. So gibt es detaillierte Berichte über die Versuche eines gewissen George Hunter White. White war ein führender Mitarbeiter des berüchtigten OSS-Chefs William Donovan. 1942 war die Abteilung für psychologische Kriegführung des britischen Geheimdienstes MI-5 an ihre amerikanischen Kollegen mit der Bitte herangetreten, den Einsatz von Drogen beim Verhör von Kriegsgefangenen zu untersuchen. Im folgenden Jahr experimentierte White selbst mit der vom OSS entwickelten sogenannten ‚Wahrheitsdroge‘, die auch unter dem Kürzel TD für ‚Truth Drug‘ bekannt ist.“[27]

Die CIA bekundete ein geradezu fanatisches Interesse an Rauschgiften:

> „Die Agentur träumt davon, daß in absehbarer Zukunft eine Droge entwickelt werden würde, die man einer Person verabreichen kann, ohne daß diese es bemerkt. Die betreffende Person würde daraufhin alles preisgeben, was die daran interessierte Seite wissen möchte. Schließlich sollte der gesamte Vorgang völlig aus der Erinnerung der Person verschwinden. Es laufen zur Zeit ausgiebige Projekte, die sich mit der Entwicklung einer solcher Droge beschäftigen“.[28]

In Regierungsdokumenten steht, daß US-Bürger als Versuchspersonen besonders für Experimente mit LSD dienten. Oft wird in den Berichten an die Regierung allerdings beklagt, daß das Personal, das diese Versuche mit Rauschgiften betreute, „keine qualifizierten Feldforscher" gewesen seien.[29] Berichte der CIA gestehen auch ein, daß zahlreiche Teilnehmer solcher Tests ernsthafte Schäden erlitten hätten und in manchen Fällen sogar stationär behandelt werden mußten.[30]

Schon im MK-Ultra-Vorläuferprojekt, dem „Project Artichoke", wurden 150 Chemikalien getestet, um herauszufinden, welche Auswirkungen sie auf das Verhalten von Versuchspersonen haben. Darunter fielen verbreitete Rauschmittel wie Koffein, Nikotin und Alkohol, aber auch eher exotische Drogen wie die Pflanzengifte Belladonna und Strychnin, Narkotika wie Heroin, sogenannte Halluzinogene wie LSD, Marihuana, Peyote, sogenannte „Wahrheitsseren" wie Scopolamin, Natriumamytal und Natriumpentothal sowie Barbiturate, Lachgas, Chlorhydral, weitere Beruhigungsmittel, Hypnotika und Antidepressiva sowie Kokain, Atropin, Morphine und Amphetamine. Hinzu kamen zwei exotische Substanzen, die angeblich bei den Sowjets ausspioniert wurden, Harmalin und Aktedron. Mit ihnen soll angeblich Kardinal Mindszenty nach dem Ungarnaufstand 1956 bearbeitet worden sein.[31]

MK-Ultra und die Antikultur

Angeblich verlor die CIA schon 1958 ihr Interesse an LSD und wandte sich anderen bewußtseinsverändernden Drogen zu. Aber LSD fand in großem Stil seinen Weg aus den Psycholabors der CIA in die Gesellschaft und erlangte dort bis Mitte der sechziger Jahre eine ganz erstaunliche Verbreitung. Die CIA wies alle Verantwortung dafür weit von sich, obwohl sie selbst noch 1957 *„mindestens 44 amerikanische Universitäten"* einem bundesweiten Netzwerk von Psychiatern und Psychologen zugewiesen hatte, um dort Studenten, und Lehrer „anzuturnen" und sie zu Versuchspersonen für die LSD-Experimente zu machen.[32]

Auch Marilyn Ferguson, die selbst zu den führenden Propagandisten des „neuen Denkens" gehört, ist dieser Auffassung. Sie ist außerdem Mitgründerin des Esalen-Instituts, dessen Stab zum größten Teil aus Aktivisten der LSD-Versuche bestand. Ferguson schreibt:

„Es ist schon ironisch, daß die meisten psychedelischen Drogen wie LSD mit Untersuchungen der CIA in Verbindung gebracht werden können, wo solche Substanzen auf ihre militärische Verwendbarkeit geprüft wurden. Versuche, die an über 80 Colleges unter verschiedenen CIA-Kodenamen durchgeführt wurden, haben LSD ganz unbeabsichtigt bekannt gemacht. Tausende von Studenten dienten als Versuchskaninchen. Schon bald mixten sie sich ihr eigenes ‚Acid' (Szenewort für LSD, C.G.). Bis 1973 hatten nach einem Bericht der Regierungskommission zum Drogen- und Marihuanamißbrauch bereits nahezu 5% aller erwachsenen Amerikaner LSD und ähnliche psychedelische Drogen wenigstens einmal probiert.“[33]

Es gab zwei Individuen, die sich besonders hervortaten, LSD in der amerikanischen Jugend zu verbreiten — der noch vor der Rockmusikwelle von den Medien berühmt gemachte Beatnik-Autor Alan Ginsberg und der im gleichen Milieu aufgebaute Bestseller-Autor Ken Kesey. Beide wurden von der CIA im Zuge des MK-Ultra-Projekts bereits 1959 auf den LSD-Trip gebracht.[34] Alan Ginsberg durchlief, bevor er zur „Kultfigur der Gegenbewegung“ avancierte, sein LSD-Programm an der Universität Stanford in Kalifornien unter Aufsicht des Anthropologen Gregory Bateson, der zusammen mit Herbert Marcuse hochrangiges Mitglied des OSS (Office for Strategic Services), der Vorläuferorganisation der CIA, war. Auch Batesons erste Frau, die Anthropologin Margaret Mead, gehörte zum wissenschaftlichen Kontrollrat des MK-Ultra-Projekts. Sie hatte Feldforschungsergebnisse gefälscht, um die bildungsideologische Grundlage der Gegenkultur „wissenschaftlich“ zu belegen.[35]

Ken Kesey erhielt ebenfalls als Student LSD, und zwar im Rahmen eines anderen von der Regierung finanzierten Forschungsprogramms, das in einem Krankenhaus der US-Kriegsveteranen in Palo Alto, Kalifornien, ablief. Im Rahmen dieser Experimente nahm Kesey zunächst Marihuana, um sich dann wieder psychedelischen Drogen zuzuwenden. Seine Erfahrungen damit hat er aufgeschrieben, und er wurde zum Bestsellerautor des jungen Amerika.[36]

Eine weitere Schlüsselfigur ist Ronald Stark, der nach glaubwürdigen Angaben in Diensten der CIA gestanden haben soll. Ronald Stark baute, nachdem LSD 1966 schließlich verboten worden war, zwischen 1969 und 1972 die bis dahin größte Vertriebsfirma für LSD im amerikanischen Untergrund auf.

Die Aussage, daß Stark für die CIA arbeitete, kommt von dem italienischen Richter Giorgi Florida, der 1979 über die vorzeitige Haftentlassung Starks aus dem Gefängnis von Bologna befinden mußte. Stark verbüßte dort wegen Rauschgifthandels eine vierzehnjährige Haftstrafe. Richter Florida führte aus, er habe Stark entlassen müssen, weil „eine Reihe skrupellos vorgelegter Beweise" Stark als CIA-Agenten ausgewiesen habe.[37]

Stark war auch Mitglied der „Bruderschaft der Ewigen Liebe",[38] die als erste Rauschgift aus der Karibik und Mittelamerika in die USA schmuggelte und auch im Geldwäschegeschäft tätig war. Der Fall Stark ist nur einer von zahlreichen, die darauf hinweisen, daß die CIA mehr als nur Beobachter des Rauschgiftgeschäfts in Süd- und Mittelamerika war.

Über den Fall Stark heißt es bei Lee und Shlain:

> „Viele Umstände belegen, daß Stark, wie Richter Florida feststellte, seit 1960 dem amerikanischen Geheimdienst angehört. Die Umstände Starks stellen mehr Fragen, als sie Antworten geben. Gehörte er der CIA an, als er mit Rauschgift handelte? Oder gehörte er nur ins Spionagenetz und spielte dort als brillanter Künstler zum eigenen Vorteil zwischen den Fronten? ... Wenn Stark, wie Richter Florida nahelegt, der CIA seit 1960 angehört hat, dann muß man auch die Operationen der Bruderschaft mit ihrem weitreichenden Schmuggel- und Finanzierungsnetz neu verstehen. ‚Es könnte sein, daß er bei einem amerikanischen Nachrichtendienst angestellt war, der mehr psychedelische Drogen auf der Straße sehen wollte', hatte Scully (einer der gefaßten Mittäter Starks, C.G.) gestanden, ‚und auch dabei mag er die CIA, wie jeden anderen sonst, betrogen haben'."[39]

Im Oktober 1966 wurde der Besitz von LSD, außerhalb sehr enger Grenzen, die das Bureau of Narcotics and Dangerous Drugs (BNDD — Amt für Narkotika und gefährliche Drogen) regelte, verboten. Im Zusammenhang mit dem Gesetz beschäftigten sich mehrere Kongreßausschüsse mit der Verbreitung von LSD unter der amerikanischen Jugend, darunter der Unterausschuß für Jugendkriminalität und der Justizausschuß im Senat sowie das Verbindungsbüro zwischen den Regierungsbehörden im Ausschuß für Regierungsangelegenheiten des Abgeordnetenhauses.

Trotzdem scheint das Verbot, wie aus einem kürzlich freigegebenen Dokument der CIA hervorgeht, keinen Einfluß auf die Operationen der CIA gehabt zu haben. Im Gegenteil, die CIA scheint vielmehr das BNDD für ihre eigenen Zwecke eingespannt zu haben, denn die Behörde protokollierte für die CIA die Ausbreitung der Drogensucht und der Antikulturbewegung in der amerikanischen Jugend. Sie behinderte die CIA aber in keiner Weise bei deren illegalen Drogengeschäften.

Das genannte Dokument trägt das Datum des 24. März 1969 und bezieht sich auf die Zusammenarbeit der CIA mit dem Amt für Narkotika und gefährliche Drogen. Dort heißt es:

> „Die Aktivitäten des BNDD, die bereits laufen, und diejenigen, die noch geplant sind, werden der Agentur bei geeigneter Steuerung wertvolle Informationen über neue Auswirkungen der Rauschgifte, über Rauschgiftsucht und die Bereiche des Drogenhandels bereitstellen können. Aus diesem Grund werden sie aufmerksam verfolgt."[40]

Übereinstimmend werden in den meisten Publikationen, die sich mit dem Thema befassen, die gleichen Ziele genannt, welche die CIA bei ihren Experimenten über Bewußtseinskontrolle in den fünfziger und sechziger Jahren verfolgte:

1. Herauszufinden, ob die Anwendung psychologisch-pharmakologischer Methoden im militärischen Bereich sinnvoll und nützlich sein könnte.
2. Aufbau eines eigenen Rauschgiftmarktes zu Profitzwecken, um bei der Finanzierung verdeckter Operationen unabhängig zu werden.

Übereinstimmung herrscht auch darin, daß zahllose Jugendliche drogenabhängig wurden, weil die CIA und das Militär der Jugend diese Rauschgifte zugänglich gemacht haben. Das träfe auch für den Fall zu, daß die CIA den Genuß dieser Drogen nicht eigens ermutigt haben sollte.

Aber nur die Autoren Lee und Shlain stellen ausdrücklich die folgenden beiden Fragen: 1. Hat die CIA ganz bewußt das Ziel verfolgt, die amerikanische Jugend an den Rauschgiftkonsum heranzuführen? 2. Waren die vom Rauschgiftgenuß bei einem beträchtlichen Anteil der Jugendlichen hervorgerufenen Psychosen beabsichtigt oder waren sie nur bedauerliche Folgen des von der CIA stimulierten Rauschgiftkonsums?

Man findet auch nur bei Lee und Shlain den konkreten Hinweis darauf, daß Regierungsstellen zwischen 1967 und 1969 aus nicht näher erklärten Gründen sehr aufmerksam das Ausbrechen psychotischer Symptome unter der Jugend beobachten ließen.[41]

Lee und Shlain bezweifeln zudem, daß die CIA nach 1973 ihr Interesse an den Rauschgiftexperimenten tatsächlich aufgegeben habe. Sie schreiben:

> „Was hat die CIA unternommen, als ihre langjährigen Zuarbeiter, das organisierte Verbrechen, schlechtes LSD auf den Schwarzmarkt warfen? Nach Informationen früherer CIA-Vertragspartner waren es Angestellte der Agentur, die während des ‚Sommers der Liebe' Chemiker dabei unterstützten, in der Gegend um San Franzisko Untergrundlabors zur Herstellung von LSD einzurichten. Sie wollten darüber die Vorgänge in den Rauschgiftgettos beobachten. Aber warum, wenn diese Behauptungen zutreffen, sollte die CIA Interesse an Horchposten im Hippiemilieu haben? Der Wunsch, auch dort das Gesetz durchzusetzen, erklärt das nicht. Denn es gab schon genug Rauschgiftpolizei auf den Haights. Welches andere Motiv gab es? Ein CIA-Agent, der sich in das geheime LSD-Netzwerk eingeschleust hat, trifft den Nagel auf den Kopf, wenn er von Haight-Ashbury als einer ‚Zuchtanstalt für menschliche Versuchskaninchen' spricht."[42]

Abe Lee und Shlain scheuen davor zurück, die Frage zu beantworten, welchem Zweck eine solche Zuchtanstalt wirklich dienen sollte.

Eine Generation ohne Perspektive

Wir wollen selbst noch einmal der Frage nachgehen, ob die Manson-Familie und ihre Aktivitäten in den Rahmen der Experimente paßten, mit denen die CIA die Möglichkeiten der Bewußtseinskontrolle austesten wollte. Im 3. Kapitel stellten wir bereits fest, mit welcher Genugtuung Evans und Zubin aus ihren Experimenten den Schluß zogen, daß sexuelle Aggression und Sadismus in Zusammenhang mit beengten Lebensverhältnissen einen nichtlinearen mörderischen Effekt auslösen können.

Der Buchautor und Manson-Jünger Nikolas Schreck beschreibt das Medienspektakel, das die Morde an Sharon Tate und den anderen auslösten, und bringt uns damit einer Antwort auf die gestellte Frage näher:

> „Am frühen Morgen des 9. August 1969 waren Sharon Tate, Voytek Frykowski, Jay Sebring, Abigail Folger und Steven Parent von unbekannten Mördern niedergemacht worden. Schon am gleichen Nachmittag wurden die internationalen Medien von einer Woge erschreckender Überschriften und sensationslüsterner Spekulationen überflutet. Makabre Gerüchte von Ritualmorden, Kannibalismus und sadomasochistischen Orgien wurden dem Publikum aufgetischt. Diskussionen darüber, ob den Opfern die Augen ausgestochen und an die Wände verschmiert worden seien, waren alltäglich. War es denn wirklich wahr, daß die Mörder Sharon Tates ungeborenes Kind rituell verspeist hatten? Charles Manson wurde von der Dramaturgie der elektronischen Medien in eine mythische Kreatur verwandelt, in ein überlebensgroßes Abbild des Bösen. Manson wurde das beliebte Warenzeichen für Mord und Verrücktheit. Er wurde zum Archetyp für alles, was man sich gewöhnlich unter antisozial, verrückt und verbrecherisch vorstellt.“[43]

Schreck spricht von der „Vermarktung Mansons“, sein Fall sei zu einem gefeierten Verbrechen aufgebauscht und Milliarden Dollar seien an Filmen, Fernsehreportagen und Zeitungsberichten über ihn verdient worden. Heute würden in den USA Kindern Bilder der bekanntesten Mörder und Verbrecher neben Horror- und Monsterbildern statt der früher üblichen Märchenfiguren, Tiere, Sporthelden oder Filmsternchen auf Sammel- und Aufklebebildern angeboten. Mansons Kopf werde zur Verkaufsförderung auf Freizeithemden, Duftmitteln, Zigaretten, Waschmitteln und Sammelposter gedruckt. Dies alles diente ganz offen seiner Glorifizierung.[44]

In den fünfziger Jahren fanden die beiden Ärzte Leonard D. Eron und Rowell L. Huesman aus Chikago heraus, daß die Betrachtung von Gewaltszenen im Fernsehen weit mehr als das

Verhalten der Eltern, Armut und Rassendiskriminierung zur Verbreitung aggressiven, gewalttätigen Verhaltens in der Bevölkerung beitrage. Diese Studie war den Organisatoren des MK-Ultra Projekts bereits bekannt, und sie haben sich offenbar auch Gedanken darüber gemacht, welchen Effekt die ausführliche Darstellung, Besprechung und Verbreitung von Verbrechen wie die der Manson-Familie auf die Bevölkerung haben würde, und wie die Vermarktung solcher Verbrechen diesen Effekt noch steigern könnte. Wurden deshalb diese Bilder mit brutalen Massenmördern produziert?[45]

Die Jugendlichen von 1969 waren für solche Bilder und Eindrücke, wie sie von Charles Manson ausgingen, besonders anfällig und aufnahmebereit.

Dr. David Smith, der die Forschungen an der Haight-Ashbury-Klinik leitete, gibt eine Beschreibung der amerikanischen Jugend nach der Revolte von 1968, als die psychedelische Welle den Weg zum Konsum stärkerer Rauschmittel und schließlich von Heroin freimachte:

> „Die neuen ‚Nigger' der Nation — unsere eigenen Kinder — träumen nicht mehr davon, Astronauten zu werden. Man verspricht ihnen statt dessen mit LSD eine raschere Reise auf den Mond oder eine viel realere nach Vietnam. Sie aber planen nur noch, wie sie an ihren nächsten Schuß herankommen. Ihr Leben hängt an der Spitze einer schmutzigen Injektionsnadel."[46]

Mehrere schwerwiegende Schlußfolgerungen lassen sich hieraus ziehen. Im Rahmen der NATO hatte sich 1968 immer mehr eine malthusianische Auffassung durchgesetzt, was sich vor allem darin ausdrückte, daß der Staat nicht mehr in Wissenschaft und technische Entwicklung investieren sollte. Damit fiel natürlich für die Jugend jede wirkliche Zukunftsperspektive weg.

Dr. Evans von der US-Armee war sich darüber bewußt, daß der Mangel an sinnvollen Beschäftigungsmöglichkeiten in den Vereinigten Staaten ernsthafte Schwierigkeiten heraufbeschwören werde. Das MK-Ultra-Projekt, das in der drogenverseuchten Jugend sexuelle Aggression und selbstmörderische Gewalttätigkeit säte, wäre dann der nächste Schritt, um der Jugend den vor 1968 noch verbreiteten Fortschrittsglauben endgültig auszutreiben.

Es fällt auf, wie eng die Ansichten Dr. Smiths, des wissenschaftlichen Begleiters der Manson-Morde, mit denen der Mitglieder der Study Group for the Effects of Psychotropic Drugs on Normal Humans unter Evans und Zubin und der politischen Führung Amerikas übereinstimmten. Smith schildert, wie in führenden Kreisen Amerikas die Forderung nach Bevölkerungskontrolle und die Vorstellung, die Städte erzeugten eine unerwünschte „Verhaltenssenke“, vorherrschten.

> „1969 war das Jahr, in dem ökologische Fragen mit denen zu konkurrieren begannen, die sich am Vietnamkrieg entzündet hatten und zuvor von der Bürgerrechtsbewegung zum brennendsten Thema der Nation erhoben worden waren. Es war auch das Jahr, in dem liberale Politiker anfingen, vor den Gefahren städtischer Zusammenballung zu warnen und das Konzept von der Verhaltenssenke unserer größeren Städte aufgriffen. In diesem Jahr wurden die Amerikaner zuerst darauf aufmerksam gemacht, daß ihre natürlichen Ressourcen dahinschmolzen.“[47]

Zum Verständnis hiervon ist ein kurzer historischer Abstecher erforderlich. Ende 1968 wurde in David Rockefellers Villa Serbeloni am Comer See der Club of Rome gegründet, der zur führenden internationalen Propagandaorganisation für die Verbreitung grüner Nullwachstums- und Umweltschutzideen wurde. Zwar gibt sich der Club of Rome als ein privater Zusammenschluß, ist aber zweifellos ein Ableger des politischen Flügels der NATO-Führung, der die auf Technikentwicklung abzielende Industriepolitik in Europa in die von den USA verfolgte Richtung umlenken sollte. Und er hat die Aufgabe, die Weltgesellschaft auf die sozialen Abscheulichkeiten vorzubereiten, die sich nicht vermeiden lassen, wenn die Weltbevölkerung nach den Vorstellungen des Clubs um mehrere Milliarden Menschen „reduziert“ wird.[48]

Unmittelbar nach der Gründung des Club of Rome brach die Nullwachstums- und Umweltschutzhysterie in den Medien der USA und Europas wie eine Seuche aus. Eine große Zahl neuer Organisationen entstanden, und eine entsprechende Gesetzgebung wurde vorbereitet. Inzwischen wird die Nullwachstums- und Umweltschutzidee über ein fachmännisch aufgebautes Spendeneintreibsystem wirtschaftlich lukrativ genutzt — wie zum Beispiel durch die von Lord Melchett, einem Enkel des Firmengründers von Imperial Chemical Industries, mit geleitete Organisation Greenpeace.[49]

Worum es eigentlich ging, wird an den Worten deutlich, mit denen Lynton Caldwell 1969 zum ersten Mal ein Gesetz über die Nationale Umweltpolitik im US-Kongreß einbrachte. Er verkündigte damals unüberhörbar:

> „Das Land kann mit wesentlich weniger Menschen auskommen. Wir sollten eine negative Wachstumsrate ermutigen. Ich stimme Paul Ehrlich zu, wenn er sagt, dieses Land wäre mit nur der Hälfte seiner Bevölkerung viel besser dran. Ich stimme mit Ehrlich überein, daß 100 Millionen Leute um vieles besser sind als 200 Millionen".[50]

Zwangsläufig führten die eingeleiteten Umweltschutzmaßnahmen und vor allem die geistige Ausrichtung, die sie in Industrie- und Finanzkreisen verbreiteten, zu wachsender Arbeitslosigkeit und Verelendung der Bevölkerung. Schon 1975 erreichten in Amerika die Kinder in der Regel nicht mehr den sozialen Status ihrer Eltern.

Die Lokalzeitung von Marin County nahe San Franzisko schürte die sozialen und Generationenkonflikte, die sich daran sofort entzündeten, indem sie regelmäßig zynische Berichte über die Lage bisher wohlhabender mittelständischer Familien der Gegend veröffentlichte: Der Sohn eines Geschichtsprofessors brachte es nur noch zum Schulhausmeister, der Sohn eines bekannten Restaurantbesitzers wurde Kraftfahrer, und ein Schornsteinfeger war Sohn des Bauunternehmers, der viele der Häuser, deren Kamin sein Sohn jetzt kehrte, gebaut hatte. Die so verseuchte soziale Umwelt soll zum Beispiel Marlene Oliver und ihren Freund 1975 dazu getrieben haben, ihre Eltern eigenhändig zu ermorden.[51]

Im April 1970, auf dem Höhepunkt des Manson-Prozesses, fand ein Ereignis statt, das zeigt, wie gezielt in den USA Kulturpessimismus erzeugt wurde. Zehntausende von Jugendlichen, meist Studenten, wurden zur Feier des sogenannten „Tags der Erde" aufgefordert.[52]

Die Medien erweckten gezielt der Eindruck, als handele es sich hierbei um den Beginn einer neuen Bürgerbewegung von unten. In Wirklichkeit war es aber eine gezielte Propagandakampagne zur Verbreitung neomalthusianischen Gedankenguts, das bisher in den USA nicht Fuß fassen konnte. Die Kampagne wurde durch einen 200 000-$-Scheck von Robert O. Anderson, Präsident der Ölgesellschaft Atlantic Richfield und des Aspen-Instituts für Humanistische Studien, vorfinanziert. Anderson steuerte persönlich die Karriere des Nullwachstums-Ideologen Robert Maynard Hutchins, und sein Aspen-Institut spielte eine Schlüsselrolle beim Aufbau der weltweiten grünen Umweltschutzbewegung.

In Abstimmung mit dem „Tag der Erde" widmete *The Progressive*, die Zeitschrift des amerikanischen Ablegers der britischen Fabianer, eine ganze Ausgabe der „Krise des Überlebens". Im Leitartikel dieses Heftes war zu lesen:

> „Der 22. April ist ein Hebel, den man benutzen sollte, um die Aufmerksamkeit der Gesellschaft auf das zu richten, was auf uns zukommt. Er ist eine Chance, die die törichte Idee zurückzuweisen, ‚etwas mehr ist auch etwas besser, je größer desto schneller ist auch schon um so besser, die Welt ohne Grenzen, Amen'. Das war ja niemals wahr. Es unterstellt, daß der Mensch die Natur und ihre Gesetze meistern könne. Statt sich Harmonie zu wünschen, hat der Mensch versucht, sich die Welt untertan zu machen. Wir bekommen jetzt die Folgen davon zu spüren und die Zeit läuft aus."[53]

Massenmord mit Methode

Alle diese Erscheinungen ermöglichten es, in den Vereinigten Staaten hinter einer scheinbar noch demokratischen Fassade eine nach wirtschaftspolitischem Verständnis „faschistische" Regierungspolitik durchzusetzen.

Auch das Beispiel Deutschlands der zwanziger Jahre zeigt, daß es nicht genügt, wenn sich die tatsächliche politische Führung, die nicht unbedingt in den Parlamenten und in der Regierung sitzen muß, für einen faschistischen Regierungskurs entscheidet. Faschismus braucht eine soziale Basis, eine mehr oder weniger bewußte Massenbewegung. Der Faschismus findet seine Anhänger und Unterstützer in den breiten Schichten deklassierter, ehemals besser gestellter mittelständischer Kleinbürger. Im Deutschland der dreißiger Jahre stammten aus diesem Milieu auch jene Individuen, die als Massenmörder ohne Reuegefühle die Bevölkerung terrorisierten und die Drecksarbeit bei der Beseitigung „unnötiger Esser" leisteten.

Dem nahezu gleichen Phänomenen begegnet man heute in Amerika. Man braucht sich nur umzusehen, woher die typischen Serien- und Massenmörder stammen. Während man früher die Mörder vor allem unter den Armen der farbigen Bevölkerung fand, stammen die Massenmörder heute zu über 80 Prozent aus der großen Zahl der jungen, männlichen, weißen gesellschaftlichen Ab- und Aussteiger. Sie morden nicht aufgrund irgendwelcher Impulse, sondern mit Methode, kalt berechnend.[54] Sie suchen sich ihre Opfer nach psychologischen Kriterien und finden sie fast ausnahmslos in jener Kategorie der Bevölkerung, die verbreitet als „unerwünscht" gilt. Die Parallelen zu dem nationalsozialistischen Tötungsprogramm für „nutzlose Esser" ist überraschend, aber keineswegs zufällig.

Es lassen sich einige psychologische Züge ausmachen, die jene SS-Mörder mit den neueren amerikanischen Massenmördern gemeinsam haben. Beide gehören zu der Kategorie von „Soziopathen", die die natürliche Hemmschwelle gegen das Töten verloren haben, sie töten ohne Reue- und Schuldempfindung. Im Unterschied zum gemeinen Mörder töten sie nicht um eines Raubes oder eines sonstigen materiellen Nutzens willen. Sie haben ein abwegiges Sendungsbewußtsein, das sie solche Menschen umbringen läßt, denen angeblich die Schuld am eigenen wie dem gesellschaftlich empfundenen Elend zukommt. Ein typisches Beispiel hierfür wären heute in Deutschland die Asylanten.

Es gibt weitere gemeinsame Züge. Abgesehen von den Mordaktionen selbst, treten der SS-Mörder wie der moderne Massenmörder in ihrem sonstigen Verhalten kaum in Erscheinung.[55]

Neben dem eigentlichen Massenmörder gibt es heute noch einen anderen Tätertyp, der den SS-Schergen der dreißiger Jahre nahekommt. Das sind Leute, die zwar alle Anlagen zum Massenmörder in sich haben, aber unfähig sind, zur Tat zu schreiten, solange ihnen nicht eine anerkannte Autorität den Befehl zu dieser „Mission" gibt. Dieser Typ tritt auch bei den Morden der Manson-Familie deutlich zutage. Viele der Familienmitglieder ähneln denen, die für Hitler persönlich gemordet haben, wie z.B. Adolf Eichmann, der seinen Freunden und Nachbarn als völlig normal und sogar sympathisch erschien. Ohne Auftrag der anerkannten Autorität Hitler hätte niemand erfahren, was für ein Massenmörder in Eichmann steckte.

Die anglo-amerikanischen Dienste haben das Psychoprofil dieser Art SS-Täter nach dem Krieg bis in alle Einzelheiten studiert. Es entstanden aber ebenso detaillierte Studien von überführten Massenmördern, wobei jene Segmente der männlichen weißen Bevölkerung eine besondere Rolle spielten, die im eben beschriebenen Sinne als potentielle Massenmörder eingestuft werden können. Auch die im 3. Kapitel beschriebenen Experimente mit Ratten in übervollen Käfigen, aus denen geschlossen wurde, daß 3-5 Prozent der Erwachsenen unter gegebenen Umständen zum Massenmord fähig seien, waren ausschlaggebend.

Es gibt einen weiteren wichtigen Zusammenhang zwischen dem Massenmörder aus eigener Entschlußkraft und dem Massenmörder, der einen äußeren Anstoß für seine Tat braucht. Der „folgsame“ Massenmörder benötigt, um aktiv zu werden, die Anerkennung und Erlaubnis einer Autorität. In der Regel ist das eine ihm übermachtig erscheinende Person oder der Staat selbst. Im Prinzip gilt das gleiche auch für den Massenmörder mit Eigeninitiative. Der Unterschied besteht darin, daß der „folgsame“ Massenmörder die „Erlaubnis“ aus dem Präzedenzfall bezieht. Das war eines der Schlüsselergebnisse der Rattenexperimente — eine sogenannte „Mörderratte“ mußte den Anfang gemacht haben, erst dann fühlten sich die 3-5 Prozent potentiellen Mörderratten in der Lage, selbst mit ihren mörderischen Aktivitäten zu beginnen.

Hiermit kommen wir auf den Fall Manson selbst zurück. Manson gab seinen Familienmitgliedern jene Autorität vor, die ihnen das erforderliche Sendungsbewußtsein für den Mord verlieh, der dann zum Präzedenzfall mit wissenschaftlich vorhergesagter Auslöserfunktion wurde. Die Vermittlung hierzu übernahm die ungeheure Publizität, die der Mordfall in den Medien erhielt.

Der wirtschaftliche, soziale und moralische Niedergang der Vereinigten Staaten war der Nährboden dafür, daß das öffentliche Aufsehen um den Fall Manson die ihm zugedachte Auslöserfunktion tatsächlich ausüben konnte. In den USA brach nach den Manson-Morden eine Welle weiterer Massen- und Serienmorde los.[56]

Jenseits des Massenmords

Anfang der siebziger Jahre lief das MK-Ultra-Projekt in seiner damaligen Form aus, da Rauschgift in der Gesellschaft im Überfluß vorhanden war. Es war für die CIA auch nicht mehr interessant, Gruppen aufzubauen, um (selbst)mörderische Tendenzen in der Gesellschaft auszulösen, weil diese zu einem „sozialen Phänomen" gediehen waren. Auf dem Videomarkt war inzwischen jedes gewünschte Anschauungsmaterial für Mord, Quälerei, Vergewaltigung und jede nur erdenkliche Form des Sadomasochismus, der sexuellen Pornographie und Perversionen leicht erhältlich.

Detaillierte Darstellungen von Mordvorgängen, sogenannte „Snuff-Filme", dienten ursprünglich ausschließlich dem militärischen Gebrauch. An ihnen bildeten CIA und andere Dienste Berufskiller aus, die lernen sollten, die natürliche Hemmschwelle gegen das Töten abzubauen.

Der britische Psychologe Peter Watson beschreibt, nach welchen Kriterien Berufsmörder an der Marineschule in San Diego ausgesucht wurden und berichtet weiter:

> „Die Übungen beginnen mit Filmen, die zeigen, wie Menschen auf grausame Weise verstümmelt und ermordet werden. Die Filme sollen die Männer einstimmen ... Je mehr die Filme sich in der Darstellung von Grausamkeiten steigern, desto gewöhnlichere Beispiele für Verletzung und Tod wählen sie (Industrieunfälle, Verkehrsunfälle usw.) ... In der nächsten Phase des Mordtrainings geht es um die Erniedrigung des Feindes. Diese übliche Taktik bringt den Mörder psychologisch dazu, in seinem Opfer eine Art Untermensch zu sehen, den man ohne Reue wegblasen könnte (to be snuffed out — daher Snuff-Film)".[57]

Das, was die CIA unter Laborbedingungen in Gang gesetzt hatte, breitete sich langsam in der Gesellschaft aus. So war sichergestellt, daß sich Massenmord wie eine Epidemie ausbreiten würde. Und genau das ist in den letzten zwanzig Jahren auch geschehen. Die Ausbreitung dieser Phänomene zeigt alle klinischen Anzeichen einer Epidemie.[58]

In der Zwischenzeit ging das FBI daran, eine gewaltige Datenbank über alle Aspekte des Massenmords und alles, was mit der Erscheinung deklassierter junger Weißer zusammenhängt, aufzubauen. In ihr sind nicht nur grundlegende Angaben zu Person und Biographie potentieller Mörder und alle Details der geschehenen Mordfälle gespeichert. Sie enthält auch alle Angaben, die überführte Mörder in langen psychiatrischen Sitzungen und sonstigen Verhören gemacht haben. Insbesondere sind auch die Angaben zu allen Personen berücksichtigt, mit denen der Täter irgendwann einmal zu tun gehabt hatte. Dazu zählen nicht nur Freunde, Verwandte und Bekannte, sondern auch die Personen, gegen die sich der besondere Haß des Täters richtete. Die Datei enthält schließlich auch den Personenkreis, der einen bestimmten Hang zu sadistischen Pornofilmen, „Snuff-Filmen“ und dergleichen zeigt.

Auf diese Weise entstand eine Datenbank über wahrscheinlich Millionen Personen aus dem Milieu der deklassierten weißen Mittel- und Unterschicht, und damit ein umfangreiches „Who is Who“ der potentiell faschistischen Szene Amerikas. Die CIA bzw. die geheime Nebenregierung kennt damit praktisch jeden der 3-5 Prozent der Bevölkerung, der bei einem bestimmten sozialen Streßniveau zum Massenmörder werden könnte. Diese 3-5 Prozent, die zur Zeit des Manson-Experiments noch eine leere statistische Größe waren, haben so inzwischen Gestalt und Namen erhalten.[59]

Ein solcher Datenbestand ist in der Hand einer Regierung, die vor naziähnlichen Terrormaßnahmen nicht zurückschreckt, eine willkommene Basis, um leicht manipulierbare Kommandos aufzubauen. Ihr möglicher Einsatz ist im heutigen Amerika keine akademische Frage mehr.[60]

Es gibt unübersehbare Hinweise dafür, daß Konflikte zwischen den verschiedenenen farbigen Bevölkerungsteilen der USA vorbereitet werden. Bereits der Ku-Klux-Klan-Anhänger David Duke hatte bei seiner Kandidatur um das Amt des Gouverneurs von Louisiana Ende 1991 trotz oder gerade wegen seiner offen rassistischen Parolen einen beachtlichen Zulauf unter der weißen Bevölkerung. In Michigan wurde ein Gesetz verabschiedet, das armen Farbigen die Sozialhilfeunterstützung strich. Die einsetzende Abwanderung in benachbarte Bundesstaaten war dabei sogar erwünscht, da sich so leicht weitere rassistische Gewalttätigkeiten auslösen lassen.

Solche Beispiele finden sich in ähnlicher Form in fast allen Bundesstaaten der USA. Sie zeigen, daß große Teile der Bevölkerung bereit ist, die sozial Schwachen für die Folgen einer verfehlten Wirtschaftspolitik leiden zu lassen. Und diese Wirtschaftspolitik, deren Folgen jetzt unübersehbar werden, betreibt die amerikanische Elite bereits seit Ende der sechziger Jahre. Sie mag der wirkliche Grund für das MK-Ultra-Projekt und die massenhafte Auslösung der sogenannten Gegenkultur sein.

Das vorliegende Buch wurde geschrieben, weil wir glauben, daß in den Vereinigten Staaten wie in Deutschland während des Dritten Reichs die Mehrheit der Bevölkerung gegen eine solche Entwicklung ist. Diese Mehrheit muß jetzt aufwachen und handeln. Was unter der Regie der Nazis geschah, haben die meisten, die ihnen in einer verzweifelten wirtschaftlichen und gesellschaftlichen Situation an die Macht verhalfen, einfach nicht für möglich gehalten. Und doch war es möglich, und es ist heute wieder möglich.

Anmerkungen

1. Martin A. Lee und Bruce Shlain, *Acid Dreams, The CIA and the Sixties Rebellion*, New York, Grove Press, 1985, S. 35.
2. ebenda, S. 27. Helms war hochrangiges Mitglied der sogenannten Clandestine Services der CIA. Diese Abteilung war für „Dirty Tricks", also illegale Operationen, zuständig, und er hat diese Methoden in seiner langen Geheimdienstkarriere immer vehement verteidigt.
3. ebenda, S. 27-28. Allan Dulles war mit knapp 10 Jahren der dienstälteste Direktor der CIA. MK-Ultra war nur das größte der *bekannt gewordenen* Programme zur Erforschung von Rauschgift und Bewußtseinsmanipulation während des sogenannten Kalten Krieges.
4. Alan W. Sheflin und Edward M. Opton jr., *The Mind Manipulators: A Non-Fiction Account*, New York und London, Paddington Press, 1978, S. 120. Es ist im allgemeinen das beste Buch über die Experimente der CIA mit Rauschgift und Bewußtseinskontrolle während der Zeit zwischen 1950 und 1960. Es gibt einen guten Überblick

über die Programme und viele Details über die verschiedenen Einrichtungen, die sich damit beschäftigten.

5. ebenda, S. 132.
6. ebenda, S. 152.
7. ebenda. Bis zum Jahr 1973 und darüberhinaus unterlag das Projekt strikter Geheimhaltung. Informationen über das Projekt sickerten Mitte der siebziger Jahre aus dem Intelligence Committee des Senators Frank Church durch. Auf der Grundlage von Dokumenten, die im Rahmen des US-Gesetzes über Informationsfreiheit zugängig wurden, erschienen eine Anzahl von Büchern. Dazu gehörten von Walter Bowart, *Operation Mind Control*, von John Marks, *The CIA and Mind Control, The Search for the Manchurian Candidate*, New York, Quadrangle Books, 1979, und *Acid Dreams*, a.a.O. Vgl. auch Gordon Thomas, *Journey into Madness, The True Story of Secret CIA Mind Control and Medical Abuse*. Thomas bezieht sich vor allem auf Aussagen von Opfern, an die er über Menschenrechtsorganisationen herangekommen ist. Er interviewte auch Leute, die mehr oder weniger direkt bei der CIA mit diesen Vorgängen beschäftigt waren. Schließlich wertete er das verfügbare Dokumentationsmaterial aus.
8. Siehe John Marks, *The CIA and Mind Control*, a.a.O., S. 65ff. Über die Bestellung von 100 Millionen Dosen LSD zu Beginn des MK-Ultra-Programms schreibt Marks: „Es gab 1953 sogar noch lautere Unmutsäußerungen, als aus Kreisen des militärischen Geheimdienstes durchsickerte, daß die Firma Sandoz die erstaunliche Menge von 10 kg LSD — ausreichend für ungefähr *100 Millionen Dosen* — auf den Markt werfen wollte ... Damals schlug ein Koordinierungskomitee auf höchster Ebene, zu dem hochrangige Vertreter der CIA und des Pentagon gehörten, einstimmig vor, die Agentur solle bis zu 240 000 Dollar aufbringen und alles aufkaufen. Allan Dulles gab seine Einwilligung, und schon brachen die CIA-Leute in die Schweiz auf, angeblich mit einem Koffer voll Geld. Sie trafen sich mit dem Präsidenten der Firma Sandoz und anderen Herren des Vorstands. Die Sandoz-Leute erklärten, die Firma habe nie auch nur annähernd 10 kg LSD hergestellt. Ihre bisherige Gesamtproduktion habe lediglich bei 40 Gramm gelegen.“ Marks fährt dann fort: „Ein Dokument der CIA aus dem Jahr 1975 klärt das Mysterium auf, wie die militärischen Quellen der Agentur zu der gewaltigen Fehleinschätzung über die Liefermenge der Firma Sandoz gelangt sein konnten. (Es erklärt wahrscheinlich auch den früheren, ebenso falschen Bericht, nach dem die Russen zuvor 50 Millionen Dosen LSD gekauft haben sollen.) Nach dem Dokument war folgendes geschehen. Der amerikanische Militärattaché in der Schweiz habe ein Milligramm mit einem Kilogramm verwechselt. Die Verwechslung habe alle seine Kalkulationen um den Faktor eine Million durcheinandergeworfen.“

9. Über das Geschäft der CIA mit Sandoz and Eli Lilly schreiben Shlain und Lee, in *Acid Dreams*, a.a.O., Seite 26f.: „Was die CIA mit solch einer Riesenmenge LSD vorhatte, wurde nie geklärt." Weitere Unterlagen dazu findet man bei Sheflin und Opton, *The Mind Manipulators*, a.a.O., S. 112. Dort heißt es, daß in den *„offiziellen"* CIA-Berichten aus dieser Zeit angegeben werde, die Arbeit mit LSD in den USA sei eingestellt worden, die CIA werde sich lediglich über alle im Ausland angestellten Untersuchungen weiter informieren. „Offiziell" wird auch im Original hervorgehoben. Die Autoren können allerdings nachweisen, daß im Gegensatz zu solchen Behauptungen die Programme zur Untersuchung von Rauschgift und Bewußtseinskontrolle während der ganzen Zeit in voller Blüte standen.
10. Marks, *The CIA and Mind Control*, a.a.O., S. 182ff.
11. ebenda, S. 19f. Einen kompetenten Überblick über den Einsatz der Psychologie in den militärischen Trainingsprogrammen der USA gibt Peter Watson, *War on the Mind: The Military Uses and Abuses of Psychology*, New York, Basic Books, 1977.
12. Scheflin und Opton, *The Mind Manipulators,* a.a.O., S. 142.
13. ebenda, S. 142f.
14. Vgl. dazu Dr. Wilhelm F. Angermeier, *Kontrolle des Verhaltens: Das Lernen am Erfolg*, Berlin, Heidelberg, New York, Springer Verlag, 1972, und Perry London, *Behavior Control*, New York, Harper and Row, 1971. London erörtert Bewußtseinskontrolle hinsichtlich der Hypnose, des Konditionierens, der Elektroschockbehandlung, des Einsatzes von Rauschgiften und operativer Eingriffe am Gehirn. Er erörtert auch die damit verbundenen ethischen Fragen.
15. Scheflin und Opton, *The Mind Manipulators,* a.a.O., S. 145.
16. ebenda, S. 112. Dort wird der Fall eines Dr. Frank Olson behandelt, der ohne sein Wissen unter Drogen gesetzt wurde und daran verstarb. Alle Maßnahmen, die CIA-Direktor Allan Dulles in diesem Zusammenhang ergriff, dienten nur dem Zweck, sich persönlich abzusichern und zu verhindern, daß die Agentur dafür zur Rechenschaft gezogen würde.
17. Vgl. Lieutenant Colonel David A. McFarling, MC, U.S. Army Medical Department, U.S. Army Health Services Command, „LSD Follow-Up Study Report," Oktober, 1980, Statusbericht LSD-Forschung.
18. Webster G. Tarpley, Thierry Lalevée und William Engdahl, „Die Netzwerke der ‚old boys' in der CIA und die Familien", in Executive Intelligence Review Nachrichtenagentur, Hrsg., *Irangate, die geheime Regierung und der Fall LaRouche*, Wiesbaden, 1989, S. 13 und 21.
19. Vgl. G. William Domhoff, *The Bohemian Grove and Other Retreats: A Study in Ruling-Class Cohesiveness*, New York, Harper and Row, 1974. Domhoff vertritt die These, daß eine derartige Kaste in den USA trotz der Größe des Landes und der Bandbreite der Interessen

tatsächlich existiert, und setzt sich damit in Widerspruch zu den meisten Politologen. Domhoff bezieht sich dabei u.a. auf das abgelegene Freizeitgelände Bohemian Grove in Kalifornien, wo sich regelmäßig die reichen und mächtigen „Logenbrüder“ treffen, um bacchantische Feste zu feiern und ihr politisches und wirtschaftliches Vorgehen untereinander abzusprechen, womit sie die Politik der USA weitgehend bestimmen.

20. Über die Art und Weise, wie der britische Geheimdienst das Office of Strategic Services (OSS), den Vorgänger der CIA, in den USA aufgebaut hat, vgl. Anthony Cave Brown, *The Last Hero: Wild Bill Donovan*, New York, Random House, 1984. Generalmajor William J. Donovan hatte während des Zweiten Weltkriegs den OSS gegründet und gilt als „Vater“ der CIA.

21. Vgl. Stephen Birmingham, *America's Secret Aristocracy*, Boston und Toronto, Little, Brown and Co., 1987. Birmingham malt ein buntes Bild von den ersten und ältesten Familien der USA, von ihren Clubs, Hofhaltungen, Schulen, ihren Vergnügungen, Heiraten, ihren Finanzimperien und ihrem besonderen Lebensstil. Ihrer Verfassung nach waren die USA seit dem Unabhängigkeitskrieg eine „klassenlose“ Gesellschaft. Und doch hat sich immer eine „Oberklasse herausschälen können“, schreibt Birmingham. Birmingham führt auch aus, welche Familie in welchem Bundesstaat bzw. welcher Stadt den Ton angibt, wie sie zueinander stehen und zusammenarbeiten, wenn es gilt, die Entwicklungen in den Vereinigten Staaten zu kontrollieren. Hier findet man die Astors, die Boston-Brahmanen, die Roosevelts und einige andere Familien.

22. Der Werdegang George Bushs zum CIA-Direktor und schließlich zum US-Präsidenten ist beispielhaft und ausführlich in Webster Griffin Tarpley und Anton Chaitkin, *George Bush, The Unauthorized Biography*, Washington, D.C., Executive Intelligence Review, 1992, dargestellt.

23. Vgl. John Ranelagh, *The Agency: The Rise And Decline of the CIA, from Wild Bill Donovan to William Casey*, New York, Simon and Schuster, 1986. Auf den Seiten 164f. beschreibt Ranelagh, wie Allan Dulles den „Dulles-Report“ benutzte, um die CIA während seines Direktoriums (1953-1962) zur wichtigsten Regierungsagentur der USA zu machen. Informationen über das Rauschgift- und Bewußtseinskontrollprogramm der CIA findet man dort auf S. 204ff. und 209f. Sie veranlaßten Ranelagh zu der Annahme, daß diese und andere verdeckte Operationen die eigentlichen Aufgaben der Agentur seien.

24. Vgl. William R. Corson, *The Armies of Ignorance, The Rise of the American Intelligence Empire,* New York, Dial Press/James Wade Books, 1977, S. 359. Corson zeigt, daß Präsident Eisenhower von Allan Dulles abhängig war, und bestätigt Dulles' Versessenheit auf verdeckte Operationen, die weit über die bloße Informationsbeschaffung hinausgingen: „Eisenhower war sich der Verwirrung bewußt,

die Allan Dulles' Versessenheit auf verdeckte Operationen im Geheimdienst auf Kosten der Nachrichtenbeschaffung stiftete ... Aber er hatte einen Horror davor, ihn zu feuern."

25. Lee und Shlain, *Acid Dreams*, a.a.O., S. 27. Drei Tage später setzte Dulles die Operation MK-Ultra in Gang.
26. Marks, *The CIA and Mind Control*, a.a.O., S. 127f.
27. Mirak-Weißbach, *Der Gerechte Krieg, das Rauschgiftkartell besiegen*, Wiesbaden, Dr. Böttiger Verlags-GmbH, 1990, S. 199ff.
28. Scheflin und Opton, *The Mind Manipulators*, a.a.O., S. 133. Die Autoren zitieren aus „The Report of the Secretary-General of the United Nations, Chemical und Bacteriological (Biological) Weapons und The Effects of Their Possible Use", 1969.
29. ebenda, S. 126.
30. ebenda, S. 133.
31. ebenda, S. 126f. Dort wird zitiert aus „Report of Trip and Activities of the Department of the Army EA 1729 Special Purposes Team," 21. September 1961 (Trip Report).
32. ebenda, S. 142f.
33. Marilyn Ferguson, *The Aquarian Conspiracy: Personal and Social Transformation in the 1980's*, Los Angeles, J.P. Tarcher, 1980, S. 126.
34. Marks, *The CIA and Mind Control*, a.a.O., S. 120f.
35. ebenda, S. 65 und 159.
36. Ken Kesey, *One Flew over The Cuckoo's Nest*, Pan Books, 1973.
37. Lee und Shlain, *Acid Dreams*, a.a.O., S. 280f.
38. Die Beziehungen zwischen Timothy Leary, der CIA, Stark, der „Brotherhood of Eternal Love" und dem internationalen Terrorismus sind beschrieben in Stewart Tendler und David May, *The Brotherhood of Eternal Love*, London, Granada Publishing, 1984. Die Autoren zeichnen auch ein treffendes Bild vom Einfluß Aldous Huxleys auf diese wichtige LSD-Handelsorganisation. Tendler, ein auf den Drogenhandel spezialisierter Reporter, macht unmißverständlich klar, daß es sich hierbei nicht nur um eine Art „Hippie-Mafia" handelte.
39. Lee und Shlain, *Acid Dreams*, a.a.O., S. 280ff.
40. ebenda, S. 286f.
41. Marks, *The CIA and Mind Control*, a.a.O., S. 61. Marks führt aus, daß „die meisten akademischen Forscher der CIA Artikel über ihre Arbeit in Fachzeitschriften veröffentlichen und diese langen, schwerfälligen, fachlichen Artikel oft ein unzutreffendes Bild ihrer Arbeit zeichnen ... *Forscher, die sich darüber bewußt waren, daß die Agentur ihre Forschungen finanzierte, publizierten selten etwas, das im entferntesten mit Absichten und den eher unliebsamen Fragen zu tun hatte, welche die MK-Ultra-Leute beantwortet haben wollten.*"
42. ebenda, S. 189f.
43. Nikolas Schreck, Hrsg., *The Manson File*, New York, Amok Press, 1988, S. 13.
44. ebenda, S. 176. In den USA verbreiten seit 1989 wenigstens vier Fir-

men solche Aufklebebilder. Marktführer ist „Mother Publications of Orange County, California." Die Bilder enthalten auf der Vorderseite das Konterfei je eines Mörders, auf der Rückseite werden sein Leben und seine Taten glorifizierend beschrieben. Dazu bietet die Firma ein Sammelalbum an, in das die Kinder die Bilder einkleben sollen. Der Besitzer der Firma, Roger Worsham, rechtfertigte seine Bilderserie gegenüber der *New York Post* mit den Worten: „Kinder sehen Samstag morgens Schlimmeres im Zeichentrickfilm". Worsham verbreitete verschiedene solcher Serien wie z. B. „40 berühmte Mörder", „40 besonders gefährliche Mörder", „Massenmörder", „Serienmörder" usw. Jede Serie kostet 10 Dollar, wovon jeweils etwa 10 000 Exemplare abgesetzt werden.

45. Carl M. Cannon, „Violent Verdict: Connecting TV and Real-Life Aggression", *The Washington Post*, 19. September 1989.

46. David Elvin Smith, *The New Social Drug: Cultural, Medical and Legal Perspectives On Marihuana*, New Jersey, Prentice-Hall, 1970.

47. David Elvin Smith, „That Was The Year That Was", in *Love Needs Care,* Boston, Little, Brown und Co., 1971.

48. Siehe hierzu das National Security Study Memorandum 200 vom 10. Dezember 1974 mit dem Titel „Auswirkungen des weltweiten Bevölkerungswachstums auf die Sicherheits- und auswärtigen Interessen der USA", zitiert nach Roger A. Maduro, Ralf Schauerhammer, *Ozonloch — das mißbrauchte Naturwunder*, Wiesbaden, Dr. Böttiger Verlags-GmbH, 1992, S. 213.

49. ebenda, S. 211.

50. Executive Intelligence Review, Hrsg., *Who's to Blame for America's Economic Decline: Profile of the Environmentalist Conspiracy*, New York, 1976, S. 3.

51. Richard M. Levine, *Bad Blood*, New York, New American Library, 1982, S. xf. Levine beschreibt unter anderem, welchen Einfluß der Science-fiction-Autor Robert Heinlein auf Marlene Oliver ausübte — durch dessen Romane sowie über Marlenes Musik- und Filmidol David Bowie, der selbst ein Heinlein-Fan war. Weitere Belege dafür, daß die spezifische Generationslage in den USA Jugendliche zu Mördern werden ließ, findet man bei Joel Kaplan, George Papajohn und Eric Zorn, *Murder Of Innocence: The Tragic Life and Final Rampage Of Laurie Damm*, New York, Warner Books, 1990, und Carlton Stowers, *Innocence Lost: The True Story Of A Quiet Texas Town and the Coldblooded Murder Committed By Its Kids*, New York und London, Simon and Schuster, 1990. Stowers betont auch die Rolle, die Satanismus und Rauschgift dabei spielten.

52. Vgl. Steven Levy, *The Unicorn's Secret: Murder in the Age of Aquarius*, New York, New American Library, 1988. Ironischerweise war einer der Organisatoren des angeblich so friedlichen Tags der Erde, mit dem die Umweltschutzbewegung aus der Taufe gehoben wurde, ein Mörder. In Philadelphia brachte Ira Einhorn, der älteste Hippie der

Stadt und Guru des Neuen Zeitalters, seine Freundin Holly Maddux um und verbarg ihren Körper in einer Kiste, die die Polizei erst zwei Jahre später fand. Als Repräsentant des Erdtags wurde Einhorn von den Medien weltweit vorgeführt. Er hatte bei den Vorbereitungen zu den Feierlichkeiten eng mit der Handelskammer zusammengearbeitet und galt in der Geschäftswelt als Umwelt- und New-Age-Guru. Wahrscheinlich hat die amerikanische Telefongesellschaft Bell Telephone seine Organisationsarbeit für den Erdtag finanziert.

53. Denice Hayes, „The Crisis of Survival", in *The Progressive* 1970, zitiert nach Executive Intelligence Review, Hrsg., *Profile of the Environmentalist Conspiracy*, a.a.O., S. 8.

54. Robert K. Ressler, Ann W. Burgess, John E. Douglas, *Sexual Homicide: Patterns and Motives*, Massachusetts und Toronto, Lexington Books, D.C. Heath und Co., 1988. Das Buch ist eine offizielle Studie der Abteilung Verhaltensforschung im Federal Bureau of Investigations (FBI), der Douglas und Ressler vorstehen. Die Abteilung wurde durch den Film „Silence of the Lambs" (Das Schweigen der Lämmer) mit Jody Foster und Anthony Hopkins bekannt. Der Film folgt dem Gruselbericht von Thomas Harris über den Geisteskranken Dr. Lecter.

55. Henry V. Dicks, *Licensed Mass-Murder; A Socio-Psychological Study of Some S.S. Killers*, New York, Basic Books, 1972.

56. Zum sogenannten „Copy-cat syndrome", siehe Jack Levin und James Alan Fox, *Mass Murder: America's Growing Menace*, New York, Berkeley Books, 1991, S. 19.

57. Scheflin und Opton, *The Mind Manipulators*, a.a.O., S. 469f.

58. „Fleischwolf im Zimmer," in *Der Spiegel*, Nr. 31, Juli 1990, S. 154-158. Dort heißt es unter anderem: „Überdurchschnittliche Intelligenz, Hang zu Tagträumen und Bettnässen: FBI-Kriminologen haben typische Merkmale von Lustmördern ermittelt". Der Artikel identifiziert die Massenmord-Epidemie und stellt auch das „Programm zum Ergreifen von Gewaltverbrechern" der FBI-Akademie in Quantico im US-Bundesstaat Virginia vor. Erwähnt werden auch die beiden Serienmörder im Deutschland der dreißiger Jahre, Haarmann und Kürten.

59. Curt Suplee (aus Washington), „Serial Killers Seen by Experts as Not Crazy, Close to Normal," in *The Jerusalem Post*, 7. August 1991, S. 5. Suplee bezieht sich dabei auf jüngste Untersuchungen des National Institute of Mental Health (NIMH) an 20 Psychopathen, denen „normale Hemmungen, Schuld- und Reuegefühle fehlen und die außerhalb der bekannten sozialen und moralischen Verhaltensformen handeln." Die Ergebnisse bestätigen, daß die aus den Rattenexperimente der CIA gezogenen Erwartungen über die 3-5 Prozent „Killerratten" tatsächlich eingetroffen sind.

60. Vgl. John W. DeCamp, *The Franklin Cover-Up: Child Abuse, Satanism, and Murder in Nebraska*, Nebraska, AWT Inc., 1992. Der Bericht

zeigt, wie gefährlich korrupt inzwischen zuständige Strafverfolgungsbehörden in Amerika sind. Der Senator von Nebraska, DeCamp, ist selbst Anwalt und hochdekorierter Vietnamveteran. Er deckte einen in den gesamten USA tätigen Zuliefererring für Kindesmißbrauch und Ritualmorde auf, dem hochgestellte Personen aus Politik, Hochfinanz und Verwaltung angehören oder sich von ihm beliefern lassen.

Namenindex

Sachindex

Über die Autorin

Carol Greene, geb. am 10. November 1948 in Oakland, Kalifornien, legte 1969 ihr Diplom als Bachelor of Arts für jüdische Theologie am Stern-College für Frauen der Yeshiva-Universität in New York ab, der führenden jüdisch-orthodoxen Universität Amerikas. Sie studierte außerdem Erziehungswissenschaften und unterrichtete an einer Vorschule in Boston, die sich an den Methoden des Schweizer Pädagogen Jean Piaget orientierte, sowie an einer Vorschule des „Project Head Start", einem staatlichen Projekt für Kinder mittelloser Familien. Sie erteilte auch Einwandererkindern englischen Leseunterricht. Lange Reisen führten sie durch Lateinamerika, den Mittleren und Fernen Osten.

Aus Interesse an Erziehungsfragen engagierte sich die Verfasserin im Kampf gegen das Rauschgift und hat zu diesem Zweck umfangreiche Recherchen angestellt, die u.a. Eingang in das 1978 erschienene Buch *Dope, Inc., British Opium War Against the United States* fanden. Als Gründungsmitglied der Anti-Drogen-Koalition in den USA verfaßte sie zahlreiche Artikel für die Zeitschrift *Krieg dem Rauschgift*, in denen sie vor allem vor der Legalisierung von Rauschgiften warnte und der Rolle der Briten und der britischen Ostindien-Gesellschaft im weltweiten Drogenhandel nachging. Aus ihrer Feder stammt auch „What Came First, the Chicken or the Egg?", eine Studie über kriminologische Ermittlungsmethoden von Edgar Alan Poe und Sherlock Holmes.

Carol Greene hat aber nach wie vor auch starkes Interesse an religiösen Themen und behandelt hier nicht zum ersten Mal Fragen des Okkultismus. Sie schrieb über die Wurzeln des Okkultismus in Amerika, in der Geschichte Venedigs und über die freimaurerischen Ursprünge des Zionismus in Amerika.